国家中等职业教育改革发展示范学校建设教材

房屋构造

主编 谷炳蓉

西南交通大学出版社
·成 都·

图书在版编目（CIP）数据

房屋构造 / 谷炳蓉主编. — 成都：西南交通大学出版社，2014.8（2019.1 重印）
国家中等职业教育改革发展示范学校建设教材
ISBN 978-7-5643-3140-5

Ⅰ. ①房… Ⅱ. ①谷… Ⅲ. ①房屋结构－中等专业学校－教材 Ⅳ. ①TU22

中国版本图书馆 CIP 数据核字（2014）第 142106 号

国家中等职业教育改革发展示范学校建设教材
房屋构造
主编 谷炳蓉

责任编辑	张 波
助理编辑	姜锡伟
封面设计	墨创文化
出版发行	西南交通大学出版社 （四川省成都市二环路北一段 111 号 西南交通大学创新大厦 21 楼）
发行部电话	028-87600564 028-87600533
邮政编码	610031
网 址	http: //www.xnjdcbs.com
印 刷	成都市书林印刷厂
成品尺寸	185 mm×260 mm
印 张	13.25
字 数	331 千字
版 次	2014 年 8 月第 1 版
印 次	2019 年 1 月第 2 次
书 号	ISBN 978-7-5643-3140-5
定 价	28.00 元

前　言

本教材是我校示范校建设规划建筑工程施工专业系列教材之一。

“房屋构造”是建筑工程施工专业的一门专业基础平台课，是形成专业基础能力的一个重要组成部分，主要内容为民用建筑的构造原理和方法。通过本课程的学习，帮助建筑施工专业的学生建立专业观念，形成建筑空间想象力，使学生能正确理解设计意图，为后续专业课程的学习打下坚实的基础。

本书按照“技能培训为主，知识够用为度”的原则，在课程设计上遵循“理实一体化”的设计理念，力求贴合工作岗位需求，在继承以往《房屋构造》教材的理论精华基础上，紧密结合国家标准图集，选用新规范、新标准，按项目任务化编写。同时，根据前期的调研分析，删掉了与当前建筑市场接触较少的“建筑工业化”内容，并且对学生毕业后从事较少的“工业建筑”也进行了精简。通过删除旧内容，补充新知识、新技术，本书为学生建立了一个自主学习的平台。学生在学习过程中可以完成自我的建构，从而获得与职业岗位需求相适应的专业知识和技能。

本书将各任务的习题集中编排在《房屋构造学习任务指导书》中，与本教材配套使用，既为学生思考练习提供一个完整体系，又为教师辅导工作提供方便。

本书主编为谷炳蓉。项目一、项目九由谷炳蓉编写，项目二、项目七由李小强编写，项目三、项目四由孟林洁编写，项目五、项目六、项目八由曾令洁编写。

本书在编写过程中，参考引用了一些公开出版和发表的文献和著作，谨向作者表示诚挚的谢意。

由于编者水平有限，疏漏之处在所难免，敬请读者批评指正。

编　者

2014 年 4 月

目　录

项目一　房屋构造基本知识认知

【知识目标】

（1）掌握建筑的分类和民用建筑的组成。
（2）了解建筑的模数和定位轴线的相关知识。

【能力目标】

（1）能分清建筑物与构筑物。
（2）能清楚建筑的分类、分级以及构造要素。
（3）能描述建筑物的主要组成部分及功能要求。
（4）能知道建筑物的节能、隔声以及抗震要求。
（5）能应用模数协调统一标准。

【项目任务】

序号	学习任务	任务驱动
1	划分建筑的类型	（1）参观学校的教学楼、实验楼、学生宿舍、食堂、办公楼、图书馆楼等建筑物 （2）根据建筑物的使用性质、层数、结构形式等划分各建筑物 （3）根据建筑物结构的设计使用年限以及耐火等级等划分各建筑物
2	认识民用建筑的基本构成	（1）通过对学校的教学楼及实验楼的参观，能叙述各建筑物的主要组成部分及作用 （2）知道影响建筑构造的因素
3	建筑节能、隔声认知	（1）知道建筑节能和隔声的措施，能根据建筑施工图分析其节能和隔声措施，能够提出其改进措施 （2）了解地震烈度与地震等级以及防震的设计要点
4	建筑模数标准化认知	（1）识读建筑施工图，分析建筑标准化、模数数列的应用。 （2）清楚构件的三种尺寸的关系 （3）对定位轴线有一定的认识

任务一　划分建筑的类型

【任务描述】

通过本任务的学习，学生应能分清楚建筑物与构筑物，能够对建筑物进行分类与分级，能够知道建筑物的构成要素。

【知识链接】

建筑的发展经历了从原始到现代、从简陋到完善、从小型到大型、从低级到高级的漫长过程。构成建筑的要素主要有建筑功能、建筑技术条件、建筑形象等。

一、建筑的构成要素

（一）建筑、建筑物、构筑物的概念

1. 建　筑

建筑是建筑物与构筑物的总称，是人们为了满足社会生活需要，利用所掌握的物质技术手段，并运用一定的科学规律、风水理念和美学法而创造的人工环境。

2. 建筑物

建筑物是供人们在其中生产、生活或进行其他活动的房屋，如厂房、住宅、学校、办公楼等。

3. 构筑物

构筑物指仅仅为满足生产、生活某一方面需要而建造的某些工程设施，如水塔、烟囱、支架等。

（二）建筑的构成要素

任何建筑都是由建筑功能、建筑技术条件和建筑形象三个要素构成的。

1. 建筑功能

人们建造建筑物，就是为了满足生产、生活的要求。例如，工厂的建设是为了生产的需要，住宅的建设是为了居住的需要，影剧院的建设则是文化生活的需求等。建筑功能往往会对建筑的结构形式、平面空间构成、内部和外部的尺度、形象等产生直接的影响。不同的建筑有不同的个性，建筑功能在其中起着决定性作用。

2. 建筑技术条件

建筑技术是把设计构想变成实物的手段，包括建筑结构、建筑材料、建筑施工和建筑设备等内容。建筑材料和结构是构成建筑空间环境的基础；建筑设备是保证建筑达到某种要求的技术条件；建筑施工技术则是实现建筑生产的方法和手段。随着生产和科学技术的发展，各种新材料、新结构、新设备的发展和新工艺水平的提高，新的建筑形式不断涌现，如多功能大厅、超高层建筑、薄壳、悬索等结构的建筑功能形象才得以实现，满足了人们对各种不同功能的新需求。

3. 建筑形象

建筑形象是建筑物内外观感的具体体现，包括平面的空间组合、建筑体型和立面、材料

的色彩和质感、细部的处理等内容。不同时代、不同地域、不同人群可能对建筑艺术形象有不同的理解，但建筑的艺术形象仍然需要符合美学的一般规律。成功的建筑应当反映时代的特征、民族的特点、地方的特色和文化的内涵，并与周围建筑和环境和谐相融，能经受住时间的考验。

以上三个建筑的基本构成要素中，建筑功能是建筑的主要目的，建筑技术条件是达到建筑目的的手段，而建筑形象则是建筑功能、技术和艺术内容的综合体现。

二、建筑的分类

建筑物可以从不同角度进行分类。我国常见的分类方式主要有以下几种：

（一）按使用性质分类

1. 民用建筑

供人们居住及进行社会活动等非生产性的建筑称为民用建筑，又可分为居住建筑和公共建筑。

（1）居住建筑：供人们生活起居用的建筑物，包括住宅、公寓、宿舍等（图 1-1）。

图 1-1　某住宅小区

（2）公共建筑：供人们进行各种公共活动的建筑。主要分为以下类型：

行政办公建筑，如机关、企事业单位的办公楼等；

文教建筑，如教学楼、图书馆、文化馆等；

托幼建筑，如托儿所、幼儿园等；

科研建筑，如研究所、科学实验楼等；

文化娱乐建筑：如少年宫、文化宫、俱乐部、图书馆等；

医疗建筑，如医院、门诊部、疗养院等；

商业建筑，如商店、商场、购物中心等；

观演建筑，如电影院、剧院（图 1-2）、音乐厅、杂技厅等；

展览建筑，如展览馆、博物馆、美术馆等；

体育建筑，如体育馆、体育场、游泳馆等；

生活服务性建筑，如饭店、旅馆、宾馆、洗浴中心等；

广播通信建筑，如广播电台、电视台、卫星地面转播站、电信局、邮局等；

交通建筑，如火车站、汽车站、航空港、地铁站、轮船码头等；

园林建筑，如公园、植物园、动物园等；纪念性建筑，如陵园、纪念碑、纪念堂等。

图 1-2　悉尼歌剧院

2. 工业建筑

工业建筑指为工业生产服务的各类建筑，如生产车间、辅助车间、动力用房、仓储建筑等（图 1-3）。

图 1-3　某工业建筑

3. 农业建筑

农业建筑指只用于农（牧）业生产和加工的建筑，如温室、畜禽饲养场、粮食与饲料加工站、农机修理站等（图 1-4）。

图 1–4　某农业建筑

（二）按建筑层数或高度分类

（1）住宅建筑：1 ~ 3 层为低层；4 ~ 6 层为多层；7 ~ 9 层为中高层；10 层及 10 层以上为高层。

（2）公共建筑及综合性建筑，总高度超过 24 m 者为高层（不包括高度超过 24 m 的单层主体建筑）。

（3）建筑物超过 100 m 时，不论住宅还是公共建筑均为超高层建筑。

（三）按结构类型材料分类

（1）木结构建筑：建筑物的主要承重构件均采用木材制作，如岳阳楼等一些古建筑和旅游性建筑。

（2）混合结构建筑：建筑物的主要承重构件由两种或两种以上不同材料组成，如砖墙和木楼板组成的砖木结构，砖墙和钢筋混凝土楼板组成的砖混结构等。该结构主要适用于 6 层以下建筑物。

（3）钢筋混凝土结构建筑：建筑物的主要承重构件均由钢筋混凝土材料组成。建筑物超过 6 层时一般都采用该结构。

（4）钢结构建筑：建筑物的主要承重构件均是由钢材制作的，一般用于大跨度、大空间的公共建筑和高层建筑中。

（5）其他结构建筑，如生土建筑、充气建筑、塑料建筑等。

（四）按建筑规模和数量分类

（1）大量性建筑：建造数量较多但规模不大的中小型民用建筑，如民用住宅、学生宿舍等。

（2）大型性建筑：建造数量较少，但体量较大的公共建筑，如航空港、电影院等。

三、建筑的分级

（一）按建筑物的耐久年限分类

民用建筑的耐久等级的指标是使用年限。《民用建筑设计通则》（GB 50352—2005）中对建筑物的使用年限规定如表 1.1 所示。

表 1.1 设计使用年限分类

等 级	设计使用年限	建筑物性质
1	100 年以上	重要建筑和高层建筑
2	50 ~ 100 年	一般建筑
3	25 ~ 50 年	次要建筑
4	15 年以下	临时性建筑

（二）建筑的耐火等级

建筑的耐火等级是依据房屋主要构件的燃烧性能和耐火极限确定的。

1. 建筑构件的燃烧性能

材料的燃烧性能是指在明火或高温下是否燃烧，以及燃烧的难易程度。建筑构件的燃烧性能分为三类，即不燃烧体（如石材、钢筋混凝土、砖等）、难燃烧体（如板条抹灰、石棉板、沥青混凝土等）和燃烧体（如木材、纤维板、胶合板等）。

2. 构件的耐火极限

建筑构件的耐火极限是指在标准耐火试验条件下，建筑构件从受到火的作用时起，到失掉支持能力或发生穿透裂缝或背火一面温度升高到 220℃时为止的时间，用小时表示。

3. 民用建筑物的耐火等级

（1）多层建筑。

我国《建筑设计防火规范》（GB 50016—2006）将多层建筑的耐火等级分为 4 级，规定了建筑物层数、长度和面积的指标，详见表 1.2 所示。

表 1.2 民用建筑耐火等级、最多允许层数和防火分区最大允许建筑面积

耐火等级	最多允许层数	防火分区最大允许建筑面积/m²	备注
一、二级	1. 9 层及 9 层以下的居住建筑（包括设置商业服务网点的居住建筑）； 2. 建筑高度小于或等于 24.0 m 的公共建筑； 3. 建筑高度大于 24.0 m 的单层公共建筑； 4. 地下、半地下建筑（包括建筑附属的地下室、半地下室）	2 500	1. 体育馆和剧院的观众厅，展览建筑的展厅，其防火分区最大允许建筑面积可适当放宽； 2. 托儿所、幼儿园的儿童用房和儿童游乐厅等儿童场所不应超过 3 层或设置在 4 层及 4 层以上楼层或地下、半地下建筑（室）内

续表 1.2

耐火等级	最多允许层数	防火分区最大允许建筑面积/m²	备注
三级	5 层	1 200	1. 托儿所、幼儿园的儿童用房和儿童游乐厅等儿童场、老年人建筑和医院、疗养院的住院部分不应超过 2 层或设置在 3 层及 3 层以上楼层或地下、半地下建筑（室）内； 2. 商店、学校、电影院、剧院、礼堂、食堂、菜市场不应超过 2 层或设置在 3 层及 3 层以上楼层
四级	2 层	600	学校、食堂、菜市场、托儿所、幼儿园、老年人建筑、医院等不应设在 2 层
地下、半地下建筑（室）		500	—

注：①建筑内设置自动灭火系统时，该防火分区的最大允许建筑面积可按本表的规定增加 1.0 倍。局部设置时，增加面积可按该局部面积的 1.0 倍计算。

②当住宅建筑构件的耐火极限和燃烧性能符合现行国家标准《住宅建筑规范》（GB 50368—2005）的规定时，其最多允许层数执行该标准的规定。

地下、半地下建筑和地下室的耐火等级应为一级；重要公共建筑的耐火等级不应低于二级。

不同耐火等级的多层建筑物，其主要部位构件的燃烧性能和耐火极限见表 1.3 所示。

表 1.3 建筑构件的燃烧性能和耐火极限（h）

构件名称		耐火等级			
		一级	二级	三级	四级
墙体	防火墙	不燃烧体 3.00	不燃烧体 3.00	不燃烧体 3.00	不燃烧体 3.00
	承重墙	不燃烧体 3.00	不燃烧体 2.50	不燃烧体 2.00	难燃烧体 0.50
	非承重外墙	不燃烧体 1.00	不燃烧体 1.00	不燃烧体 0.50	燃烧体
	楼梯间的墙、电梯井的墙、住宅单元之间的墙、住宅分户墙	不燃烧体 2.00	不燃烧体 2.50	不燃烧体 1.50	难燃烧体 0.50
	疏散走道两侧的隔墙	不燃烧体 1.00	不燃烧体 1.00	不燃烧体 0.50	难燃烧体 0.25
	房间隔墙	不燃烧体 0.75	不燃烧体 0.50	难燃烧体 0.50	难燃烧体 0.25
柱		不燃烧体 3.00	不燃烧体 2.50	不燃烧体 2.00	难燃烧体 0.50
梁		不燃烧体 2.00	不燃烧体 1.50	不燃烧体 1.00	难燃烧体 0.50

续表 1.3

构件名称	耐火等级			
	一级	二级	三级	四级
楼板	不燃烧体 1.50	不燃烧体 1.00	不燃烧体 0.50	燃烧体
屋顶承重构件	不燃烧体 1.50	不燃烧体 1.00	燃烧体	燃烧体
疏散楼梯	不燃烧体 1.50	不燃烧体 1.00	不燃烧体 0.50	燃烧体
吊顶（包括吊顶格栅）	不燃烧体 0.25	难燃烧体 0.25	难燃烧体 0.15	燃烧体

（2）高层建筑。

高层建筑一般分为两类，分类的主要依据是使用性质、火灾危险性、疏散和补救难度、层数、高度、建筑的重要程度等。

通常一类高层建筑的耐火等级为一级；二类高层建筑应不低于二级；与高层建筑相连，高度不超过 24 m 的裙房应不低于二级；地下室为一级。

高层民用建筑的耐火等级分为两级，部分建筑构件的燃烧性能和耐火等级见表 1.4 所示。

表 1.4　高层民用建筑构件的燃烧性能和耐火极限（h）

构件名称		燃烧性能和耐火极限	
		一级	二级
墙体	防火墙	不燃烧体 3.00	不燃烧体 3.00
	承重墙、楼梯间的墙、电梯间的墙、住宅分户墙	不燃烧体 2.00	不燃烧体 2.00
	非承重外墙、疏散走道两侧隔墙	不燃烧体 1.00	不燃烧体 1.00
	房间隔墙	不燃烧体 0.75	不燃烧体 0.50
柱		不燃烧体 3.00	不燃烧体 2.50
梁		不燃烧体 2.00	不燃烧体 1.50
楼板、疏散楼梯、屋顶承重构件		不燃烧体 1.50	不燃烧体 1.00
吊顶		不燃烧体 0.25	不燃烧体 0.25

任务二　认识民用建筑的基本构成

【任务描述】

通过本任务的学习，学生应能够知道民用建筑的组成部分，各部分名称及作用；能够知道影响建筑构造的因素。

【知识链接】

一、民用建筑的构造组成

建筑物的主要组成部分包括基础、墙（或柱）、楼地层、屋顶、楼电梯、门窗，如图 1-5 所示。它们所处的位置不同，所起的作用也不同。

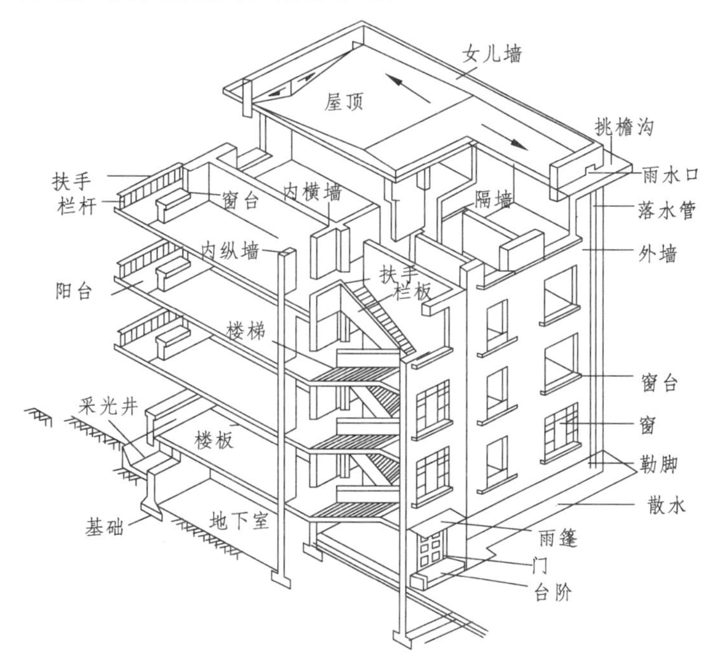

图 1-5 民用建筑的构造组成

1. 基 础

基础是位于建筑物底部的承重构件，一般埋在自然地面以下。它承受建筑物的全部荷载，并把荷载传给下面的土层——地基。

基础应该坚固、稳定、耐水、耐腐蚀、耐冰冻，不应早于地面以上部分先破坏。

2. 墙或柱

对于墙承重结构的建筑来说，墙承受屋顶和楼地层传给它的荷载，并把这些荷载连同自重传给基础。同时外墙也是建筑物的围护构件，抵御风、雨、雪、温差变化等对室内的影响；内墙是建筑物的分隔构件，把建筑物的内部空间分隔成若干相互独立的空间，避免使用时的互相干扰。

建筑物采用柱作为垂直承重构件时，墙填充在柱间，仅起围护和分隔作用。

墙和柱应该坚固、稳定，墙还应该质量轻、保温（隔热）、隔声和防水。

3. 楼地层

楼地层是楼板层与地坪层的统称，楼板层与地坪层均是建筑物水平方向的承重构件。楼板层将整个建筑物在垂直方向上分成若干层，承受着作用在其上的荷载（人体、家具等的重力），并将这部分荷载连同自重一起传给墙或柱；同时楼板还对墙身起水平支撑作用。地坪层是建筑物首层与土层相接的部分，承受其上荷载并传给地基。

楼板层应具有足够的强度、刚度及隔声、防火、防水、防潮等性能。

楼地层应具有坚固耐磨、防潮、防水等性能。

4. 屋　顶

屋顶是建筑物顶部的承重和围护部分，承受作用在其上的风、雨、雪、人等荷载并传给墙或柱，抵御各种自然因素（风、雨、雪、严寒、酷热等）的影响；同时，屋顶形式对建筑物的整体形象起着重要的作用。

屋顶应该有足够的强度、刚度以及防水、保温、隔热等能力。

5. 楼　梯

楼梯是楼房建筑中联系上下各层的垂直交通设施，供人们上、下楼层和紧急疏散使用。楼梯应坚固、安全、有足够的疏散能力。

6. 门　窗

门的主要作用是供人们进出和搬运家具、设备，紧急疏散，有时兼起采光、通风作用。窗的作用主要是采光、通风和供人眺望。

门要求有足够的宽度和高度，窗应有足够的面积；根据门窗所处的位置不同，有时还要求它们能防风沙、防水、保温、隔声。

建筑物除上述基本组成部分外，还有一些其他的配件和设施，如阳台、雨篷、烟道、通风道、散水、勒脚等。

二、影响建筑构造的因素

建筑物建成后，要受到各种自然因素和人为因素的作用。在确定建筑构造时，必须充分考虑各种因素的影响，采取必要措施，以提高建筑物的抵御能力，保证建筑物的使用质量和耐久年限。

影响建筑构造的因素很多，大致可归纳为以下几个方面：

1. 荷载的作用

作用在房屋上的力统称为荷载，这些荷载包括建筑自重，人、家具、风雪及地震荷载等。荷载的大小和作用方式均影响着建筑构件的选材、截面形状与尺寸，这都是建筑构造设计的重要依据。确定构造方案时，应全面考虑荷载的影响，选择合理的构造方案，确保建筑物的安全和正常使用。

2. 人为因素的作用

人们在生产、生活中产生的机械振动、化学腐蚀、爆炸、火灾、噪声、对建筑物的维修改造等人为因素都会对建筑物构成威胁。在进行改造设计时，必须在建筑物的相关部位，采取防震、防腐、防火、隔声等构造措施，以保证建筑物的正常使用。

3. 自然因素的影响

我国地域辽阔，各地区之间的气候、地质、水文等情况差别较大，太阳辐射、冰冻、降雨、风雪、地下水、地震因素将给建筑物带来很大的影响。为保证正常使用，在建筑构造设计中，必须在各相关部位采取防水、防潮、保温、隔热、防震、防冻等措施。

4. 物质技术条件的影响

建筑材料、结构、设备和施工技术是构成建筑的基本要素之一。建筑物由于质量标准和等级的不同，在材料的选择和构造方式上均有所区别。随着建筑业的发展，新材料、新结构、新设备和新的施工方法不断出现，建筑构造要解决的问题就越来越多，且越来越复杂。建筑工业化的发展也要求构造技术与之相适应。

三、建筑构造设计的基本原则

1. 满足建筑使用功能的要求

建筑构造设计必须满足使用功能的要求，这是建筑设计的根本。由于建筑物的功能要求和某些特殊要求，如保温、隔热、防震、防腐、防火、隔声等，在建筑构造设计时，应综合分析诸多因素，选择确定最经济合理的构造方案。

2. 有利于结构安全

建筑物除根据荷载的性质、大小，进行必要的结构计算，确定构件的必需尺寸外，在构造上需采取相应的措施，以保证房屋的整体刚度和构件之间的连接可靠，使之有利于结构的稳定和安全。

3. 适应建筑工业化的需要

在构造设计时，应大力推广先进技术，选用各种新型建筑材料。采用标准化设计和定型构配件，提高构配件之间的通用性和互换性，为建筑构配件的生产工业化、施工机械化和管理科学化创造有利条件，以适应建筑工业化的需要。

4. 经济合理

降低成本、合理控制造价是构造设计的重要原则之一。在建筑构造设计时，应严格执行建筑法规，注意节约材料。在材料的选择上，应从实际出发，因地制宜，就地取材，降低消耗，节约成本。

5. 注意美观

建筑构造设计是建筑内外部空间以及造型设计的继续和深入，尤其某些细部构造处理不仅影响建筑物细部的精致和美观，也直接影响建筑物的整体效果，应予以充分考虑和研究。

任务三　建筑节能、隔声认知

【任务描述】

通过本任务的学习，学生应能够知道建筑中热量的传递途径以及节能措施，知道声音的传播途径以及如何隔声，知道建筑物抗震的相关知识。

【知识链接】

一、建筑节能

（一）建筑保温

保温是建筑设计十分重要的内容之一，寒冷地区各类建筑和非寒冷地区有空调要求的建筑，如宾馆、实验室、医疗用房等都要考虑保温措施。

在寒冷季节里，热量通过建筑物外围护构件——墙、屋顶、门窗等由室内高温一侧向室外低温一侧传递，使热量损失，室内变冷。热量在传递过程中将遇到阻力，这种阻力称为热阻。热阻越大，通过围护构件传出的热量越少，说明围护构件的保温性能越好。因此，对有保温要求的构件须提高其热阻，通常采取下列措施。

1. 增加厚度

单一材料围护构件热阻与其厚度成正比，增加厚度可提高热阻，即提高抵抗热流通过的能力。

2. 合理选材

在建筑工程中，选择密度小、导热系数小的材料，如加气混凝土、浮石混凝土，以膨胀陶粒、膨胀珍珠岩、膨胀蛭石等为骨料的轻混凝土，以及岩棉、玻璃棉和泡沫塑料等，可以提高围护构件的热阻。也可采用组合保温构件提高热阻，它是将不同性能的材料加以组合，各层材料发挥各自不同的功能。通常用岩棉、玻璃棉、膨胀珍珠岩等密度小、导热系数小的材料起保温作用，而用强度高、耐久性能好的材料，如砖、混凝土等作承重和围护面层（图1-6）。

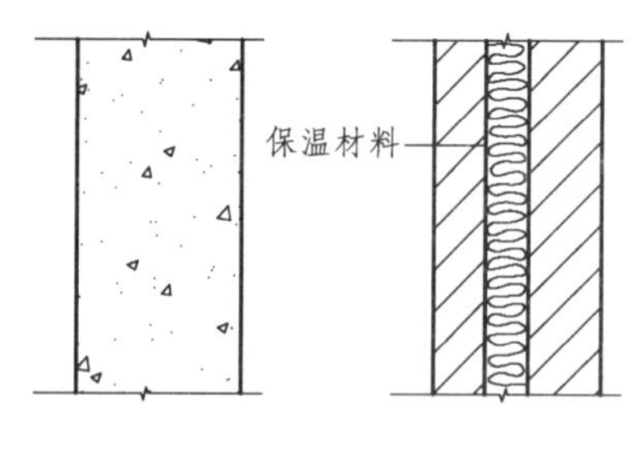

（a）单一材料构件　（b）组合构件

图 1-6　保温构件示意图

3. 防潮防水

冬季受室内外温差影响，以及受雨水、使用水侵蚀等因素，会使构件内部受潮受水，会使多孔的保温材料充满水分，导热系数提高，降低围护构件的保温效果。在低温下水分形成冰点冰晶，进一步降低保温能力，并因冻融交替而造成冻害，严重影响建筑物的安全性和耐久性（图 1-7）。

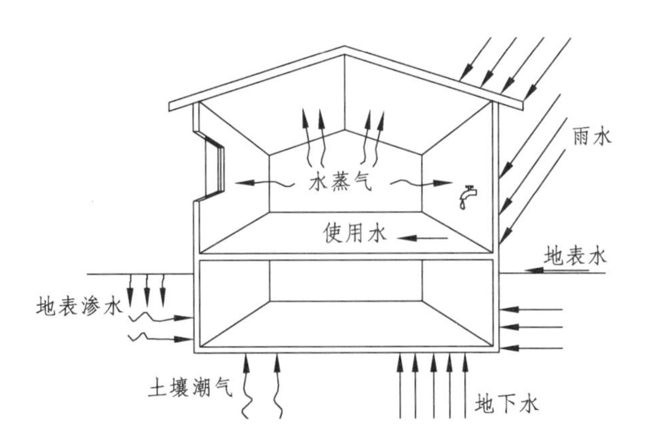

图 1-7　建筑受潮受水示意图

为防止构件受潮受水，除应采取排水措施外，还应在靠近水、水蒸气和潮气一侧设置防水层、隔气层和防潮层。组合构件一般在受潮一侧布置密实材料层。

4. 避免热桥

在外围护构件中，经常设有导热系数较大的嵌入构件，如外墙中的钢筋混凝土构件。这些部位的保温性能都比砌体结构部分差，热量容易从这些部位传递出去，散热大，其内表面温度也就较低，容易出现凝结水。这些部位通常叫作围护构件中的“热桥”[图 1-8（a)]。为避免和减轻热桥的影响，首先应避免嵌入构件内外贯通，其次应对这些部位采取局部保温措施，如增设保温材料等，以切断热桥［图 1-8（b）]。

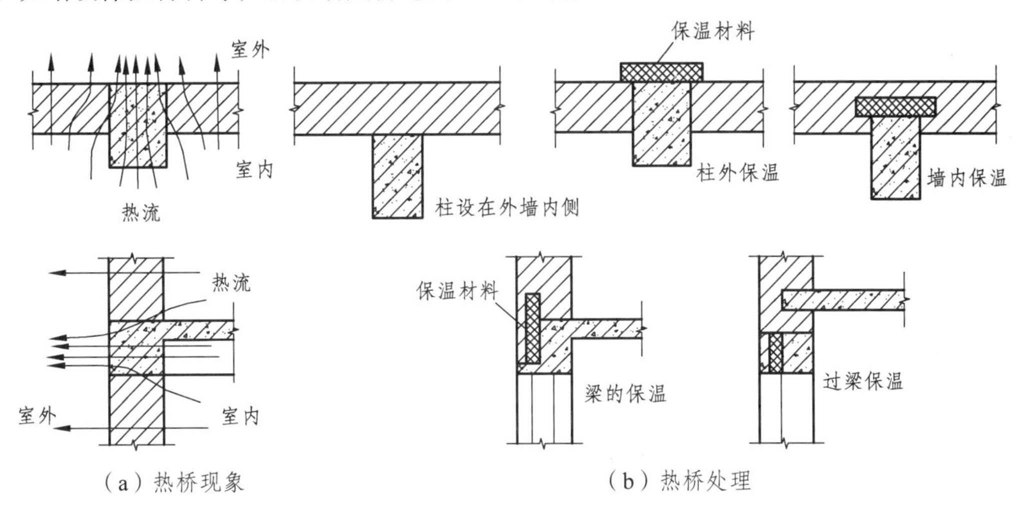

图 1-8　热桥现象及处理

5. 防止冷风渗透

为避免冷空气渗入和热空气直接散失，应尽量减少围护构件的缝隙，如墙体砌筑砂浆饱满、改进门窗加工构造、提高安装质量、缝隙采取适当的构造措施等。

（二）建筑防热

我国南方地区，夏季气候炎热，高温持续时间长，太阳辐射强度大，相对湿度高。建筑物在强烈的太阳辐射和高温气候的共同作用下，通过围护构件将大量的热传入室内；室内生活和生产也产生大量的余热。这些从室外传入和室内自生的热量，使室内气温条件变化，引起过热，影响人们的生产和生活（图 1-9）。

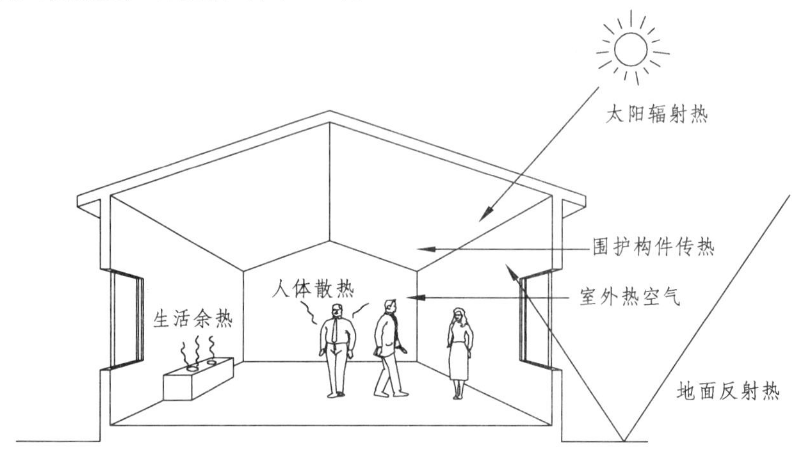

图 1–9　室内过热原因

为减轻和消除室内过热现象，可采取设备降温，如设置空调和制冷等，但费用大。对一般建筑，主要依靠建筑措施来改善室内的温湿状况。建筑防热的途径主要有以下几个方面：

1. 降低室外综合温度

在建筑设计中降低室外综合温度的方法主要是采取合理布局、选择良好朝向、尽可能争取有利的通风条件、防止西晒、绿化周围环境、减少太阳辐射和地面反射等。对建筑物本身来说，采用浅色外饰面或采取淋水、蓄水屋面或西墙遮阳设施等有利于降低室外综合温度［图 1-10（a）]。

2. 提高外围护构件防热和散热性能

炎热地区外围护构件的防热措施主要应能隔绝热量传入室内，同时当太阳辐射减弱时和室外气温低于室内气温时能迅速散热，这就要求合理选择外围护构件的材料和构件类型。

带通风间层的围护构件既能隔热也有利于散热，因为从室外传入的热量，由于通风，使传入室内的热量减少；当室外温度下降时，从室内传出的热量又可通过通风间层带走［图 1-10（b）]。在围护构件中增设导热系数小的材料也可有利于隔热［图 1-10（c）]。利用表层材料的颜色和光滑度能对太阳辐射起反射作用，对防热、降温有一定的效果。另外，利用水的蒸发，吸收大量汽化热，可大大减少通过屋顶传入的热量。

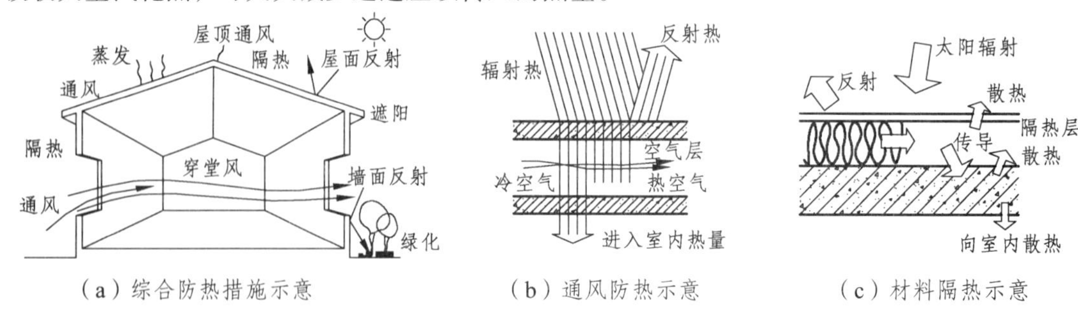

（a）综合防热措施示意　（b）通风防热示意　（c）材料隔热示意

图 1–10　防热措施

（三）建筑节能措施

我国建筑的能耗大，约占全国能耗量的 1/4，而且随着生活水平的提高，它的能耗比例将有增无减。因此，建筑节能是整体节能的重点。

建筑的总能耗包括生产用能、施工用能、日常用能等方面，其中以日常用能最大。因此，减少日常用能是建筑节能的重点。

减少日常耗能的建筑措施有：

（1）选择有利于节能的建筑朝向，充分利用太阳能，南北朝向比东西朝向建筑耗能少。

（2）设计有利于节能的平面和体型。在体积相同的情况下，建筑物的外表面积越大，采暖制冷负荷越大，因此，尽可能取最小外表面积。

（3）改善围护构件的保温性能。这是建筑设计中的一项主要节能措施，节能效果明显。

（4）改进门窗设计。尽可能将窗面积控制在合理范围内，改进窗玻璃、防止门窗缝隙的能量损失等。

（5）重视日照调节与通风。理想的日照调节是夏季在确保采光和通风的条件下，尽量防止太阳热量进入室内，冬季尽量使太阳热量进入室内。

二、建筑隔声

（一）噪声的危害

噪声一般是指一切对人们生活、工作、学习和生产有妨碍的声音。随着社会和经济的发展，噪声声源的数量和强度大大加强，噪声已成为一种公害。强烈和持续不断的噪声轻则影响休息、学习和工作，对心理、生理和工作效率不利；重则引起听力损害，甚至引发多种疾病。

控制噪声需采取综合治理措施，包括消除和减少噪声源、降低声源的强度和必要的吸声措施。围护构件的隔声是噪声控制的重要内容。

（二）噪声的传播

声音从室外传入室内，或从一个房间传入另一个房间的途径主要有：

（1）通过围护构件的缝隙直接传声。噪声沿敞开的门窗、各种管道与结构间所形成的缝隙和不饱满砂浆灰缝所形成的孔洞在空气中直接传播。

（2）通过围护构件的振动传声。声音在传播过程中遇到围护构件时，在声波交变压力作用下，引起构件的强迫振动，将声音传到另一空间。

（3）结构传声。直接打击或冲撞构件，在构件中激起振动，产生声音。

前两种声音是在空气中发生并传播的，称为传声；后一种是通过围护构件本身来传播物体撞击或机械振动所引起的声音，称为撞击传声或固体传声。

（三）围护构件隔声途径

1. 对空气传声的隔绝

（1）增加构件质量。

（2）采用带空气层的双层构件。

（3）采用多层组合构件。

2. 对撞击声的隔绝

（1）设置弹性面层。

（2）设置弹性夹层。

（3）采用带空气层的双层结构。

【知识拓展】

建筑防震

一、地震与地震波

地壳内部存在极大能量，地壳中的岩层在这些能量所产生的巨大作用力下发生变形、弯曲、褶皱。当最脆弱部分岩层承受不了这种作用力时，岩层就开始断裂、错动。这种运动传至地面，就表现为地震。

震源：地下岩层断裂和错动的地方（图 1-11）。

震中：震源正上方地面（图 1-11）。

地震波：岩层断裂错动，突然释放大量能量并以波的形式向四周传播，这种波就是地震波（图 1-11）。

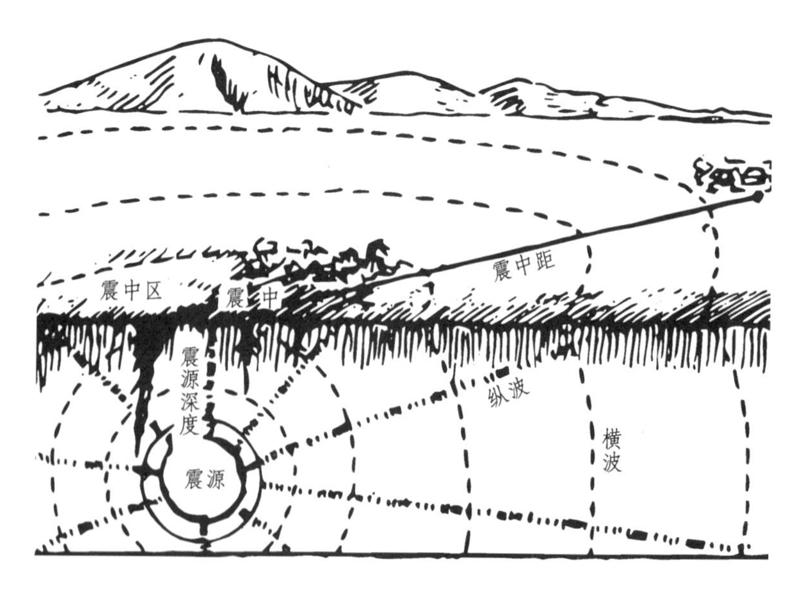

图 1-11　地震名词示意图

二、地震等级与地震烈度

地震等级：地震的强烈程度称为震级，一般称里氏震级，它取决于一次地震释放的能量大小。

地震烈度：某一地区地面和建筑遭受地震影响的程度。它不仅与震级有关，且与震源深度、距震中的距离、场地土质类型等有关。

一次地震只有一个震级，但却有不同的烈度区。

三、建筑防震设计要点

我国建筑防震设计应遵循“小震不坏、中震可修、大震不倒”的原则。在建筑设计时应遵循下列要点：

（1）宜选择对建筑物防震有利的建筑场地。

（2）建筑体型和立面处理力求匀称。建筑体型宜规则、对称；建筑立面宜避免高低错落、突然变化。

（3）建筑平面布置力求规整。

（4）加强结构的整体刚度。合理选择结构类型，合理布置墙和柱，加强构件和构件连接的整体性，增设圈梁和构造柱。

（5）处理好细部构造。楼梯、女儿墙、挑檐、阳台、雨篷、装饰贴面等细部构造应予以足够的注意。

任务四　建筑模数标准化认知

【任务描述】

通过本任务的学习，学生应能够了解建筑标准化的相关概念，能够应用模数协调标准，能够区分构件的三种主要尺寸。

【知识链接】

为使不同材料、不同形式和不同制造方法的建筑构配件、组合件实现大规模生产，并具有一定的通用性和互换性，在建筑业中必须共同遵守《建筑模数协调统一标准》（GBJ 2—1986）的有关规定。

一、建筑标准化

建筑标准化主要包括两个方面：首先是应制定各种法规、规范、标准和指标，使设计者有章可循；其次是在诸如住宅等大量性建筑设计中推行标准化设计。

实行建筑标准化，可以有效地减少建筑构配件的规格。在不同的建筑中采用标准构配件，可提高施工效率，保证施工质量，降低造价。

二、建筑模数协调统一标准

建筑模数协调统一标准主要是设计单位、施工单位、构配件生产厂家等各自独立的企业，为协调建筑设计、施工及构配件生产之间的尺度关系，达到简化构件类型、降低建筑造价、保证建筑质量、提高施工效率的目的而设置的。

1. 建筑模数

建筑模数是建筑设计中选定的标准尺寸单位，作为建筑构配件、建筑制品以及有关设备尺寸间互相协调的基础。

2. 基本模数

基本模数是模数协调中选定的基本尺寸单位，数值为 100 mm，用符号 M 表示，1 M=100 mm。整个建筑物和建筑物的一部分以及建筑组合件的模数化尺寸，应是基本模数的倍数。

3. 导出模数

导出模数有扩大模数和分模数两种。

扩大模数为基本模数的整数倍。水平扩大模数基数为 3 M（300 mm）、6 M（600 mm）、12 M（1 200 mm）、15 M（1 500 mm）、30 M（3 000 mm）和 60 M（6 000 mm）；竖向扩大模数的基数为 3 M（300 mm）、6 M（600 mm）。

分模数为整数除基本模数，其基数为 M/10（10 mm）、M/5（20 mm）和 M/2（50 mm）。

4. 模数数列及其应用

水平基本模数 1 M 至 20 M 的数列，应主要用于门窗洞口和构配件截面等处。竖向基本模数 1 M 至 36 M 的数列，主要用于建筑物的层高、门窗洞口和构配件截面等处。

水平扩大模数 3 M、6 M、12 M、15 M、30 M 和 60 M 的数列，应主要用于建筑物的开间或柱距、进深或跨度、构配件尺寸和门窗洞口等处。竖向扩大模数 3 M 数列，主要用于建筑物的高度、层高和门窗洞口等处。

分模数 M/10、M/5 和 M/2 的数列，主要用于缝隙、构造节点、构配件截面等处。

三、构件的几种尺寸及其相互关系

为保证设计、生产、施工各阶段建筑制品、构配件等有关尺寸间的统一与协调，必须明确标志尺寸、实际尺寸的定义及其相互关系。

标志尺寸：用以标注建筑物定位轴线之间的距离（如开间、跨度、柱距、层高等），以及建筑制品、建筑构配件界限之间的尺寸（图 1-12）。标志尺寸必须符合模数数列的规定。

构造尺寸：生产、制造建筑制品、建筑构配件的设计尺寸（图 1-12）。一般情况下，

构造尺寸=标志尺寸－缝隙尺寸。

实际尺寸：建筑制品、建筑组合件、建筑构配件的实有尺寸（图 1-12）。

实际尺寸 = 构造尺寸 ± 公差

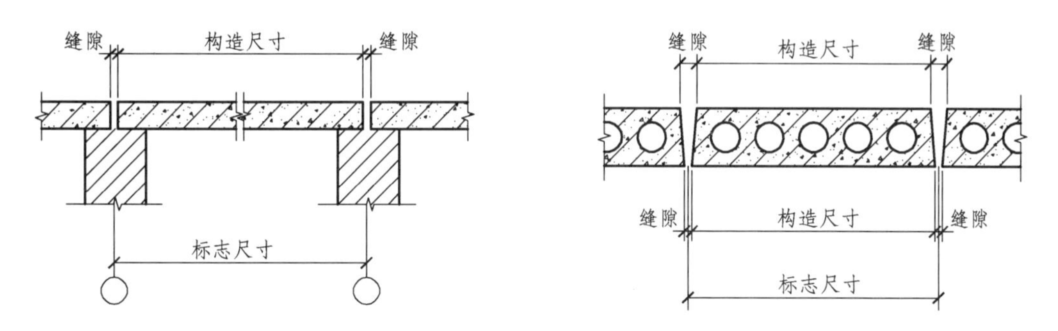

图 1-12　几种尺寸间的关系

四、定位轴线

定位轴线是用来确定建筑物主要结构构件位置及其标志尺寸的基准线，同时也是施工放线的基线。用于平面时称平面定位轴线；用于竖向时称为竖向定位轴线。

（一）平面定位轴线

建筑物在平面中对结构构件（墙、柱）的定位，用平面定位轴线标注，轴线间的尺寸单位为 mm。

1. 平面定位轴线及其编号

平面定位轴线应设横向定位轴线和纵向定位轴线。横向定位轴线的编号用阿拉伯数字从左至右顺序编写；纵向定位轴线的编号用大写的拉丁字母从下至上顺序编写（图 1-13），其中 O、I、Z 不得用于轴线编号，以免与数字 0、1、2 混淆。定位轴线也可分区编号，注写形式为“分区号 - 该区轴线号”（图 1-14）。

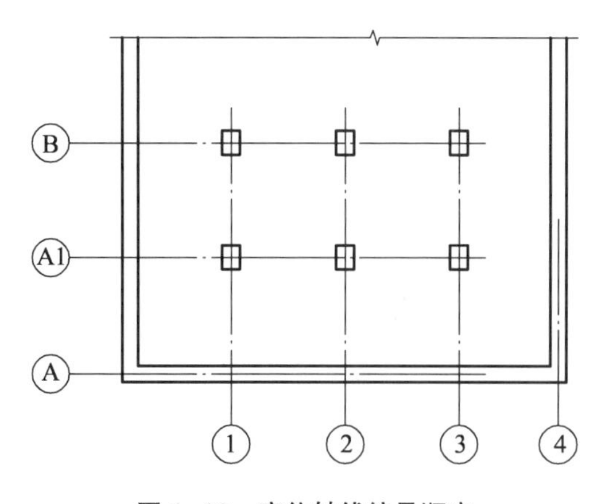

图 1-13　定位轴线编号顺序

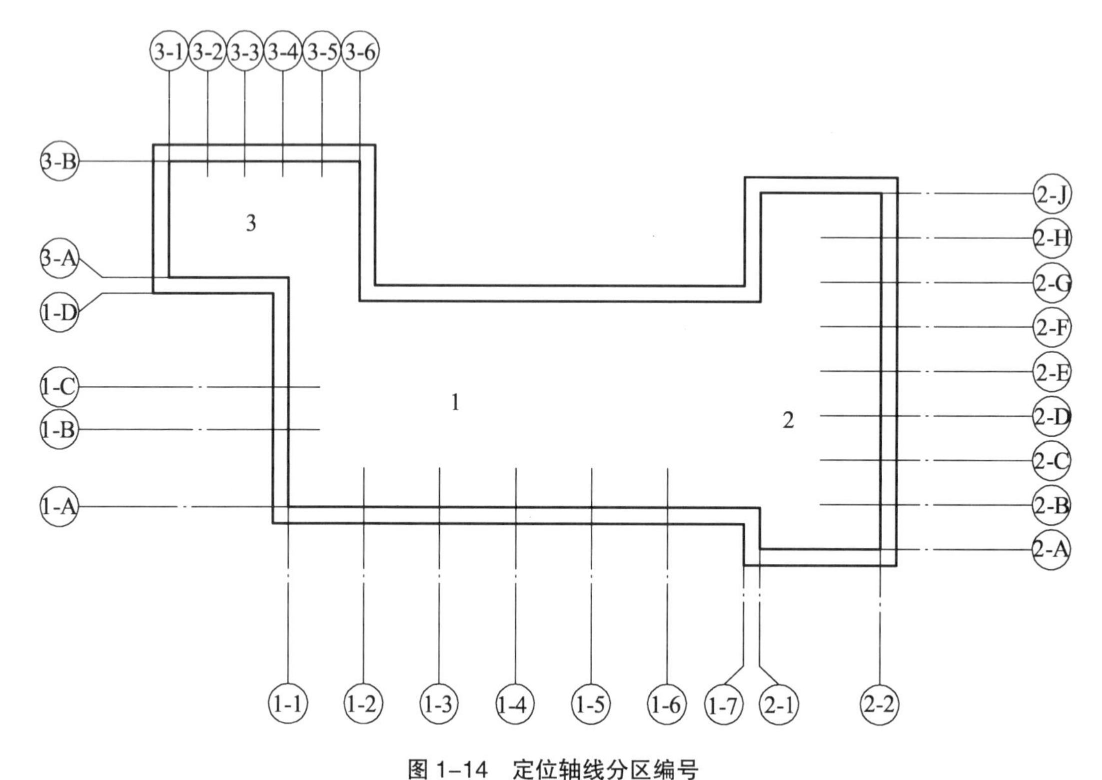

图 1-14　定位轴线分区编号

附加轴线的编号用分数表示，分母表示前一整轴线的编号，分子表示附加轴线的编号，附加轴线的编号用阿拉伯数字顺序编写（图 1-15）。

1/2　表示2号轴线后附加的第1根轴线；

3/C　表示C号轴线后附加的第3根轴线；

1/01　表示1号轴线之前附加的第1根轴线；

3/0A　表示A号轴线之前附加的第3根轴线。

图 1-15　附加轴线编号

2. 平面定位轴线的标注

（1）混合结构建筑。

混合结构建筑中，承重外墙定位轴线一般距顶层墙身内缘 120 mm［图 1-16（a）］；承重内墙定位轴线一般与顶层墙中心线相重合［图 1-16（b）］；楼梯间墙定位轴线通常距离楼梯间一侧墙边缘 120 mm[图 1-16（c）]。

（2）框架结构建筑。

框架结构建筑中，中柱定位轴线一般与顶层柱截面中心线相重合［图 1-17（a）］；边柱定位轴线一般与顶层柱截面中心线相重合或距离柱外缘 250 mm［(图 1-17（b）]。

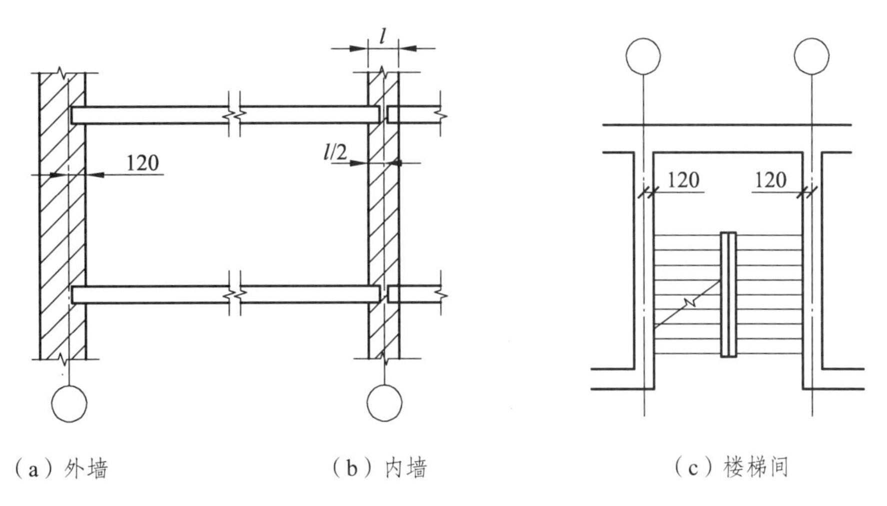

*图 1–16　混合结构墙体定位轴线

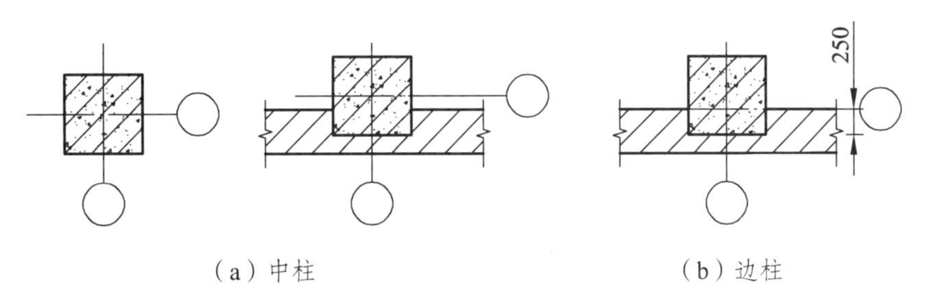

图 1–17　框架结构柱定位轴线

（二）标高及构件的竖向定位

建筑物在竖向对结构构件（楼板、梁等）的定位，用标高标注，标高单位为 m。

1. 标高的种类及关系

标高按不同的方法分为绝对标高与相对标高、建筑标高与结构标高。它们之间的关系如下：

（1）绝对标高，又称绝对高程或海拔高度。我国的绝对标高是以青岛港验潮站历年记录的黄海平均海水面为基准，并在青岛市内一个山洞里建立了水准原点，其绝对标高为 72.260 m，全国各地的绝对标高都是以它为基准测算的。

（2）相对标高，是根据工程需要而自行选定的基准面，即为假定标高。一般将建筑物底层地面定为相对标高零点，用±0.000 表示。相对标高所对应的绝对标高减去室外地面的绝对标高即为建筑物的室内外高差。

（3）建筑标高。楼地层装修面层的标高一般称为建筑标高（在建筑施工图中标注）。上下楼层地面标高之间的距离一般为层高。

（4）结构标高。楼地层结构表面的标高一般称为结构标高（在结构施工图中标注）。建筑标高减去楼地面面层厚度即为结构标高。

---

*注：本书图中尺寸单位未标明者，除标高为 m 外，均为 mm。

2. 建筑构件的竖向定位

建筑构件的竖向定位包括楼地面、屋面及门窗洞口的定位。

（1）楼地面的竖向定位。楼地面的竖向定位应与楼地面的上表面重合，即用建筑标高标注（图 1-18）。

（2）门窗洞口的竖向定位。门窗洞口的竖向定位与洞口结构层表面重合，为结构标高（图 1-18）。

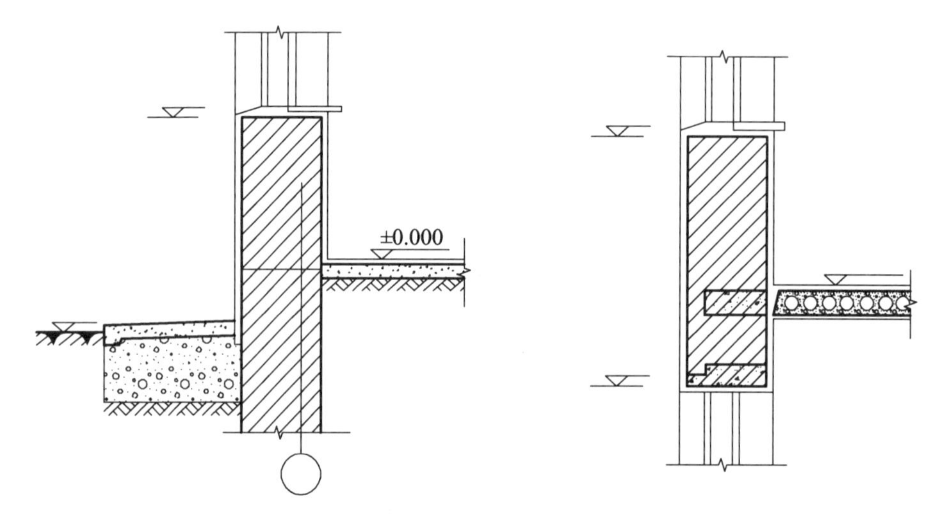

图 1-18 楼地面、门窗洞口的竖向定位

（3）屋面的竖向定位。屋面的竖向定位应为屋面结构层的上表面与距墙内缘 120 mm 处或与墙内缘重合处的外墙定位轴线相交处，即用结构标高标注（图 1-19）。

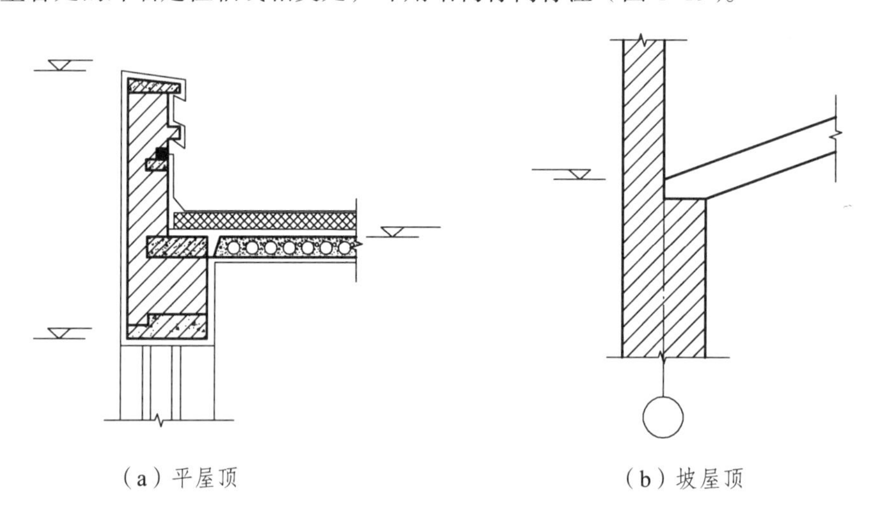

图 1-19 屋面、檐口的竖向定位

项目二　基础与地下室认知

【知识目标】

（1）掌握基础的埋置深度、常见类型。

（2）掌握基础的基本构造。

（3）掌握地下室的组成。

（4）掌握地下室的防潮、防水构造。

【能力目标】

（1）能够区分地基与基础。

（2）能判断基础的类型并清楚其各自构造要点。

（3）能知道地下室防潮和防水构造做法。

（4）能识读基础图详图。

【项目任务】

序号	学习任务	任务驱动
1	基础构造认知	（1）观察各种基础模型、了解基础构造形式 （2）参观建筑工地基础的施工过程 （3）试划分基础的构造形式 （4）识读基础详图
2	地下室构造认知	清楚地下室防水、防潮的构造措施

任务一　基础构造认知

【任务描述】

通过本任务的学习，学生应具有根据不同的实际建筑物情况和环境条件合理确定基础形式的能力；能根据选用的基础类型，说出基础的构造做法。

【知识链接】

一、地基与基础

（一）基础的概念

基础是建筑物的重要组成部分，是位于建筑物的地面以下的承重构件。它直接与土层相接触，承受建筑物的全部荷载，并将这些荷载连同自重传给地基。

（二）地基的概念

地基是指支承建筑物荷载的那一部分土层（或岩层）。通常情况下，地基在建筑物荷载作用下的应力和应变随着土层深度的增加而减小，在到达一定深度后就可以忽略不计。直接承受荷载的土层称为持力层，持力层以下的土层称为下卧层。

地基分为天然地基和人工地基两大类，天然地基是指具有足够承载能力的天然土层，可直接在天然土层上建造基础。岩石、碎石、砂石、黏性土等，一般均可作为天然地基。人工地基是指天然土层的承载力较差，不能满足荷载的要求，为使地基具有足够承载能力，应对土层进行加固处理，这种经过人工加固的地基叫人工地基。人工地基的加固方法有压实法、换土法、桩基等多种方法。

（三）基础、地基与荷载的关系

建筑物的全部荷载用 N 表示。地基在保持稳定的条件下，每平方米所能承受的最大垂直压力称为地基的承载力（或地耐力），用 R 表示。由于地基的承载力一般小于建筑物地上部分的强度，所以基础底面需要宽出上部结构，基础底面积用 A 表示。当三者的关系式：$R \geqslant N/A$ 成立时，说明建筑物传给基础底面的平均压力不超过地基承载力，地基就能够保证建筑物的稳定和安全。在建筑设计中，当建筑物总荷载已确定时，可通过增加基础底面积或提高地基的承载力来保证建筑物的稳定和安全，如图 2-1 所示。

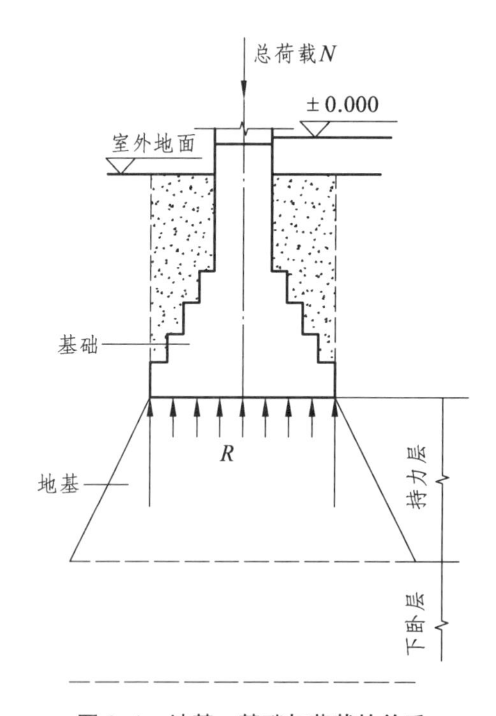

图 2-1　地基、基础与荷载的关系

（四）基础的埋置深度

1. 基础的埋置深度

基础的埋置深度指从室外设计地坪到基础底面的距离。

根据基础埋置深度的不同，基础可分为浅基础和深基础。一般情况下，基础埋置深度≤5 m时为浅基础，基础埋置深度＞5 m时为深基础。在确定基础埋深时应优先选择浅基础，它的特点是：构造简单，施工方便，造价低廉且不需要特殊施工设备。只有在表层土质极弱、总荷载较大或其他特殊情况下，才选用深基础。此外，基础埋置深度也不能过小，因为地基受到建筑荷载作用后可能将四周土挤走，使基础失稳，或地面受到雨水的冲刷、机械破坏而导致基础暴露，影响建筑的安全。基础的最小埋置深度不应小于500 mm，如图2-2所示。

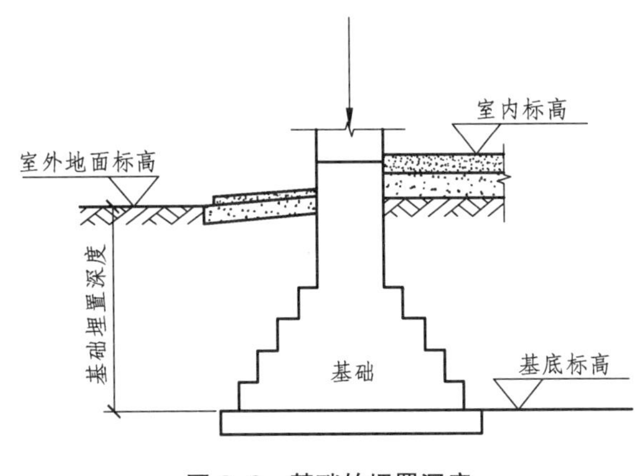

图2-2　基础的埋置深度

2. 影响基础埋深的因素

基础埋深的大小关系到地基是否可靠、施工难易及造价的高低。影响基础埋深的因素很多，其主要影响因素如下：

（1）建筑物的使用要求、基础形式及荷载。

当建筑物设置地下室、设备基础或地下设施时，基础埋深应满足其使用要求；高层建筑基础埋深随建筑高度增加适当增大，才能满足稳定性要求；荷载大小和性质也影响基础埋深，一般荷载较大时应加大埋深；受向上拔力的基础，应有较大埋深以满足抗拔力的要求。

（2）工程地质和水文地质条件。

基础应建造在坚实可靠的地基上，而不能设置在承载力低、压缩性高的软弱土层上。依地基土层分布不同，通常有以下几种情况：

① 土质均匀的良好土，基础应浅埋，但通常不浅于0.5 m。

② 软弱土层在2 m以内、下层为好土时，一般应将基础埋在好土内。

③ 表层软弱土层厚在2～5 m时，总荷载较大的建筑宜埋在好土内。

④ 表层弱土层大于5 m、下层为好土时，低层、轻型建筑应将基础埋于表层软弱土层内，总荷载较大的建筑宜埋在好土内或采用人工地基。

⑤ 表层为好土、下层为软土时，应把基础埋在好土内，适当加大基础底面，并验算下卧层顶面压力。

⑥ 地基由多层土组成，且土层均为软土时或上部总荷载较大时可采用深基础，如桩基础等。

存在地下水时，在确定基础埋深时一般应考虑将基础埋于最高地下水位以上不小于 0.2m 处。当地下水位较高，基础不能埋置在地下水位以上时，宜将基础埋置在最低地下水位以下不少于 0.2 m 的深度，以避免基础底面处于地下水变化的范围内，且同时考虑施工时基坑的排水和坑壁的支护等因素。地下水位以下的基础，如地下水对基础有腐蚀性，在选材时应考虑采取防腐措施，如图 2-3 所示。

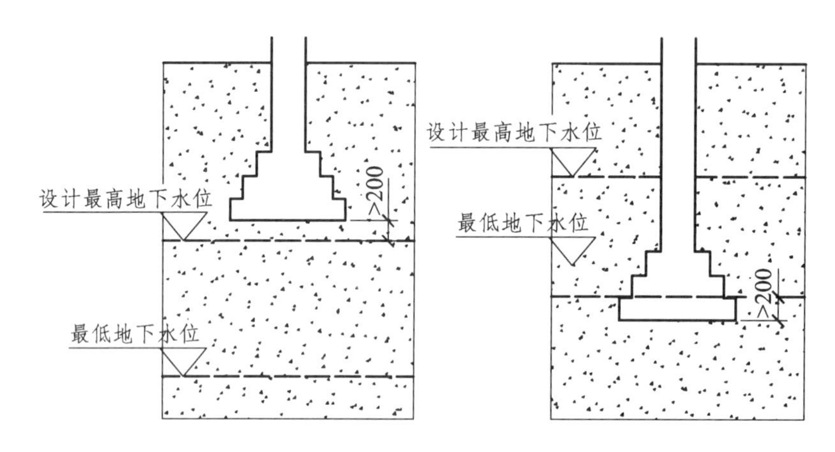

图 2-3　地下水位对基础埋深的影响

（3）土的冻结深度的影响。

地面以下的冻结土与非冻结土的分界线称为冰冻线。土的冻结深度取决于当地的气候条件。冬季土的冻胀会把基础抬起；春季气温回升，土层解冻，基础会下沉，使建筑物周期性地处于不稳定状态。由于土中各处冻结和融化并不均匀，建筑物会产生变形，如墙身开裂、门窗变形等情况。

土壤冻胀现象及其严重程度与地基土的颗粒粗细、含水率、地下水位高低等因素有关。碎石、卵石、粗砂、中砂等土壤颗粒较粗，颗粒间孔隙较大，其埋深可不考虑冻胀的影响。粉砂、轻亚黏土等土壤颗粒细，孔隙小，具有冻胀性，此类土壤称为冻胀土。冻胀土中含水率越大，冻胀就越严重，地下水位越高，冻胀就越强烈。因此，对于有冻胀性的地基土，基础底面应埋置在冰冻线以下 200 mm 处（图 2-4）。

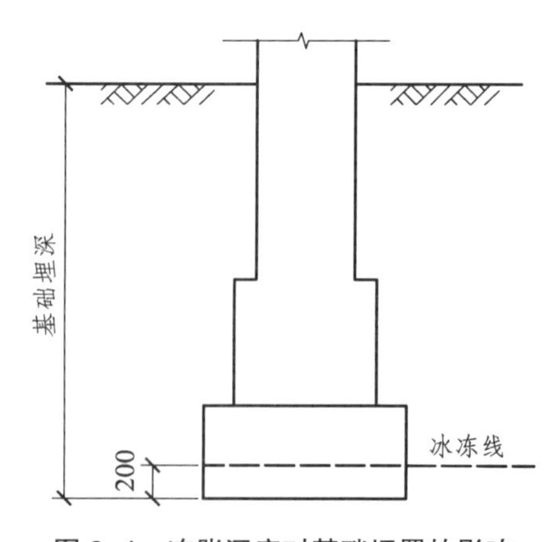

图 2-4　冻胀深度对基础埋置的影响

（4）相邻建筑物基础的影响。

当存在相邻建筑物时，一般新建建筑物基础的埋深不应大于原有建筑基础，以保证原有建筑的安全；当新建建筑物基础的埋深必须大于原有建筑基础的埋深时，为了不破坏原基础下的地基土，应与原基础保持一定的净距 L，L 一般为相邻基础地面高差的 1 ~ 2 倍（图 2-5）。当上述要求不能满足时，应采取分段施工、设临时加固支撑、打板桩、设地下连续墙等施工措施，或加固原有建筑物的地基。

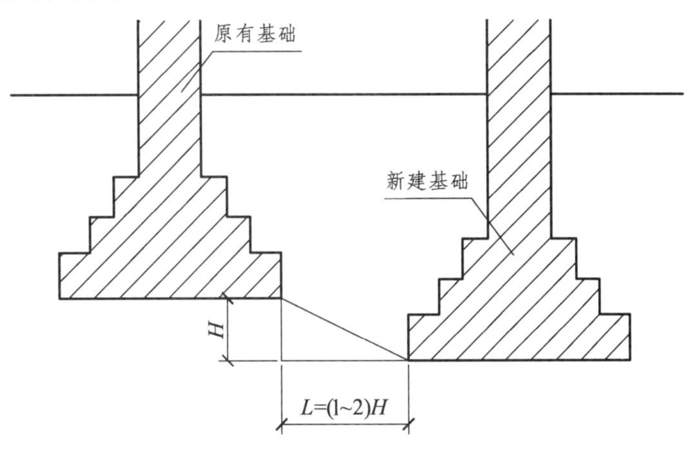

图 2-5　基础埋深与相邻基础的关系

二、基础的类型及构造

基础所用的材料一般有砖、毛石、混凝土或毛石混凝土、灰土、三合土、钢筋混凝土等，其中由砖、毛石、混凝土或毛石混凝土、灰土、三合土等制成的墙下条形基础或柱下独立基础称为无筋扩展基础；由钢筋混凝土制成的基础称为扩展基础。

（一）无筋扩展基础和扩展基础

1. 无筋扩展基础（刚性基础）

当上部荷载较大、地基承载力较小时，基础底面 b 就会很大，挑出部分 b_2 很宽，相当于悬臂梁，对于由砖、毛石、灰土、混凝土等这类抗压强度高，而抗拉、抗剪、抗弯强度较低的材料所做的基础，在地基反力作用下底部会因受拉、受剪和受弯而破坏。为了保证基础不因受拉、受剪、受弯破坏，基础必须有足够的高度，即基础台阶的宽高比要受到一定的限制。基础高度应符合下式要求：

$$H_0 \geqslant (b-b_0)/2\tan\alpha \qquad (2\text{-}1)$$

式中　b——基础底面宽度；

b_0——基础顶面的墙体宽度或柱脚宽度；

H_0——基础高度；

$\tan\alpha$——基础台阶宽高比 $b_2:H_0$，其允许值可按表 2.1 选用，α 也称为刚性角。

b_2——基础台阶宽度。

表 2.1　无筋扩展基础台阶宽高比的允许值

基础材料	质量要求	台阶宽高比的允许值		
		$P_k \leqslant 100$	$100 < P_k \leqslant 200$	$200 < P_k \leqslant 300$
混凝土基础	C15 混凝土	1∶1.00	1∶1.00	1∶1.25
毛石混凝土基础	C15 混凝土	1∶1.00	1∶1.25	1∶1.50
砖基础	砖不低于 MU10、砂浆不低于 M5	1∶1.50	1∶1.50	1∶1.50
毛石基础	砂浆不低于 M5	1∶1.50	1∶1.50	—
灰土基础	体积比为 3∶7 或 2∶8 的灰土，其最小干密度：粉土 1.55 t/m^3 粉质黏土 1.50 t/m^3 黏土 1.45 t/m^3	1∶1.25	1∶1.50	—
三合土基础	体积比 1∶2∶4～1∶3∶6（石灰∶砂∶骨料），每层约虚铺 220 mm，夯至 150 mm	1∶1.50	1∶2.00	—

注：P_k 为荷载效应标准组合时基础底面处的平均压力值（kPa）。

采用无筋扩展基础的钢筋混凝土柱，其柱脚高度 h_1 不得小于 b_1（图 2-6），并不应小于 300 mm 且不小于 20d（d 为柱中的纵向受力钢筋的最大直径）。

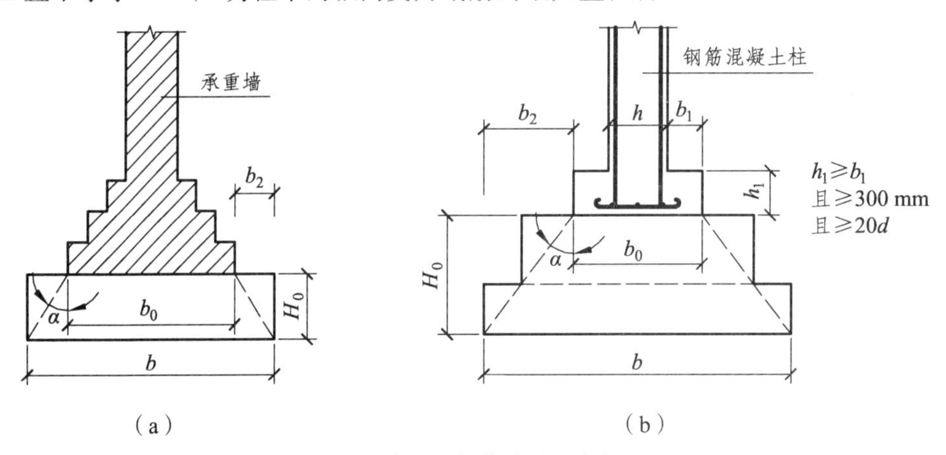

d—柱中纵向钢筋的最大直径

图 2-6　无筋扩展基础构造示意

当柱纵向钢筋在柱脚内的竖向锚固长度不满足锚固要求时，可沿水平方向弯折，弯折后的水平锚固长度不应小于 10d，也不应大于 20d。无筋扩展基础适用于 6 层和 6 层以下民用建筑和墙承重的轻型厂房。

（1）砖基础。

砌筑砖基础的普通黏土砖，其强度等级要求在 MU7.5 以上，砂浆强度等级一般不低于 M5。砖基础采用逐级放大的台阶式，其台阶的宽高比应小于 1∶1.5，一般采用等高式大放脚（每 2 皮砖挑出 1/4 砖）或不等高式大放脚（每 2 皮砖挑出 1/4 砖与每 1 皮砖挑出 1/4 砖相间）的砌筑方法，砌筑前基槽底面要铺厚度不小于 100 mm 的垫层。

砖基础具有取材容易、价格低廉、施工方便等特点。由于砖的强度及耐久性较差，故砖基础常用于地基土质好、地下水位较低、5层以下的砖混结构中，如图 2-7 所示。

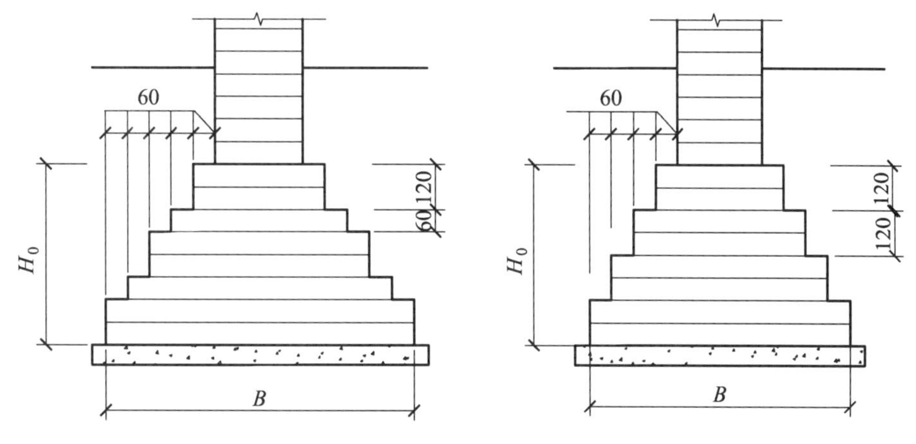

图 2-7 砖基础构造

（2）毛石基础。

毛石基础是由石材和不小于 M5 砂浆砌筑而成的。毛石是指开采未经雕凿成型的石块，形状不规则。由于石材抗压强度高，抗冻、抗水、抗腐蚀性能均较好，所以毛石基础可以用于地下水位较高、冻结深度较大的底层或多层民用建筑，但整体性欠佳，有振动的房屋很少采用。

毛石基础的剖面形式多为阶梯形（图 2-8）。基础顶面要比墙或柱每边宽出 100 mm，基础的宽度、每个台阶挑出的高度均不宜小于 400 mm，每个台阶挑出的宽度不应大于 200 mm，当基础底面宽度小于 700 mm 时，毛石基础可做成矩形截面。

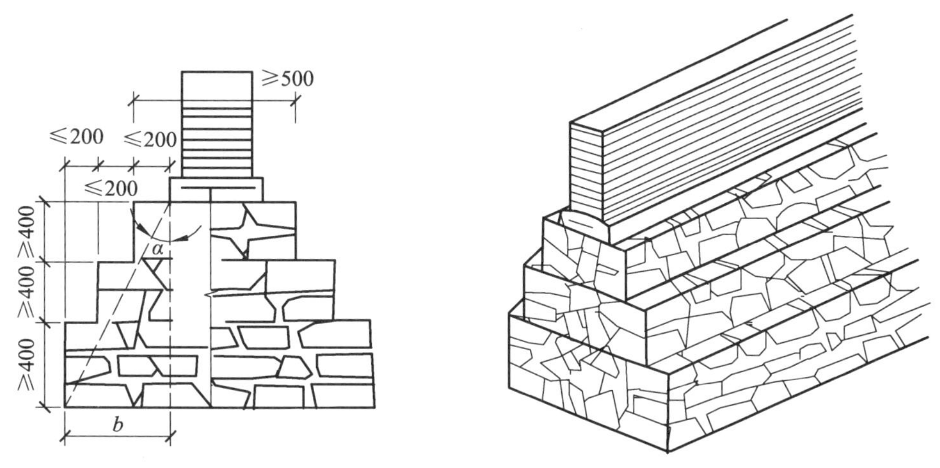

图 2-8 毛石基础构造

（3）混凝土基础。

混凝土基础具有坚固、耐久、耐腐蚀、耐水等特点，与前几种基础相比，可用于地下水位较高和有冰冻的地方。由于混凝土可塑性强，基础断面形式可做成矩形、阶梯形和锥形。为了施工方便，当基础宽度小于 350 mm 时多做成矩形；大于 350 mm 时，多做成阶梯形；当基础底面宽度大于 2 000 mm 时，还可做成锥形（图 2-9）。混凝土基础的刚性角 α 为 45°，混凝土厚度等级为不低于 C20。

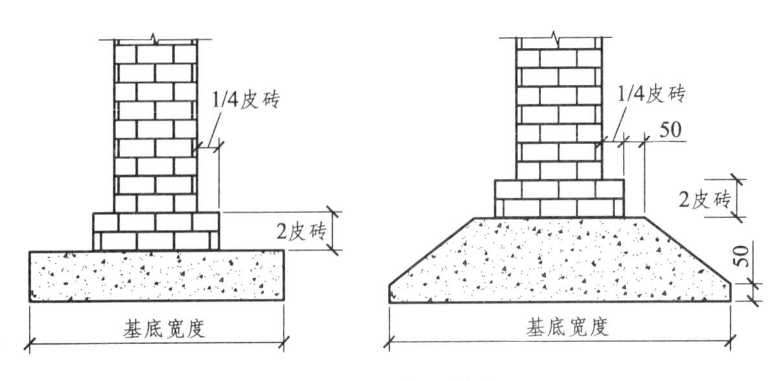

图 2-9　混凝土基础

（4）毛石混凝土基础。

为了节约水泥用量，对于体积较大的混凝土基础，可以在浇筑混凝土时加入 20%～30% 的粒径不超过 300 mm 的毛石，这种基础叫毛石混凝土基础。所用毛石尺寸应小于基础宽度的 1/3，且毛石在混凝土中应分布均匀。当基础埋深较大时，也可将毛石混凝土做成台阶形，每阶宽度不应小于 400 mm（图 2-10）。

2. 扩展基础（钢筋混凝土基础）

扩展基础是指柱下的钢筋混凝土独立基础和墙下的钢筋混凝土条形基础，它们是在混凝土基础下部配置钢筋来承受底面的拉力。所以，基础不受宽高比的限制，可以做得宽而薄，一般可为扁锥形或台阶形，端部最薄处的厚度不宜小于 200 mm。基础中受力钢筋的数量应通过计算确定，但钢筋直径不宜小于 8 mm，间距不宜大于 200 mm。基础混凝土的强度等级不宜低于 C20。为了使基础底面能够均匀传力和便于配置钢筋，基础下面一般用强度等级为 C10 的混凝土做垫层，厚度常用 100 mm。有垫层时，钢筋下面保护层的厚度不宜小于 40 mm，不设垫层时，保护层的厚度不宜小于 70 mm（图 2-11）。

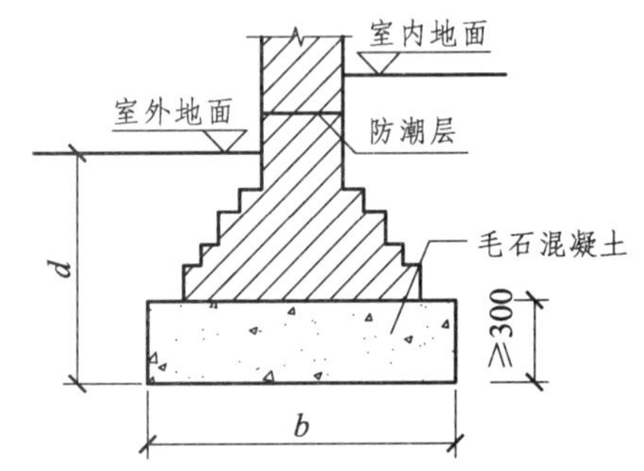

图 2-10　台阶形毛石混凝土基础

钢筋混凝土基础的适用范围广泛，尤其是适用于有软弱土层的地基。

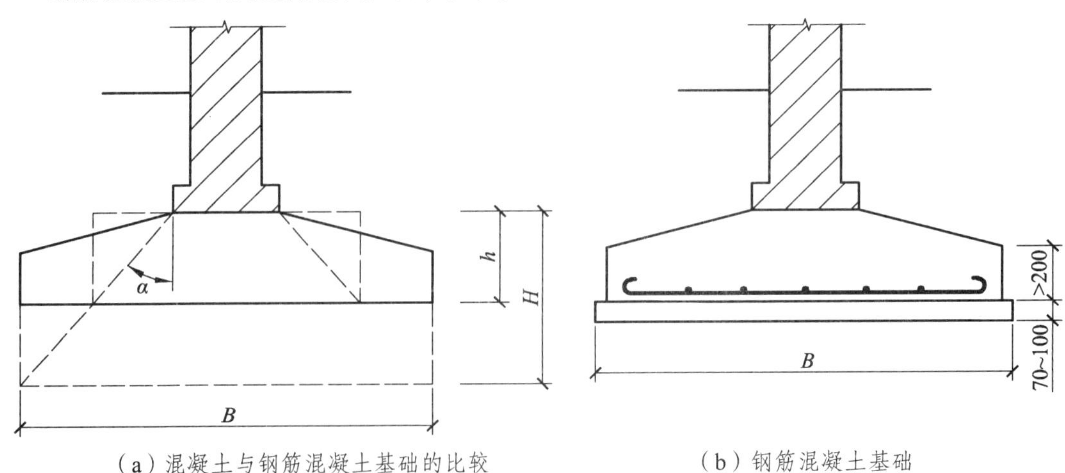

（a）混凝土与钢筋混凝土基础的比较　　（b）钢筋混凝土基础

图 2-11　钢筋混凝土基础

（二）基础的构造类型

1. 条形基础

基础为连续的长条形状时称为条形基础。条形基础一般用于墙下，也可用于柱下。当建筑采用墙承重结构时，通常将墙底加宽形成墙下条形基础；当建筑采用柱承重结构，在荷载较大且地基较软弱时，为了提高建筑物的整体性，防止出现不均匀沉降，可将柱下基础沿一个方向连续设置成条形基础（图 2-12）。

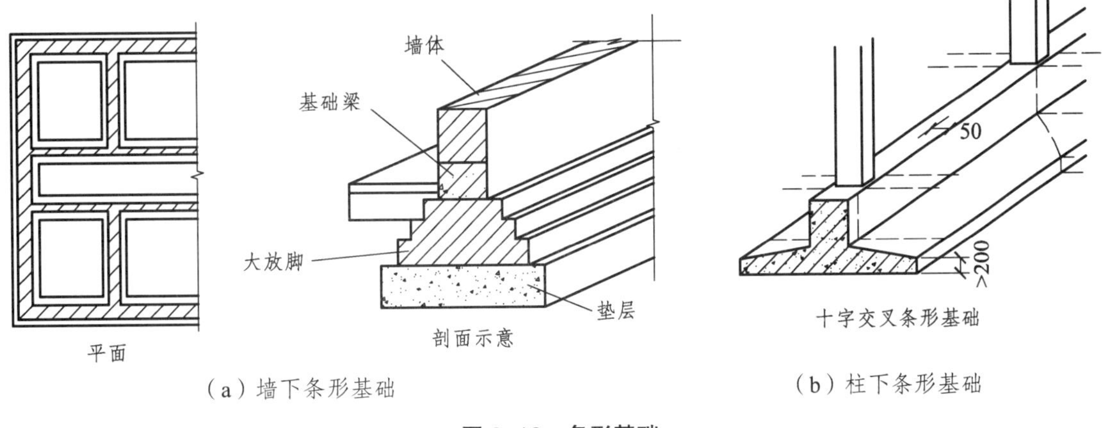

（a）墙下条形基础　　（b）柱下条形基础

图 2-12　条形基础

（1）墙下条形基础［图 2-12（a）］。

墙下条形基础一般用于多层混合结构的墙下，低层或小型建筑物常用砖、混凝土等刚性条形基础。如上部为钢筋混凝土墙，或地基较差，荷载较大时，可采用钢筋混凝土条形基础。

（2）柱下条形基础［图 2-12（b）］。

当上部结构为框架结构或排架结构，荷载较大或荷载分布不均匀，地基承载力偏低时，为了增加基底面积或增强整体刚度，以减少不均匀沉降，常用钢筋混凝土条形基础，将各柱下基础用基础梁相互连接为一体，形成井格基础。

2. 独立基础

当建筑物上部采用柱承重，且柱距较大时，将柱下扩大形成独立基础。独立基础的常用形状有阶梯形、锥形，当采用钢筋混凝土预制柱时，可采用杯形基础等（图 2-13）。独立基础的优点是土方工程量少，便于地下管道穿越，节约基础材料。但基础相互之间无联系，整体刚度差，因此一般适用于土质均匀、荷载均匀的骨架结构建筑中。

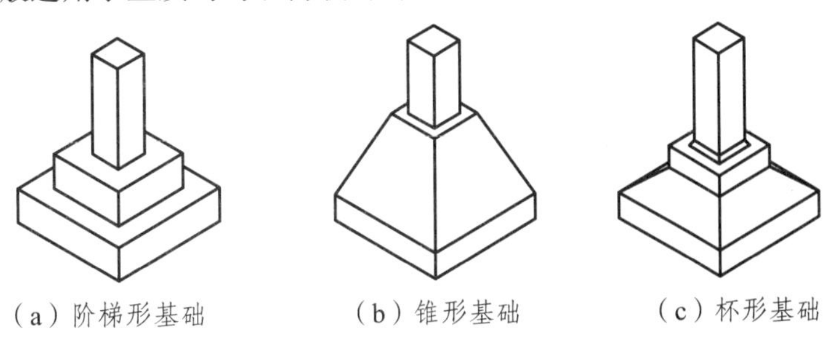

（a）阶梯形基础　　（b）锥形基础　　（c）杯形基础

图 2-13　独立基础

当建筑物上部为墙承重结构，并且基础要求埋深较大时，为了避免开挖土方量过大和便于穿越管道，墙下可采用独立基础。墙下独立基础的间距一般为 3 ~ 4 m，上面设置基础梁来支承墙体。

3. 筏形基础

当地基条件较弱或建筑物的上部荷载较大，如采用简单条形基础或井格基础不能满足要求时，常将墙或柱下基础连成一片，使其建筑物的荷载承受在一块整板上，成为筏形基础。筏形基础有平板式和梁板式两种，前者板的厚度大，构造简单；后者板的厚度较小，但增加了双向梁，构造较复杂。筏形基础的选型应根据工程地质、上部结构体系、柱距、荷载大小，以及施工条件等因素确定。不埋板式基础是筏形基础的另一种形式，是在天然地表面上，用压路机将地表土壤压密实，在较好的持力层上浇注钢筋混凝土基础，在构造上使基础如同一只盘子反扣在地面上，以此来承受上部荷载。这种基础大大减少了土方工程量，且适宜于软弱地基，特别适宜于 5 ~ 6 层整体刚度较好的居住建筑，但在冻土深度较大地区不宜采用，故多用于南方。筏形基础见图 2-14 所示。

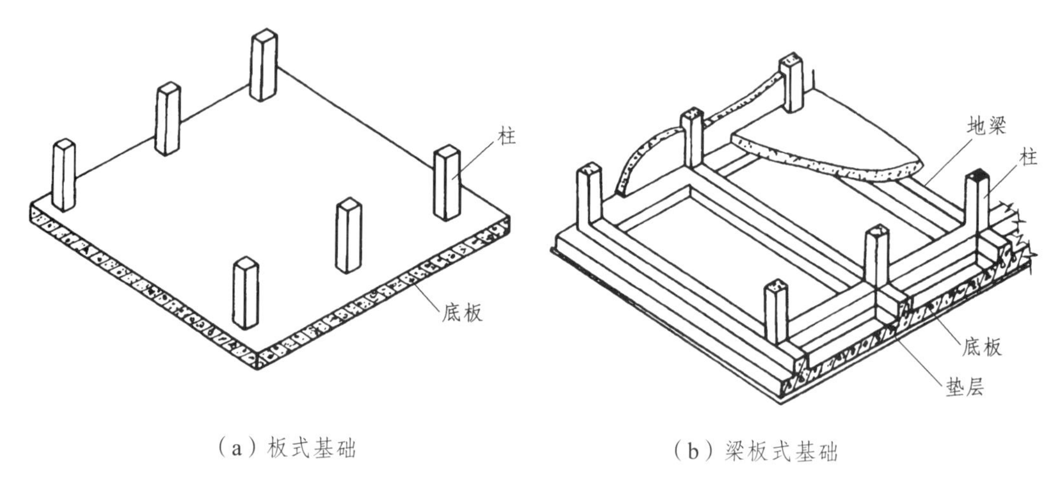

（a）板式基础　　（b）梁板式基础

图 2-14　筏形基础

4. 箱形基础

箱形基础是由钢筋混凝土底板、顶板、侧墙及一定数量的内隔墙构成封闭的箱体，基础中部可在内隔墙开门洞作地下室。这种基础整体性和刚度都好，调整不均匀沉降的能力及抗震能力较强，可减少因地基变形引起建筑物开裂的可能性，可减少基底处应力，降低总沉降量。箱形基础适用高层或在软弱地基上建造的重型建筑物的基础，以及对沉降有严格要求的设备基础或特殊建筑物（图 2-15）。

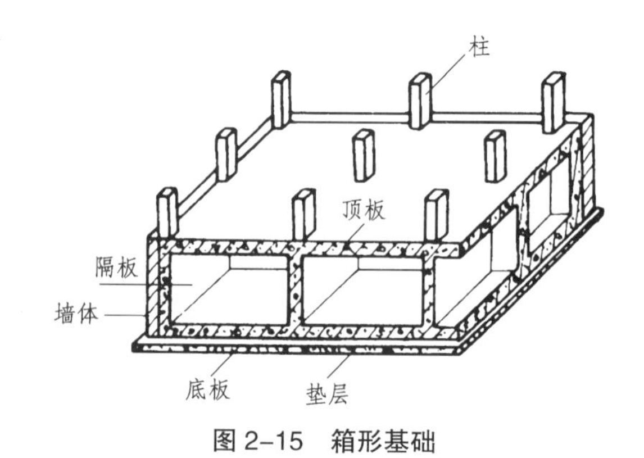

图 2-15　箱形基础

5. 桩基础

当建筑物荷载较大，地基软弱土层的厚度在 5 m 以上，基础不能埋在软弱土层内，或对软弱土层进行人工处理较困难或不经济时，常采用桩基础。桩基础由桩身和承台组成，桩身伸入土中，承受上部荷载；承台用来连接上部结构和桩身，如图 2-16 所示。

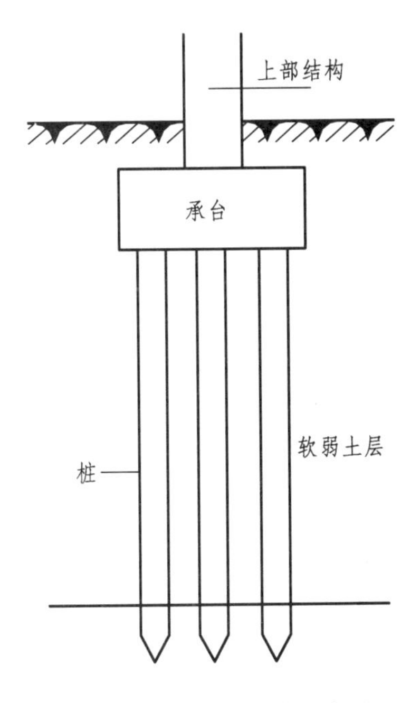

图 2-16　桩基础组成示意图

桩基础类型很多，按照桩身的受力特点，分为摩擦桩和端承桩。上部荷载如果主要依靠桩身与周围土层的摩擦阻力来承受时，这种桩基础称为摩擦桩；上部荷载如果主要依靠下面坚硬土层对桩端的支承来承受时，这种桩基础称为端承桩。桩基础按材料不同，有木桩、钢筋混凝土桩和钢桩等；按断面形式不同，有圆形桩、方形桩、环形桩、六角形桩和工字形桩等；按桩入土方法的不同，有打入桩、振入桩、压入桩和灌注桩等。

采用桩基础可以减少挖填土方工程量，改善工人的劳动条件，缩短工期，节省材料。因此近年来桩基础的应用较为广泛。

任务二　地下室构造认知

【任务描述】

通过本任务的学习，学生应具有识读地下室防潮和防水构造做法的能力，熟悉地下室防水、防潮的常规做法。

【知识链接】

建筑物底层下部的房间叫地下室。当建筑物较高时，基础的埋深很大，利用这个深度设置地下室，即可在有限的占地面积中争取到更多的使用空间，提高建设用地的利用率，又不需要增加太多的投资，所以设置地下室有一定的实用和经济意义。

一、地下室的分类

地下室按埋入地下深度的不同，分为全地下室和半地下室。当地下室地面低于室外地坪的高度超过该地下室净高的 1/2 时为全地下室；当地下室地面低于室外地坪的高度超过该地下室净高的 1/3，但不超过 1/2 时为半地下室。地下室按使用功能来分，有普通地下室和人防地下室。普通地下室一般用作设备用房、储藏用房、商场、餐厅、车库等；人防地下室主要用于战备防空。

二、地下室的构造组成

地下室一般由墙体、顶板、底板、门窗、楼梯五大部分组成，如图 2-17 所示。

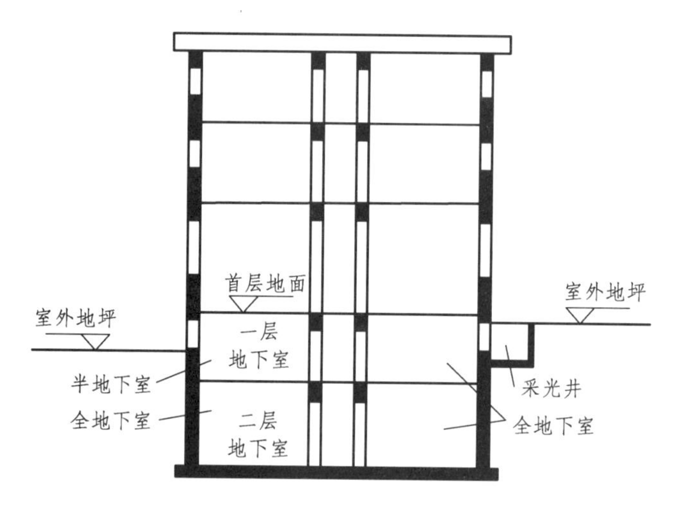

图 2-17 地下室示意图

1. 墙 体

地下室的外墙不仅承受垂直荷载，还承受土、地下水和土壤冻胀的侧压力，因此地下室的外墙应按挡土墙设计。钢筋混凝土或砖砌外墙应做防潮或防水处理，其最小厚度除应满足结构要求外，还应满足抗渗厚度的要求。

2. 顶 板

可用预制板、现浇板或者预制板上做现浇层（装配整体式楼板）。如为防空地下室，必须采用现浇板，并按有关规定决定厚度和混凝土强度等级。

3. 底 板

底板不仅承受上部垂直荷载，如底板处于最高地下水位以下时，还承受地下水的浮力作用，因此地板应具有足够的强度和刚度以及防水能力，应采用钢筋混凝土底板。

4. 门 窗

普通地下室的门窗与地上房间门窗相同，地下室外窗如在室外地坪以下时，应设置采光井和防护箅，以利室内采光、通风和室外行走安全。防空地下室一般不允许设窗，如需开窗，应设置战时堵严措施。防空地下室的外门应按防空等级要求，设置相应的防护构造。

5. 楼　梯

楼梯可与地面上房间结合设置。层高小或用作辅助房间的地下室，可设置单跑楼梯；防空要求的地下室至少要设置两部楼梯通向地面的安全出口，并且必须有一个是独立的安全出口，这个安全出口周围不得有较高建筑物，以防空袭倒塌，堵塞出口，影响疏散。

三、地下室的防潮构造

当地下水的常年水位和最高水位都在地下室地坪标高以下时，地下水位不可能直接侵入室内，墙和地坪仅受土层中地潮的影响。地潮是指土层中毛细管水和地面水下渗而造成的无压力水。这时地下室只需做防潮，砌体必须用水泥砂浆砌筑，墙外侧抹 20 mm 厚水泥砂浆抹面后，涂刷冷底子油一道及热沥青两道，然后回填低渗透性的土壤，如黏土、灰土等，并逐层夯实。这部分回填土的宽度为 500 mm 左右。此外，在墙身与地下室地坪及室内地坪之间设墙身水平的防潮层，以防止土中潮气和地面雨水因毛细作用沿墙体上升而影响结构。

地下室所有的墙体都必须设两道水平防潮层，一道设在地下室地坪附近，一般设置在内、外墙与地下室地坪交接处；另一道设在距室外地坪以上的墙体中，以防止土层中的水分因毛细管作用沿基础和墙体上升，导致墙体潮湿和增大地下室及首层室内的湿度，如图 2-18 所示。

对于钢筋混凝土墙体的地下室外墙，可利用混凝土结构的自防功能，不必再做防潮处理，但在外墙穿管、接缝等处，应嵌入密封材料防潮。

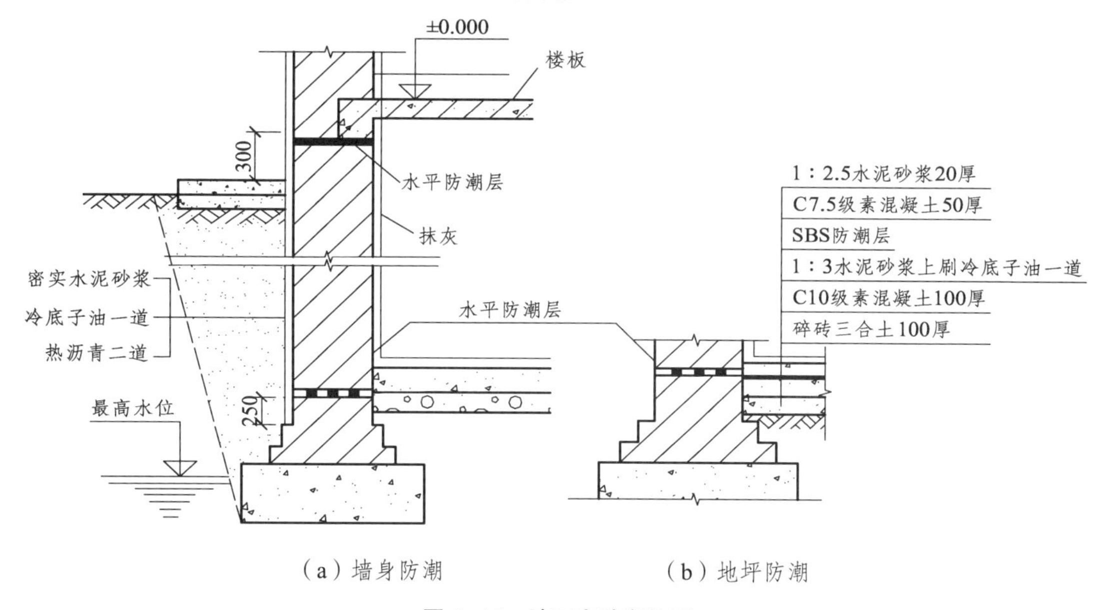

图 2-18　地下室防潮处理

四、地下室的防水构造

当最高地下水位高于地下室地坪时，地下室外墙和底板分别受地下水的侧压力和浮力作用，这时，对地下室必须采取防水处理。

防水做法按选用材料的不同，通常有以下 4 种：

1. 防水混凝土

防水混凝土是在普通混凝土的基础上，通过调整配合比或掺外加剂等手段，改善混凝土自身密实性，使其具有抗渗能力，一般用于外墙时厚度为 200 mm 以上，底板厚度为 150 mm 以上。为防止地下水对混凝土的侵蚀，应在墙身外侧用水泥砂浆抹灰，然后涂冷底子油一道，热沥青两道（图 2-19）。

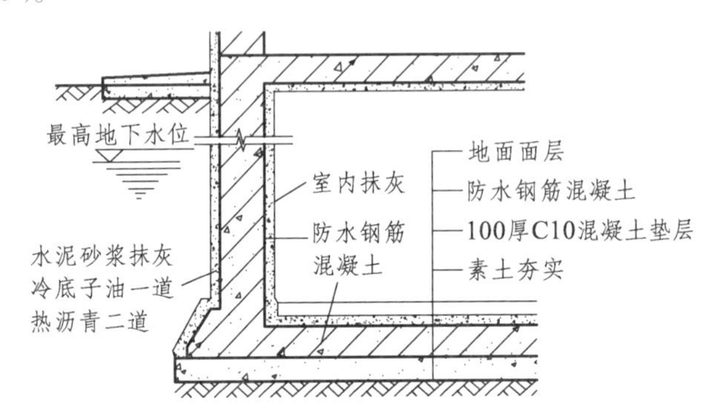

图 2-19　地下室混凝土构件自防水构造

2. 防水卷材

现在工程中，一般采用高聚物改性沥青防水卷材（如 SBS 改性沥青防水卷材、APP 改性沥青防水卷材）或高分子防水卷材（如三元乙丙橡胶防水卷材、再生胶防水卷材等）与相应的胶结材料黏结形成防水层。按照卷材防水层的位置不同，分外防水和内防水。

（1）外防水。

外防水是将卷材防水层满包在地下室墙体和底板外侧的做法。其构造要点是：先在混凝土垫层上将卷材铺满整个地下室，在其上浇筑细石混凝土或水泥砂浆保护层以便浇筑混凝土底板。底板防水层应在外墙外侧伸出接槎，将墙体防水层与其搭接，并高出最高地下水位 500 ~ 1 000 mm，然后在墙体防水层外侧砌半砖保护墙，在保护墙与防水层之间灌注水泥砂浆。保护墙下干铺油毡一层，并沿其长度方向每隔 5 ~ 6 m 断开一处，断开的缝中添以卷材条。应注意在墙体防水层的上部应设垂直防潮层与其连接（图 2-20）。

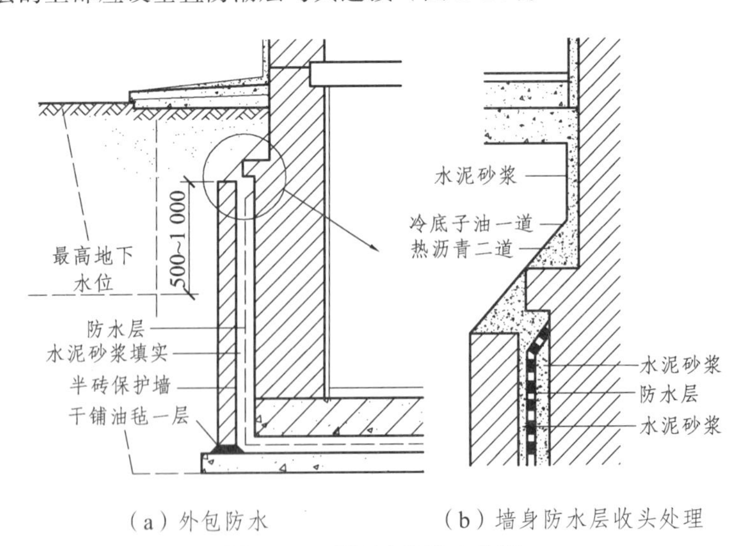

（a）外包防水　　（b）墙身防水层收头处理

图 2-20　地下室外防水构造

（2）内防水。

内防水是将卷材防水层满包在地下室墙体和地坪的结构层内侧的做法，它施工方便，但属于被动式防水，对防水不利，所以一般用于修缮工程（图 2-21）。

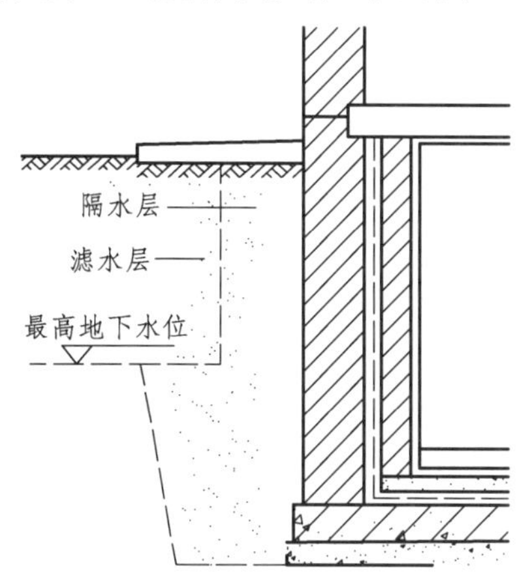

图 2-21　地下室内防水构造

3. 涂料防水

涂料防水种类有水乳型（普通乳化沥青、再生胶沥青等）、溶剂型（再生胶沥青）和反应型（聚氨酯涂膜），能防止地下无压水（渗流水、毛细水等）及≤1.5 m 水头的有压水的浸入，适用于新建砖石或钢筋混凝土结构的迎水面作专用防水层或新建防水钢筋混凝土结构的迎水面作附加防水层，加强防水、防腐能力；或已建防水或防潮建筑外围结构的内侧，作补漏措施；不适用或慎用含有油脂、汽油或其他能溶解涂料的地下环境。且涂料和基层应有很好的黏结力，涂料层外侧应做砂浆或砖墙保护层。

4. 水泥砂浆防水

水泥砂浆防水分为多层普通水泥砂浆防水层和掺外加剂水泥砂浆防水层两种，属于刚性防水，适用于主体结构刚度较大、建筑物变形小及面积较小的工程；不适用于有侵蚀性、有剧烈震动的工程。一般条件下做内防水为好，地下水压较高时，宜增做外防水。防水层高度应高出室外地坪 0.15 m，但对钢筋混凝土外墙、柱，应高出室外地坪 0.5 m。

上述 4 种做法中，前两种应用较多。

项目三　墙体认知

【知识目标】

（1）熟悉常见墙体的类型。

（2）掌握砖墙的砌筑方式与尺寸控制。

（3）掌握勒脚、墙身水平防潮层、散水、窗台、圈梁、过梁、构造柱的一般构造。

（4）了解砌块墙、隔墙构造。

（5）了解常用墙面装修材料及构造。

【能力目标】

（1）能分清不同墙体类型。

（2）能清楚不同墙体的细部构造要点。

（3）能识读并绘制墙身节点构造详图。

（4）能识读墙面装修图。

（5）能查阅相关规范。

【项目任务】

序号	学习任务	任务驱动
1	墙体构造认知	（1）通过图纸、模型及实际建筑物对墙体有一个基本认知 （2）能够识读图纸中的勒脚、墙身水平防潮层、散水、窗台、圈梁、过梁、构造柱等构造 （3）通过ppt、实例图纸、现场参观，认知砌块墙、隔墙构造
2	墙面装修构造认知	（1）通过图纸及实际建筑物对内外墙面装饰有基本认知 （2）通过讨论了解装饰构造中墙面材料的选用 （3）通过图集、ppt、图纸等学习抹灰类、涂刷类、贴面类、裱糊类、镶板类墙面的装饰构造 （4）能根据建筑施工图查找墙面装修的类型及方法

任务一　墙体构造认知

【任务描述】

通过本任务的学习，学生应能分清不同墙体类型，能认识不同墙体的细部构造要点，能识读并绘制墙身构造详图，能查阅相关规范。

【知识链接】

一、墙体概述

（一）墙体的类型

1. 按墙体所在位置分类

墙体按在平面上所处位置不同，可分为外墙和内墙。位于房屋四周边的墙统称为外墙，它起着挡风、阻雨、保温、隔热等围护作用。位于建筑物内部的墙统称为内墙，它起分隔室内空间，同时起一定隔音、防火等作用。墙体按布置方向可以分为纵墙和横墙，沿建筑物长轴方向布置的墙称为纵墙，沿建筑物短轴方向布置的墙称为横墙（图 3-1）。而外横墙又可称为山墙，外纵墙又可称为檐墙。对于一片墙来说，窗与窗之间和窗与门之间的墙统称为窗间墙，窗台下面的墙称为窗下墙。

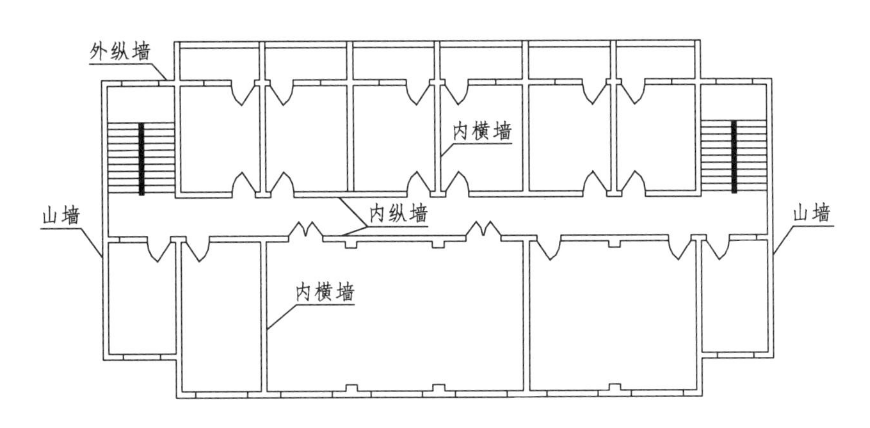

图 3-1　墙体各部分名称

2. 按墙体受力状况分类

在混合结构建筑中，墙体按受力方式分为两种：承重墙和非承重墙。非承重墙又可分为两种：一是自承重墙，不承受外来荷载，仅承受自身重力并将其传至基础；二是隔墙，起分隔房间的作用，不承受外来荷载，并把自身重力传给梁或楼板。

3. 按墙体构造和施工方式分类

墙体按构造方式可以分为实体墙、空体墙和组合墙三种。实体墙由单一材料组成，如砖墙、砌块墙等。空体墙也是由单一材料组成，可由单一材料砌成内部空腔，也可用具有孔洞的材料建造墙，如空斗砖墙、空心砌块墙等。组合墙是由两种以上材料组合而成的墙。

墙体按施工方法可以分为块材墙、板筑墙及板材墙三种。块材墙是用砂浆等胶结材料将砖石块材等组砌而成，例如砖墙、石墙及各种砌块墙等。板筑墙是在现场立模板，在模板内现浇材料而成的墙体，例如现浇混凝土墙等。板材墙是预先制成墙板，施工时安装而成的墙，例如预制混凝土大板墙、各种轻质条板内隔墙等。

（二）墙体的构造要求

1. 具有足够的强度和稳定性

墙体的强度是指墙体承受荷载的能力，它与所用材料、墙体厚度及构造和施工方式有关。墙体的稳定性则与墙的长度、高度和厚度有关，一般应通过控制墙体的高厚比保证墙体的稳定性，同时可通过加设壁柱、圈梁、构造柱及拉结钢筋等措施增加其稳定性。

2. 具有保温、隔热性能

外墙作为围护结构，应具有较好的保温、隔热能力，满足建筑热工要求。在冬季寒冷的地区，室外温度远低于室内温度，围护结构要有一定的保温能力，减少室内热量损失。

在夏季炎热的地区，室外气温较高，外墙长时间受阳光照射，要对外墙采取隔热措施，减少室外高温对人们工作和生活的影响。

3. 隔声要求

为减少外界噪声对室内的干扰，墙体应具有良好的隔声性能。墙体在构造设计时，要根据建筑的使用性质，用材料和技术手段控制噪声。

4. 满足防水、防潮要求

对卫生间、厨房、盥洗室等有水房间及有防水要求的墙体，要具有防水、防潮能力，以保证墙体的耐久性和房间的卫生要求。

5. 满足防火要求

墙体所用材料的燃烧性能和耐火极限要符合《建筑设计防火规范》（GB 50016—2006）的要求，保证墙体具有防火能力。

二、砖墙构造

（一）墙体材料

砖墙是用砂浆将砖按一定技术要求砌筑而成的砌体，其材料是砖和砂浆。

1. 砖

砖按材料不同分，有黏土砖、页岩砖、粉煤灰砖、灰砂砖、炉渣砖等；按形状分有实心砖、多孔砖和空心砖等。其中常用的是普通黏土砖。普通黏土砖以黏土为主要原料，经成型、干燥焙烧而成（图 3-2）。

我国标准砖的规格为 240 mm×115 mm×53 mm，砖长∶宽∶厚=4∶2∶1（包括 10 mm 宽灰缝），标准砖砌筑墙体时是以砖宽度的倍数，即 115 mm + 10 mm = 125 mm 为模数。这与我国现行《建筑模数协调统一标准》中的基本模数 M = 100 mm 不协调，因此在使用中，须注意标准砖的这一特征。

实心黏土砖

多孔黏土砖

图 3-2　黏土砖

砖的强度以强度等级表示，烧结普通砖的强度等级分为 MU30、MU25、MU20、MU15、MU10 等 5 个级别。

2. 砂　浆

砂浆是砌块的胶结材料，常用的砂浆有水泥砂浆、混合砂浆、石灰砂浆和黏土砂浆。

（1）水泥砂浆由水泥、砂加水拌和而成，属水硬性材料，强度高，但可塑性和保水性较差，适应砌筑潮湿环境下的砌体，如地下室、砖基础等。

（2）石灰砂浆由石灰膏、砂加水拌和而成。由于石灰膏为塑性掺合料，所以石灰砂浆的可塑性很好，但它的强度较低，且属于气硬性材料，遇水强度即降低，所以适宜砌筑次要的民用建筑地面以上的砌体。

（3）混合砂浆由水泥、石灰膏、砂加水拌和而成，既有较高的强度，也有良好的可塑性和保水性，故在民用建筑地面以上砌体中被广泛采用。

（4）黏土砂浆由黏土加砂加水拌和而成，强度很低，仅适于土坯墙的砌筑，多用于乡村民居。它们的配合比取决于结构要求的强度。

砌墙用的砂浆统称为砌筑砂浆，其强度以强度等级表示，砂浆的强度等级有 M15、M10、M7.5、M5、M2.5 共 5 个级别。

（二）组砌方式

为了保证墙体的强度，砖砌体的砖缝必须横平竖直，错缝搭接，避免通缝。同时，砖缝砂浆必须饱满，厚薄均匀。常用的错缝方法是将丁砖和顺砖上下皮交错砌筑。每排列一层砖称为一皮。常见的砖墙组砌方式：120 墙采用全顺式；240 墙采用一顺一丁式、多顺一丁式（三顺一丁式）、梅花丁式（十字式）；180 墙采用两平一侧式等。砖墙的组砌方式如图 3-3 所示。

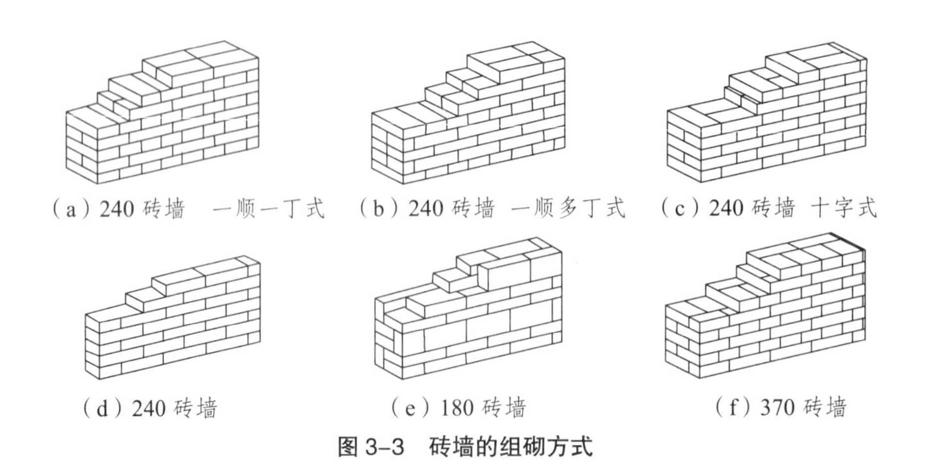

（a）240 砖墙　一顺一丁式　（b）240 砖墙 一顺多丁式　（c）240 砖墙 十字式

（d）240 砖墙　（e）180 砖墙　（f）370 砖墙

图 3–3　砖墙的组砌方式

（三）墙体尺度

墙体尺度指厚度和墙段长两个方向的尺度。要确定墙体的尺度，除应满足结构和功能要求外，还必须符合块材自身的规格尺寸。

1. 墙　厚

墙厚主要由块材和灰缝的尺寸组合而成。常用的实心砖规格（长×宽×厚）为 240 mm×115 mm×53 mm，砌筑砂浆的宽度和厚度一般在 8 ~ 12 mm，通常按 10 mm 计。砖缝又叫灰缝。

2. 砖墙洞口尺寸

洞口尺寸应按模数协调统一标准制定，这样可以减少门窗规格，有利于工厂化生产，提高工业化的程度。1 000 mm 以内的洞口尺度采用基本模数 100 mm 的倍数，如 600 mm、700 mm、800 mm、900 mm、1 000 mm，大于 1 000 mm 的洞口尺度采用扩大模数 300 mm 的倍数，如 1 200 mm、1 500 mm、1 800 mm 等。

（四）墙体细部构造

1. 勒　脚

勒脚（图 3-4）为外墙身接近室外地面处的表面保护和饰面处理部分，一般指位于室内地坪与室外地面的高差部分，也可根据立面的需要而提高勒脚的高度尺寸。其作用为加固墙身，防止外界机械作用力碰撞破坏，保护近地面处的墙体，防止地表水、雨雪、冰冻对墙脚的侵蚀，用不同的饰面材料处理墙面，增强建筑物立面美观。

通常在勒脚的外表面作水泥砂浆或其他强度较高且有一定防水能力的抹灰处理，也可用石块砌筑，或用天然石板、人造石板贴面。

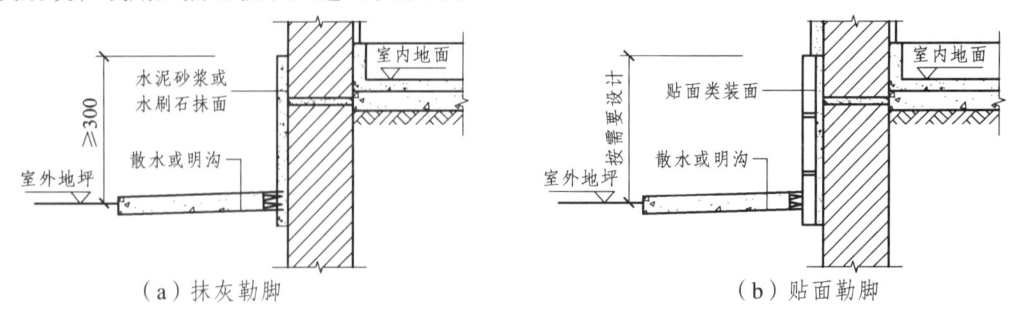

（a）抹灰勒脚　（b）贴面勒脚

（c）石砌勒脚

图 3-4　勒脚

2. 墙身防潮层

墙身防潮层防止土壤中的水分沿基础上升，以免位于勒脚处的地面水渗入墙内而导致墙身受潮。防潮层可以提高建筑物的耐久性，保持室内干燥卫生，在构造形式上有水平防潮层和垂直防潮层两种形式。

水平防潮层一般应在室内地面不透水垫层（如混凝土）范围以内，通常在-0.060 m 标高处设置，而且至少要高于室外地坪 150 mm，以防雨水溅湿墙身；当地面垫层为透水材料（如碎石、炉渣等）时，水平防潮层的位置应平齐或高于室内地面一皮砖的地方，即在+0.060 m 处；当两相邻房间之间室内地面有高差时，应在墙身内设置高低两道水平防潮层，并在靠土壤一侧设置垂直防潮层，将两道水平防潮层连接起来，以避免回填土中的潮气侵入墙身（图 3-5）。

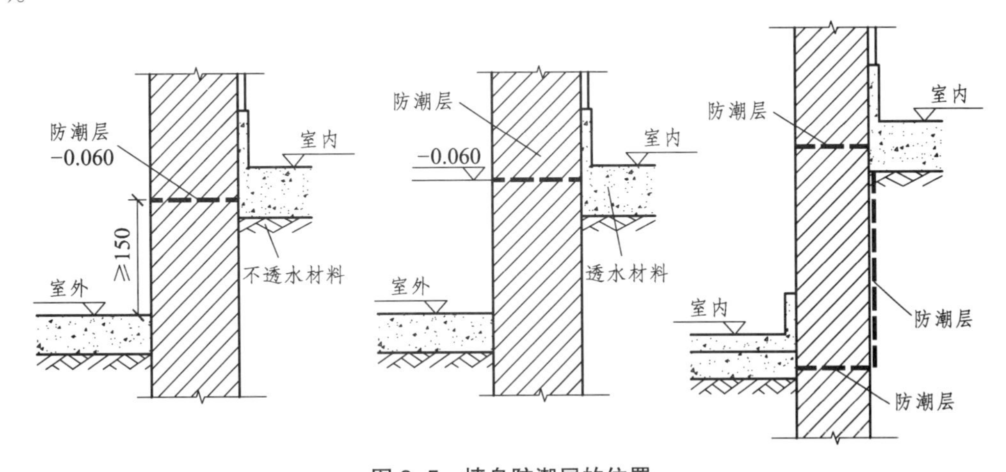

图 3-5　墙身防潮层的位置

（1）防水砂浆防潮层：适用于抗震地区、独立砖柱和振动较大的砖砌体中，其整体性较好，抗震能力强，但砂浆是脆性易开裂材料，在地基发生不均匀沉降而导致墙体开裂或因砂浆铺贴不饱满时会影响防潮效果［图 3-6（a）、（b）]。

（2）细石混凝土防潮层：适用于整体刚度要求较高的建筑中，但应把防水要求和结构做法合并考虑较好［图 3-6（c）］。

（3）用钢筋混凝土基础圈梁代替防潮层［图 3-6（d）］。

（4）垂直防潮层的做法：在需设垂直防潮层的墙面（靠回填土一侧）先用 1∶2 的水泥砂浆抹面 15 ~ 20 mm 厚，再刷冷底子油一道，刷热沥青两道；也可以直接采用掺有 3% ~ 5%防水剂的防水砂浆抹面 15 ~ 20 mm 厚的做法。

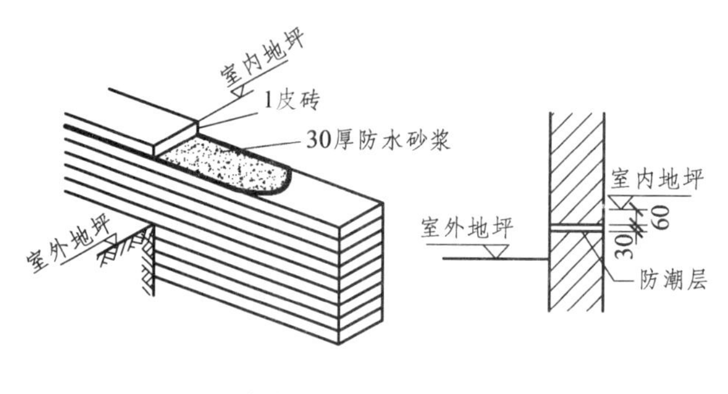

（a）防水砂浆防潮层

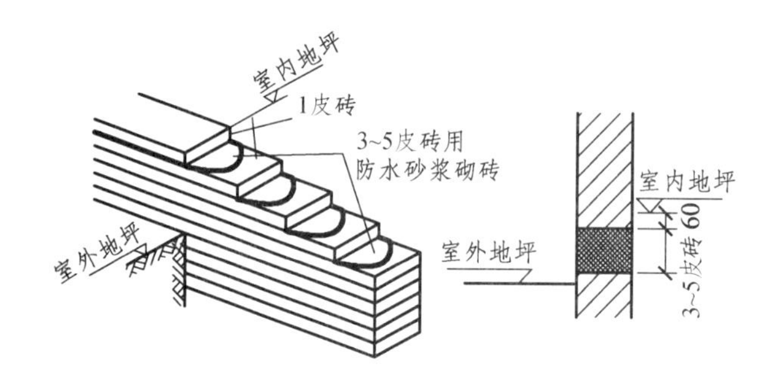

（b）防水砂浆砌砖防潮层

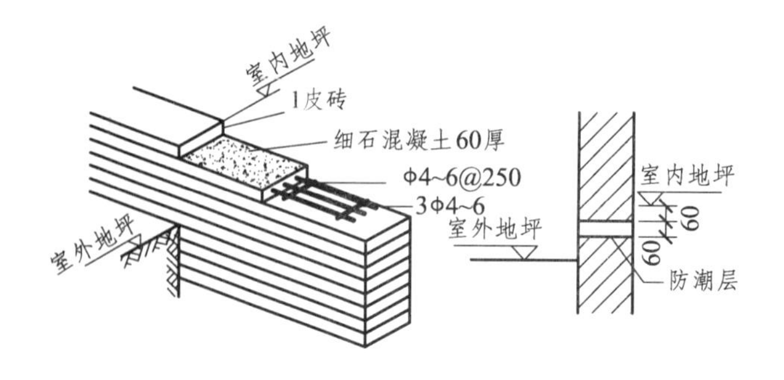

（c）细石混凝土防潮层

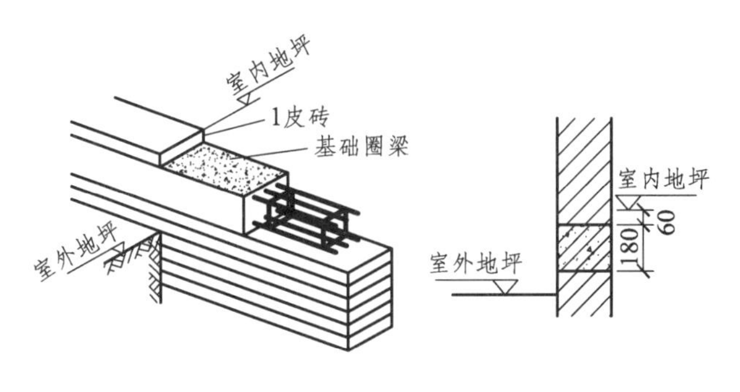

（d）基础圈梁代替防潮层

图 3-6　墙身防潮层做法

3. 散　水

为了迅速排除从屋檐下滴的雨水，防止因积水渗入地基而造成建筑物的下沉，在外墙四周靠近勒脚下部设的排水坡称为散水，宽度一般为 600 ~ 1 000 mm。当屋面为自由落水时，其宽度应比屋檐挑出宽度大 200 mm；坡度一般在 3% ~ 5%左右，外缘高出室外地坪 20 ~ 50 mm 较好；一般可用水泥砂浆、混凝土、砖块、石块等材料做面层。由于建筑物的沉降、勒脚与散水施工时间的差异，在勒脚与散水交接处应留有 20 mm 左右的缝隙，在缝内填粗砂或米石子，上嵌沥青胶盖缝，以防渗水和保证沉降的需要（图 3-7）。

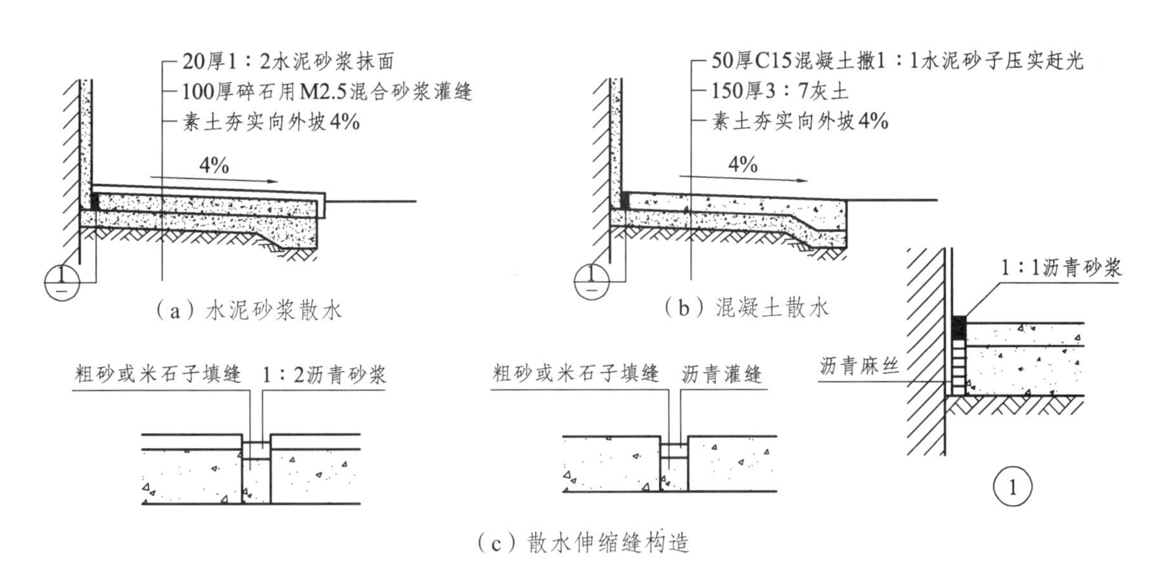

（c）散水伸缩缝构造

图 3-7　散水构造

4. 明　沟

明沟为靠近勒脚下部设置的排水沟，可用砖、石材等砌筑（图 3-8）。

5. 窗　台

窗洞口下部设置的防水构造称为窗台。以窗框为界，位于室外一侧的称为外窗台，位于室内一侧的称为内窗台。

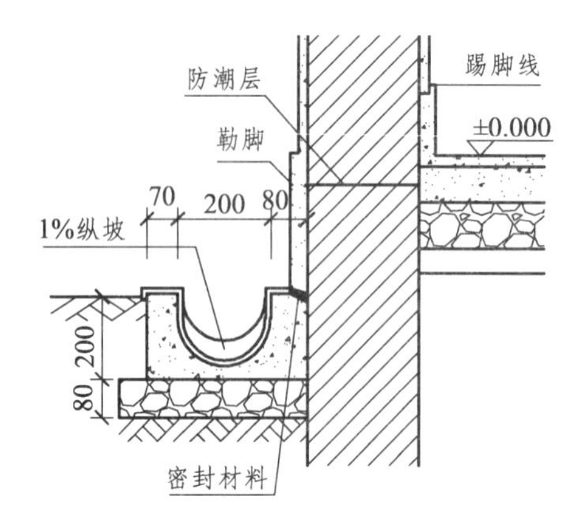

图 3-8 明沟构造

外窗台（图 3-9）应有不透水的面层，并向外形成不小于 20%的坡度，以利于排水。外窗台有悬挑窗台和不悬挑窗台两种。对处于阳台等处的窗因不受雨水冲刷，或外墙面为贴面砖时，可不必设悬挑窗台。悬挑窗台常采用丁砌一皮砖出挑 60 mm 或将一砖侧砌并出挑 60 mm，也可采用钢筋混凝土窗台。悬挑窗台底部边缘处抹灰时应做宽度和深度均不小于 10 mm 的滴水线或滴水槽或滴水斜面（俗称鹰嘴）。

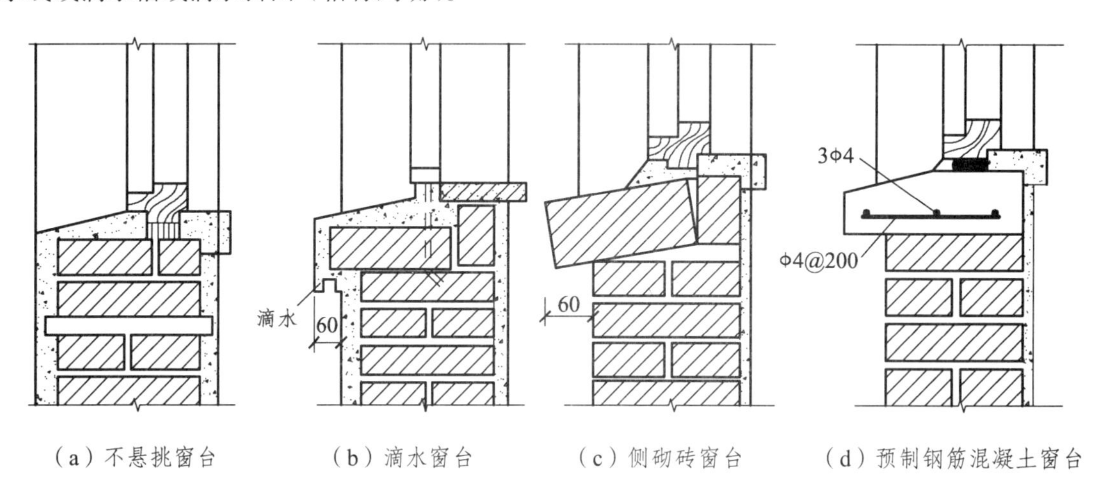

（a）不悬挑窗台　（b）滴水窗台　（c）侧砌砖窗台　（d）预制钢筋混凝土窗台

（e）外窗台

图 3-9 窗台及构造

内窗台一般为水平放置，起着排除窗台内侧冷凝水，保护该处墙面以及搁物、装饰等作用。通常结合室内装修要求做成水泥砂浆抹灰、木板或贴面砖等多种饰面形式。使用木窗台板时，一般窗台板两端应伸出窗台线少许，并挑出墙面 30～40mm，板厚约 30mm。在寒冷地区，采暖房间的内窗台常与暖气罩结合在一起综合考虑，并在窗台下预留凹龛以便于安装暖气片。此时应采用预制水磨石板或预制钢筋混凝土窗台板形成内窗台。

6. 过　梁

过梁为设置在门窗洞口上方的用来支承门窗洞口上部砌体和楼板传来的荷载，并把这些荷载传给门窗洞口两侧墙体的水平承重构件。

（1）钢筋混凝土过梁（图 3-10）。

钢筋混凝土过梁适用于门窗洞口较大或洞口上部有集中荷载时，其承载力强，一般不受跨度的限制。一般过梁宽度同墙厚，高度及配筋应由计算确定，但为了施工方便，梁高应与砖的皮数相适应，如 120 mm、180 mm、240 mm 等。过梁在洞口两侧伸入墙内的长度应不小于 240 mm。过梁的断面形式有矩形和 L 形，矩形多用于内墙和混水墙，L 形多用于外墙和清水墙。在寒冷地区，为防止钢筋混凝土过梁产生冷桥问题，也可将外墙洞口的过梁断面做成 L 形或组合式过梁。为配合立面装饰、简化构造、节约材料，常将过梁与圈梁、悬挑雨篷、窗楣板或遮阳板等结合起来设计。

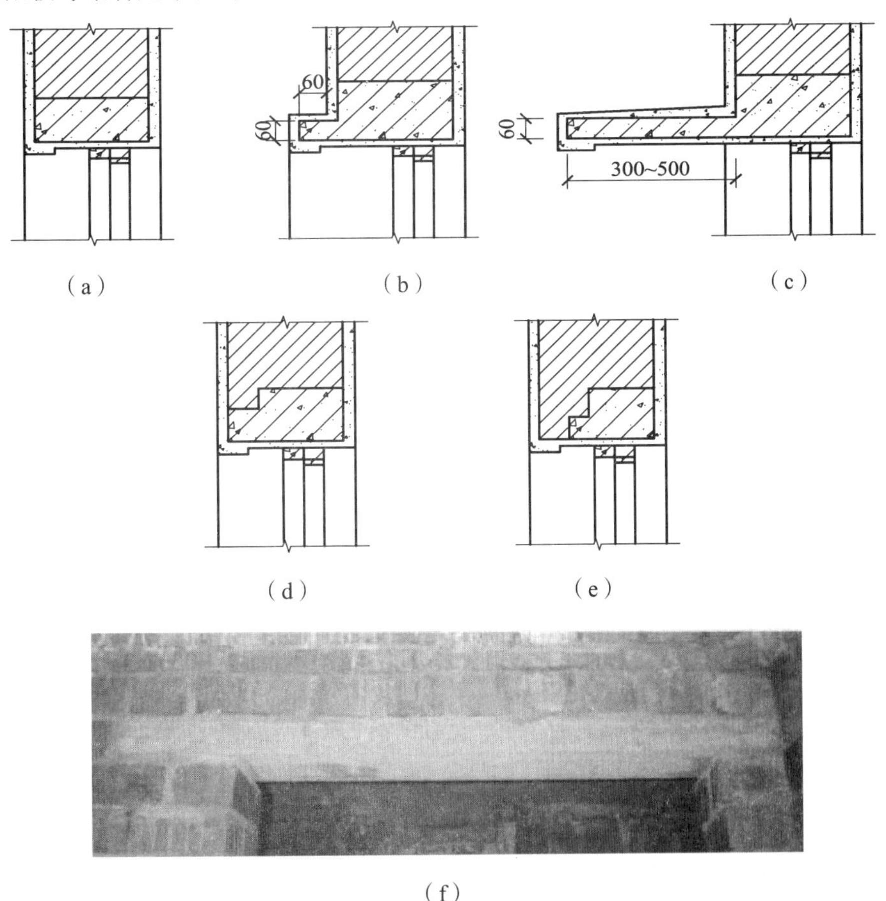

图 3-10　钢筋混凝土过梁形式

（2）砖拱过梁。

砖拱过梁是由立砖和侧砖相间砌筑而成的，它利用灰缝上大下小，使砖向两边倾斜，相互挤压形成拱的作用来承担荷载。

砖拱过梁有平拱（图 3-11）和弧拱（图 3-12）两种。砖砌平拱的高度多为一砖长，灰缝上部宽度不宜大于 15 mm，下部宽度不应小于 5 mm，中部起拱高度约为洞口跨度的 1/50，受力后拱体下落，使其水平。平拱过梁跨度在 1.2 m 以内，弧拱过梁的跨度可适当加大。砖拱过梁用砖的强度等级不低于 MU7.5，砂浆不低于 M5。砖拱过梁节约钢材和水泥，但施工麻烦，整体性差，不宜用于上部有集中荷载或有较大振动荷载，或可能产生不均匀沉降和有抗震设防要求的建筑中。

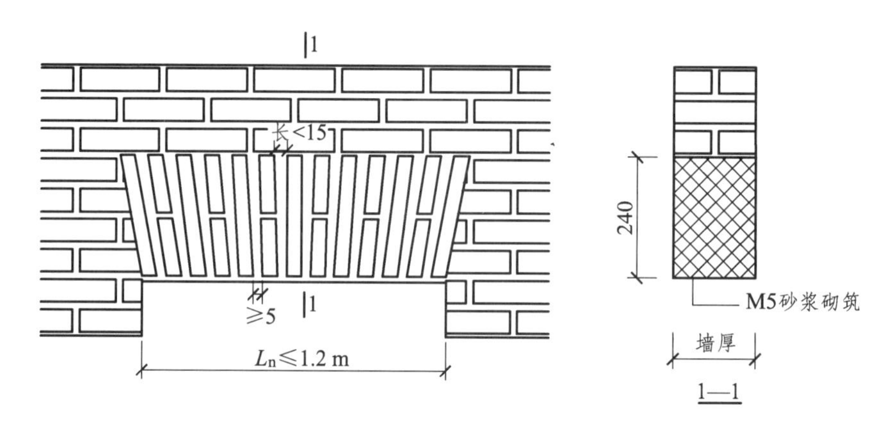

图 3-11 砖砌平拱过梁

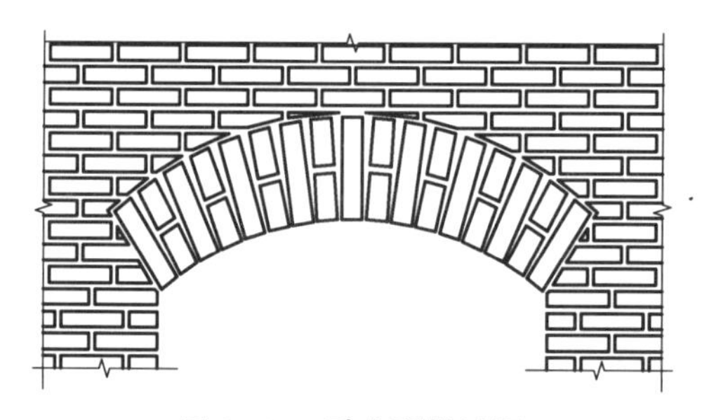

图 3-12 砖砌弧拱过梁

（3）钢筋砖过梁。

钢筋砖过梁是配置了钢筋的平砌砖过梁。其砌筑形式与墙体一样，一般用一顺一丁或梅花丁。通常将间距小于 120 mm 的 φ6 钢筋埋在梁底部 30 mm 厚的 1∶2.5 水泥砂浆层内，钢筋伸入洞口两侧墙内的长度不应小于 240 mm，并设 90°直弯钩，埋在墙体的竖缝内；在洞口上部不小于 1/4 洞口跨度的高度范围内（且不应小于 5 皮砖），用不低于 M5 的水泥砂浆砌筑。当在过梁底部设钢筋时，要求梁底部砂浆层厚度不应小于 30 mm，以保证钢筋不受锈蚀。钢筋砖过梁净跨宜≤1.5 m，不应超过 2 m，适用于跨度不大，上部无集中荷载的洞口上（图 3-13）。

7. 圈 梁

圈梁是沿建筑物外墙四周及部分内墙的水平方向设置的连续闭合的梁，又称腰箍，可增强楼层平面的空间刚度和整体性，减少因地基不均匀沉降而引起的墙身开裂，并与构造柱组合在一起形成骨架，提高抗震能力（图 3-14）。

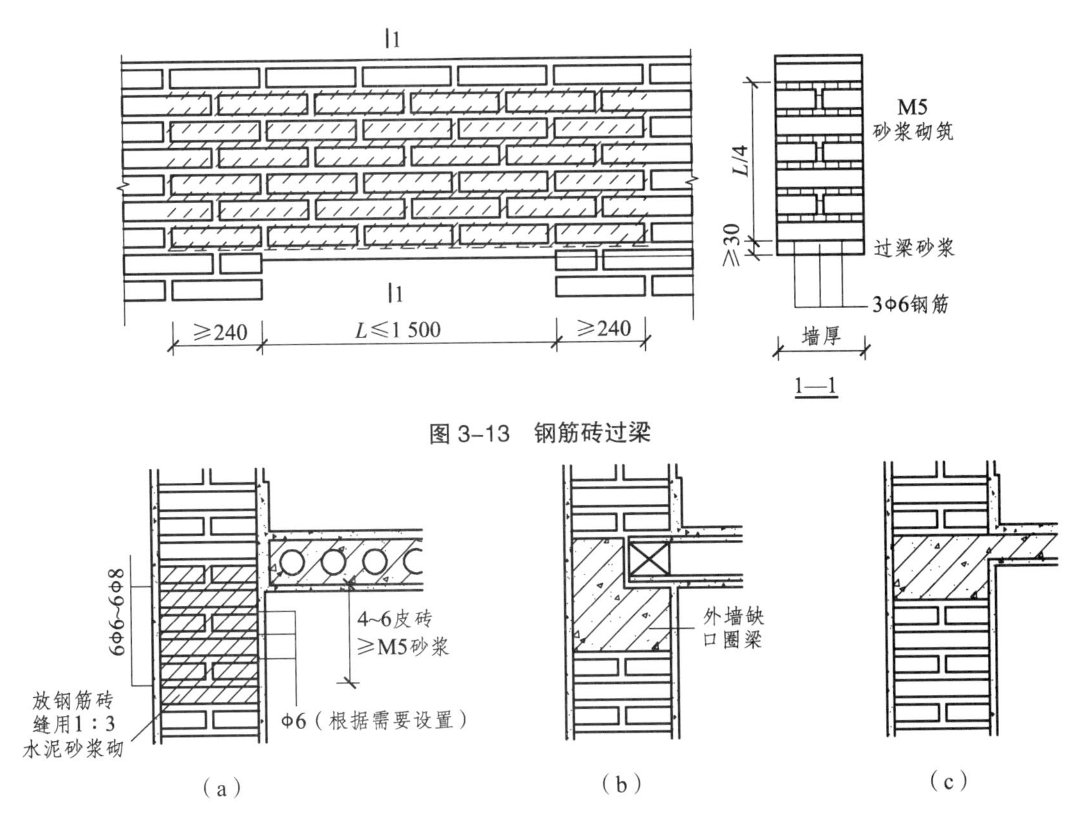

图 3-13　钢筋砖过梁

图 3-14　圈梁构造

圈梁一般采用钢筋混凝土材料，其宽度同墙厚。在寒冷地区，为了防止“冷桥”现象，其厚度可略小于墙厚，但不应小于 180 mm，高度一般不小于 120 mm。

圈梁在墙身的位置应根据结构构造确定。当只设一道圈梁时，应设在屋面檐口下面；当设几道时，可分别设在屋面檐口下面、楼板底面或基础顶面；有时为了节约材料可以将门窗过梁与其合并处理。钢筋混凝土圈梁在墙身上的数量应根据房屋的层高、层数、墙厚、地基条件、地震等因素来综合考虑。

按构造要求，圈梁必须是连续闭合的，但在特殊情况下，当遇有门窗洞口致使圈梁局部截断时，应在洞口上部增设相应截面的附加圈梁。附加圈梁与圈梁的搭接长度不应小于其垂直间距的 2 倍，且不得小于 1 m（图 3-15）。但对有抗震要求的建筑物，圈梁不宜被洞口截断。

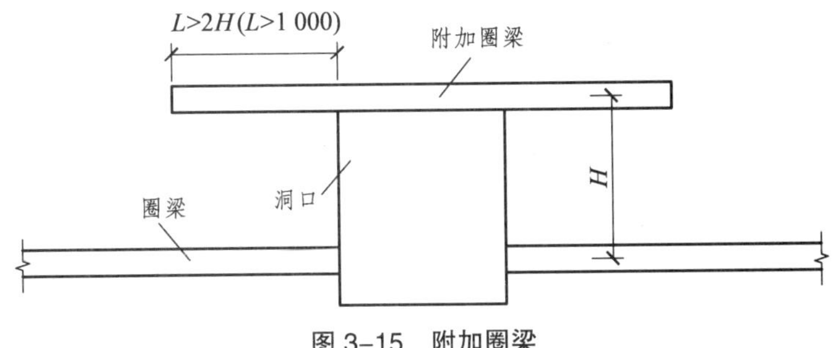

图 3-15　附加圈梁

8. 构造柱

砌体系脆性材料，抗震能力差，在 6 度及以上的地震设防区，需增设钢筋混凝土构造柱以增强建筑物的整体刚度和稳定性。构造柱一般设在外墙转角、内外墙交接处、较大洞口两侧、较长墙段的中部及楼梯、电梯四角等。

构造柱（图 3-16）必须与圈梁紧密连接，形成空间骨架，见图 3-17。构造柱最小截面尺寸为 240 mm×180 mm，当采用黏土多孔砖时，构造柱的最小截面尺寸为 240 mm×240 mm。最小配筋量是：纵向钢筋 4Φ12，箍筋 Φ6@200 ~ 250。构造柱下端应锚固在钢筋混凝土基础或基础梁内，无基础梁时应伸入底层地坪下 500 mm 处；上端应锚固在顶层圈梁或女儿墙压顶内，以增强其稳定性。

为加强构造柱与墙体的连接，构造柱处的墙体宜砌成“马牙槎”，并沿墙高每隔 500 mm 设 2Φ6 拉结钢筋，每边伸入墙内不少于 1 000 mm。

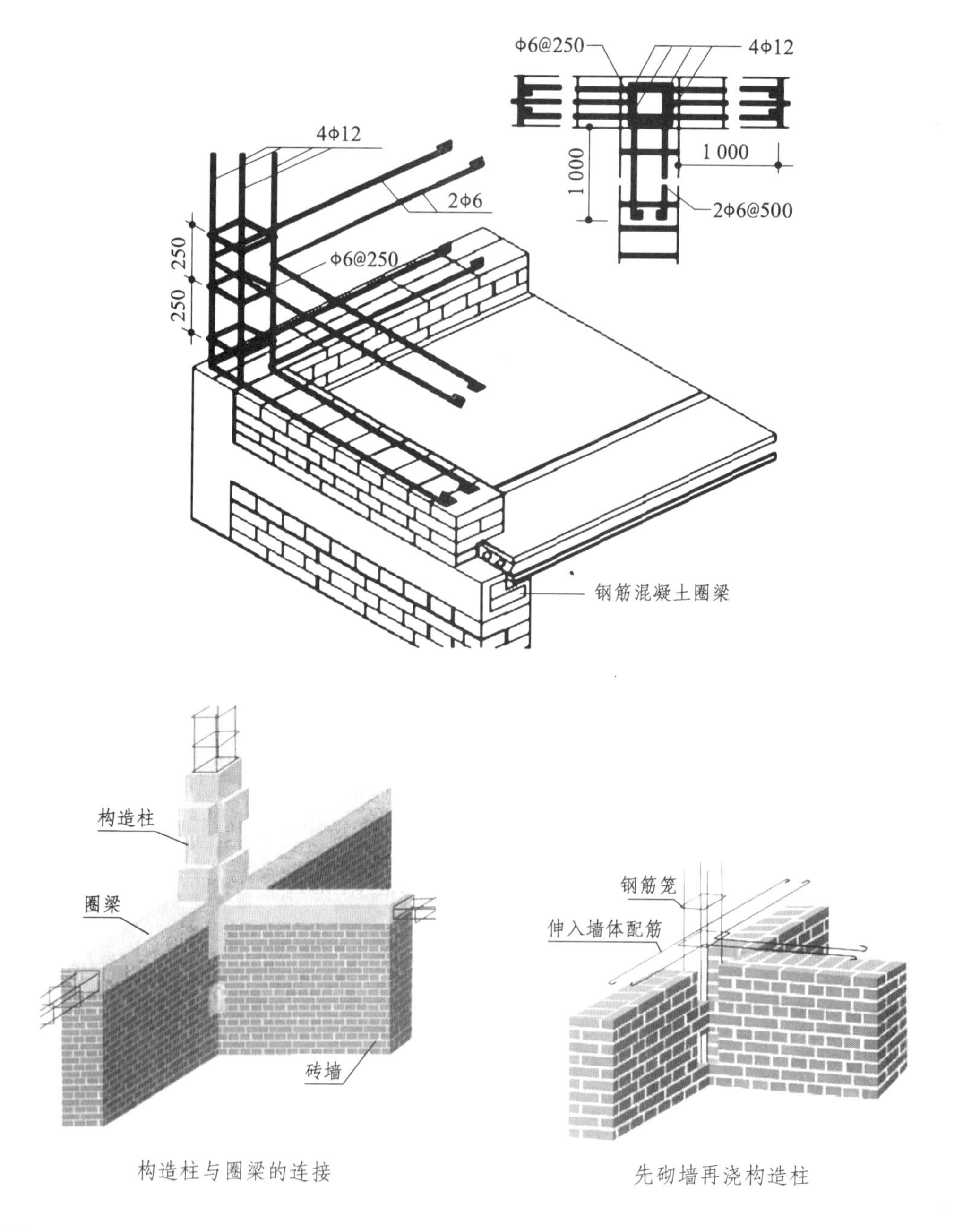

构造柱与圈梁的连接

先砌墙再浇构造柱

图 3-16　构造柱做法

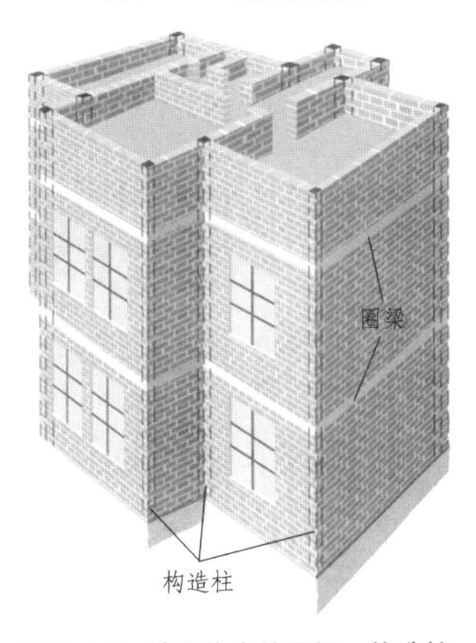

图 3-17　砖砌体中的圈梁、构造柱

三、砌块墙构造

砌块（图 3-18）是利用混凝土、工业废料（炉渣、粉煤灰等）或地方材料制成的人造块材，外形尺寸比砖大，具有设备简单、砌筑速度快的优点，符合建筑工业化发展中墙体改革的要求。

砌块按尺寸和质量的大小不同分为小型砌块、中型砌块和大型砌块。高度大于 115 mm 而小于 380 mm 的称作小型砌块，便于手工砌筑，使用上也灵活。高度在 380~980 mm 的称为中型砌块，适用于小型起重机械施工。高度大于 980 mm 的称为大型砌块。使用中以中小型砌块居多。

砌块按外观形状可以分为实心砌块和空心砌块。空心砌块有单排方孔、单排圆孔和多排扁孔三种形式，其中多排扁孔对保温较有利。砌块按在组砌中的位置与作用还可以分为主砌块和各种辅助砌块。

（a）粉煤灰硅酸盐砌块

（b）混凝土空心砌块

图 3-18　砌块

根据材料不同，常用的砌块有普通混凝土与装饰混凝土小型空心砌块、轻集料混凝土小型空心砌块、粉煤灰小型空心砌块、蒸汽加气混凝土砌块、免蒸加气混凝土砌块（又称环保轻质混凝土砌块）和石膏砌块。吸水率较大的砌块不能用于长期浸水、经常受干湿交替或冻融循环的建筑部位，砌块是砌筑用的人造块材。

1. 砌块墙应事先作排列设计

排列设计就是把不同规格的砌块在墙体中的安放位置用平面图和立面图加以表示。

排列要求：错缝搭接，内外墙交接处和转角处应使砌块彼此搭接，优先采用大规格的砌块并尽量减少砌块的规格，当采用空心砌块时上下皮砌块应孔对孔、肋对肋以扩大受压面积。

2. 砌块墙构造

砌块墙应需要加强构造处理，以增强其墙体的整体性和稳定性。

（1）设置构造柱。

为了保证砌块墙的整体刚度和稳定性，应在外墙转角处和必要的内外墙交接处设置构造柱。为增强抗震能力，构造柱应与圈梁有完好的连接。当墙体材料选用空心混凝土砌块时，将钢筋插入上下贯通的砌块孔洞中，浇入混凝土就形成芯柱（图 3-19）。

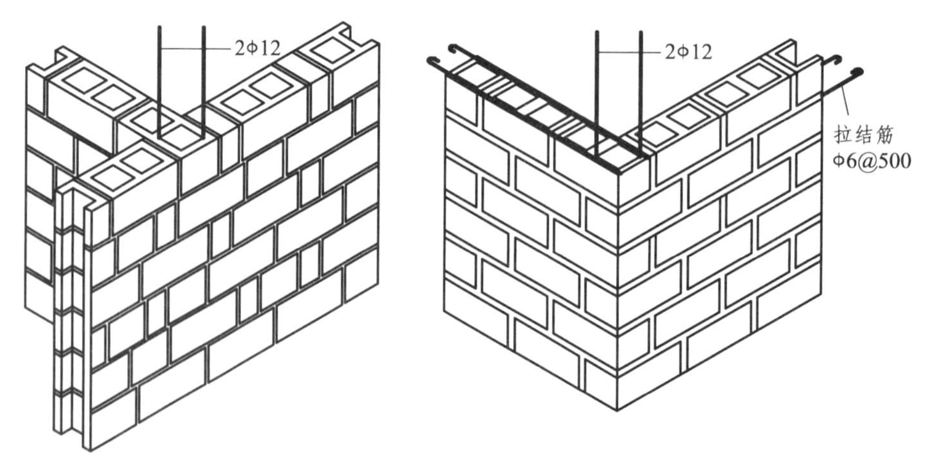

图 3-19　砌块墙构造柱

（2）设置过梁与圈梁。

当砌块墙中遇到门窗洞口时，应设置过梁。过梁承受门窗洞口上部荷载并起着连系梁的作用，另外还可以利用过梁高度调节砌块的尺寸，增加砌块的通用性。

多层砌块建筑应设置圈梁以加强砌块建筑的整体性。当圈梁与过梁位置接近时，两者可合二为一。圈梁有现浇、预制两种。现浇圈梁整体性强，有利于加固墙身，但施工麻烦。实际工程中多采用U形预制砌块来代替模板，然后在凹槽内配置钢筋、浇筑混凝土（图3-20）。

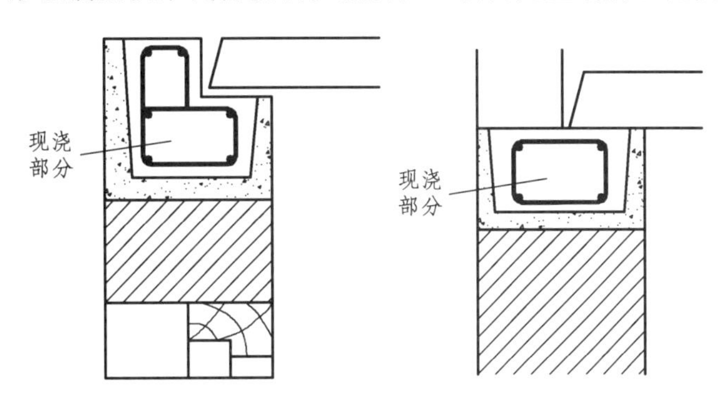

图3-20　砌体墙的圈梁

（3）砌块墙的接缝处理。

砌块的体积远大于砖块，因此更要处理好接缝。在中型砌块的两端一般设有封闭式的灌浆槽，在砌筑、安装时，必须使竖缝填灌密实，水平缝砌筑饱满，使上、下、左、右砌块能更好连接。砌块建筑可采用平缝、凹槽缝或高低缝，砂浆强度等级不低于M5。当上下皮砌块出现通缝，或错缝距离不足150 mm时，应在水平缝通缝处加钢筋网片，使之拉结成整体（图3-21）。

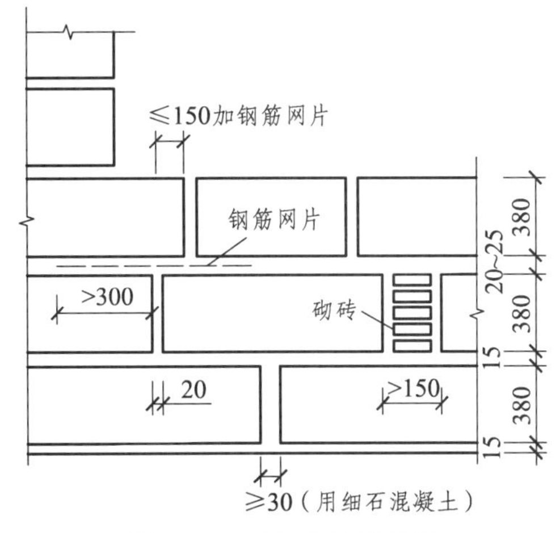

图3-21　砌块墙接缝处理

四、隔墙构造

隔墙是分隔建筑物内部空间的非承重构件，本身重力由楼板或梁来承担。设计要求隔墙自重轻、厚度薄、有隔声和防火性能、便于拆卸，浴室、厕所的隔墙能防潮、防水。常用隔墙有块材隔墙、轻骨架隔墙和板材隔墙三大类。

（一）块材隔墙

块材隔墙是用普通黏土砖、空心砖、加气混凝土等块材砌筑而成的，常采用普通砖隔墙和砌块隔墙两种。

普通砖隔墙一般采用 1/2 砖（120 mm）隔墙。1/2 砖墙用普通黏土砖采用全顺式砌筑而成，砂浆强度等级不低于 M5。1/2 砖隔墙较薄，当高度大于 3.6 m 和长度大于 5 m 时，应采取加强措施以确保稳定，一般沿高度每 10~15 皮砖设 2 根直径为 6 mm 的通长钢筋，两端与承重墙连牢。隔墙上部常以立砖斜砌，与楼板顶紧（图 3-22）。砌筑较大面积墙体时，长度超过 6 m 的应设砖壁柱，高度超过 5 m 时应在门过梁处设通长钢筋混凝土带。

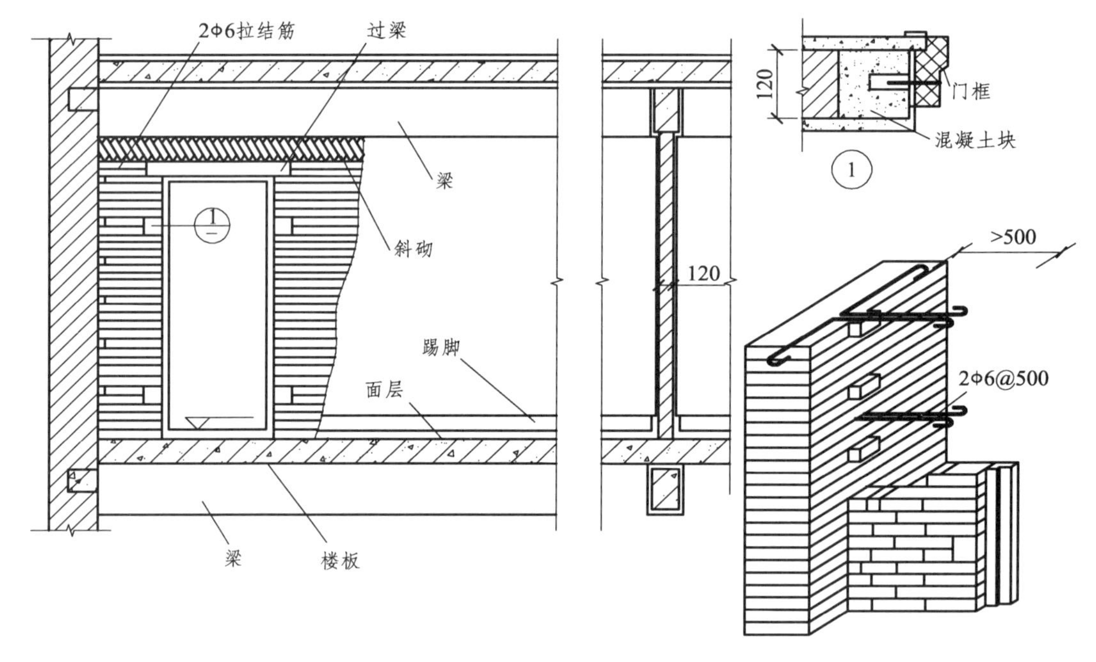

图 3-22　半砖隔墙构造

为减轻隔墙自重，可采用轻质砌块，墙厚一般为 90~120 mm。加固措施同 1/2 砖隔墙之做法。砌块不够整块时宜用普通黏土砖填补。因砌块孔隙率大、吸水量大，故在砌筑时先在墙下部实砌 3~5 皮实心黏土砖再砌砌块（图 3-23）。

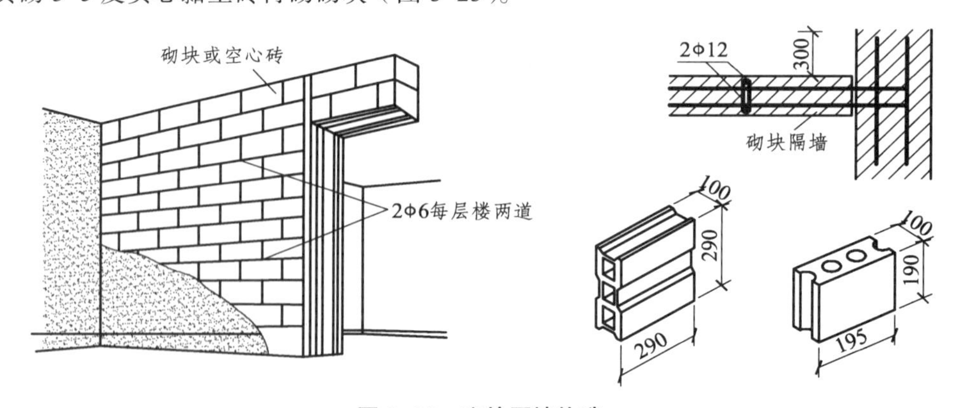

图 3-23　砌块隔墙构造

（二）轻骨架隔墙

轻骨架隔墙由骨架和面板层两部分组成，骨架有木骨架和金属骨架之分，面板有板条抹灰、钢丝网板条抹灰、胶合板、纤维板、石膏板等。

板条抹灰隔墙是由上槛、下槛、墙筋斜撑或横挡组成木骨架，其上钉以板条再抹灰而成（图 3-24）。

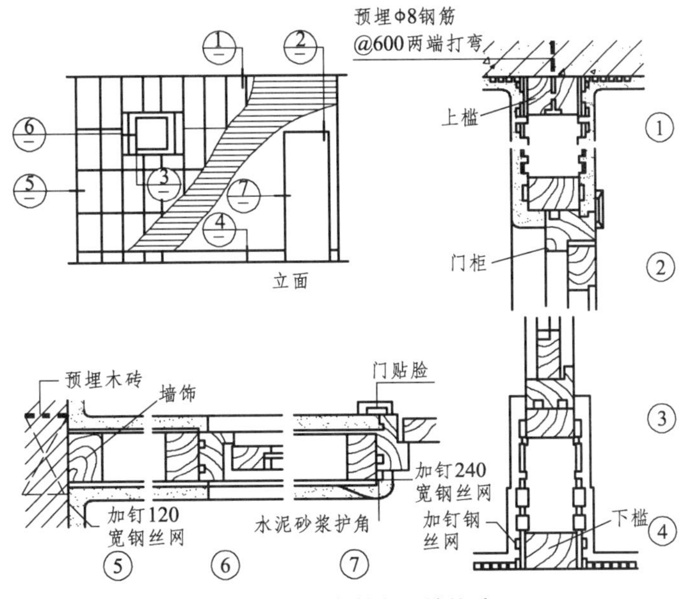

图 3-24　板条抹灰隔墙构造

立筋面板隔墙系指面板用人造胶合板、纤维板或其他轻质薄板，骨架为木质或金属组合而成（图 3-25）。

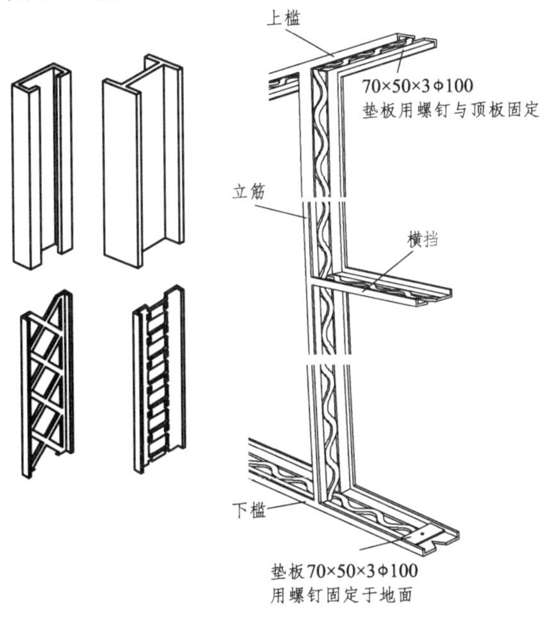

（a）金属骨架

（b）金属轻骨架隔墙

图 3-25　金属轻骨架隔墙

（1）骨架。墙筋间距视面板规格而定。金属骨架一般采用薄型钢板、铝合金薄板或拉眼钢板网加工而成，并保证板与板的接缝在墙筋和横挡上。

（2）饰面层。常用类型有：胶合板、硬质纤维板、石膏板等。

采用金属骨架时，可先钻孔，用螺栓固定，或采用膨胀铆钉将板材固定在墙筋上。立筋面板隔墙为干作业，自重轻，可直接支撑在楼板上，施工方便，灵活多变，故得到广泛应用，但隔声效果较差。

（三）板材隔墙

板材隔墙（图 3-26）是指用各种轻质板材，不依赖骨架，可直接装配而成的隔墙，目前多采用条板，如碳化石灰板、加气混凝土条板、多孔石膏条板、蜂窝纸板、水泥刨花板、复合板等。条板厚度大多为 60 ~ 100 mm，宽度为 600 ~ 1 000 mm，长度略小于房间净高。安装时，条板下部先用一对对口木楔顶紧，然后用细石混凝土堵严，板缝用黏结砂浆或黏结剂进行黏结并用胶泥刮缝，平整后再做表面装修。

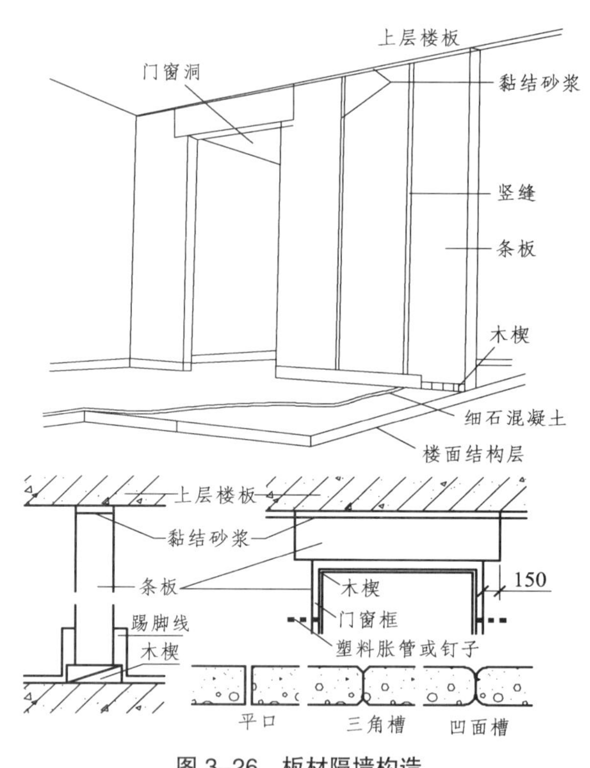

图 3–26　板材隔墙构造

任务二　墙面装修构造认知

【任务描述】

通过本任务的学习，学生应能了解墙面装修的一般做法，能识读并绘制墙面装修图，能查阅相关规范。

【知识链接】

一、墙面装饰的基本功能

墙面装饰的基本功能为：保护墙体、改善墙体的物理性能、美化建筑立面、保证室内使用条件、美化室内环境等。

二、墙面装修构造

（一）抹灰类饰面

抹灰类饰面是用各种加色的、不加色的水泥砂浆，或者石灰砂浆、混合砂浆等做成的各种饰面抹灰层，分为一般抹灰和装饰面抹灰。一般抹灰饰面是指采用石灰砂浆、混合砂浆、聚合物水泥砂浆、麻刀灰、纸筋灰等对建筑物的面层抹灰。

1. 墙面抹灰的构造组成及作用

墙面抹灰一般由底层抹灰、中间抹灰和面层抹灰三部分组成（图 3-27）。

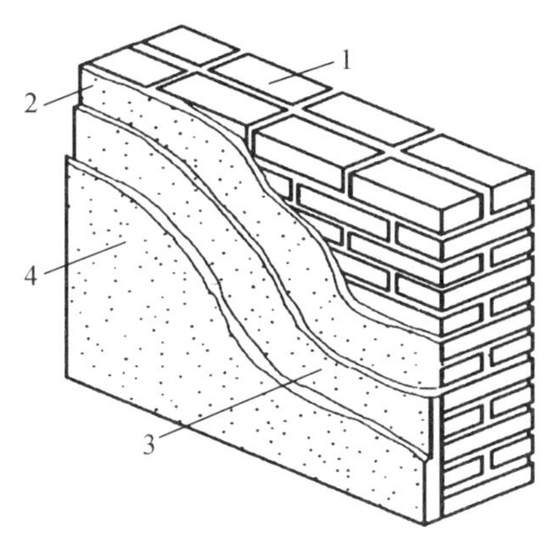

图 3-27　抹灰的构造组成

1—基层；2—底层；3—中间层；4—面层

（1）底层抹灰。

底层抹灰主要是对墙体基层的表面进行处理，起到与基层黏结和初步找平的作用。抹灰施工时应先清理基层，除去浮尘，保证底层与基层黏结牢固。底层砂浆根据基层材料的不同和受水浸湿情况而不同，可分别选用石灰砂浆、水泥石灰混合砂浆和水泥砂浆，底层抹灰厚度一般为 5 ~ 10 mm。

（2）中间抹灰。

中间抹灰的主要作用是找平与黏结，还可以弥补底层砂浆的干缩裂缝。其一般用料与底层相同，厚度为 5 ~ 10 mm，根据墙体平整度与饰面质量要求，可一次抹成，也可分多次抹成。

（3）面层抹灰。

面层抹灰又称“罩面”，主要是满足装饰和其他使用功能要求。根据所选装饰材料和施工方法不同，面层抹灰可分为各种不同性质和外观的抹灰。

2. 抹灰类饰面构造的主要特点

墙面抹灰的优点是材料来源丰富，便于就地取材，施工简单，价格便宜；通过适当工艺，可获得多种装饰效果，如拉毛、喷毛、仿面砖等；具有保护墙体、改善墙体物理性能的功能，如保温隔热等。缺点是抹灰构造多为手工操作，现场湿作业量大。

外墙面抹面一般面积较大，为操作方便、保证质量、利于日后维修、满足立面要求，通常将抹灰层进行分格，分格缝宽一般为 20 mm，有凸线、凹线和嵌线三种方式。凹线是最常见的一种形式，嵌木条分格构造如图 3-28 所示。另外，由于抹灰类墙面阳角处很容易碰坏，通常在抹灰前应先在内墙阳角、门洞转角、柱子四角等处，用强度较高的 1∶2 水泥砂浆抹制护角或预埋角钢护角，护角高度应高出楼地面 1.5 ~ 2 m，每侧宽度不小于 50 mm（图 3-29）。

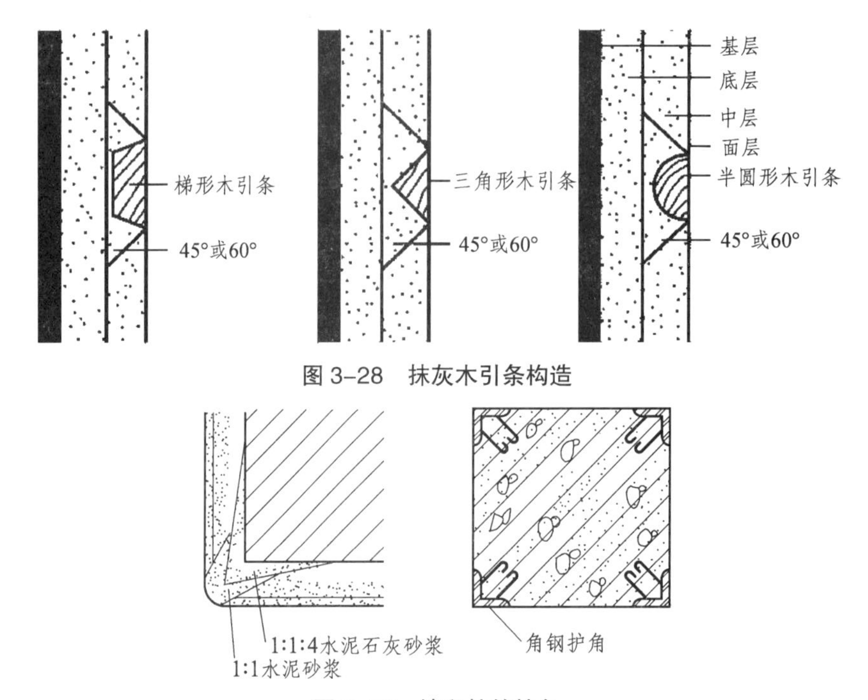

图 3-28　抹灰木引条构造

图 3-29　墙和柱的护角

（二）贴面类饰面

常用的贴面材料可分为三类：一是陶瓷制品，如瓷砖、面砖、陶瓷锦砖、玻璃马赛克等；二是天然石材，如大理石、花岗岩等；三是预制块材，如水磨石饰面板、人造石材等。

由于块料的形状、质量、适用部位不同，其构造方法也有一定差异。轻而小的块材可以直接镶贴，构造比较简单，由底层砂浆、黏结层砂浆和块状贴面材料面层组成；大而厚重的块材则必须采用一定的构造连接措施，用贴挂等方式加强与主体结构连接。

1. 面砖饰面构造

面砖多数以陶土为原料，压制成型煅烧而成的。分上釉的和不上釉的，釉面砖又分为有光釉和无光釉的两种表面。砖的表面有平滑的和带一定纹理质感的，面砖背部质地粗糙且带有凹槽，以增强面砖和砂浆之间的黏结力（图 3-30）。

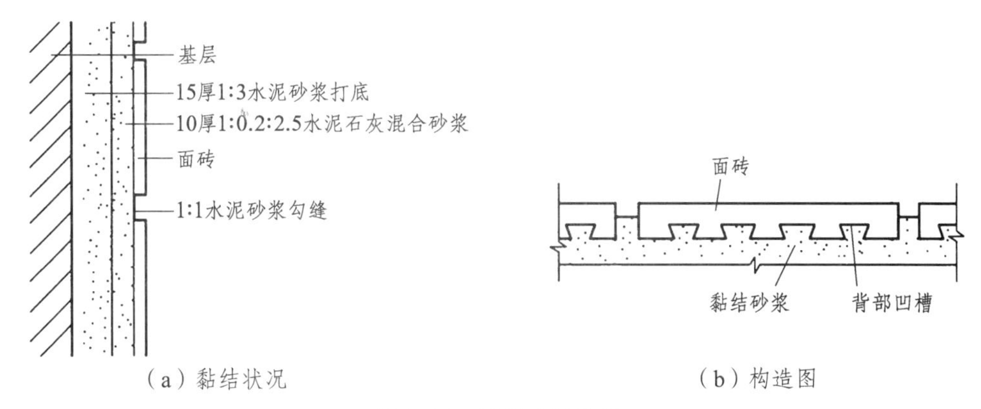

（a）黏结状况　　（b）构造图

图 3-30　面砖饰面构造

面砖饰面的构造做法是：先在基层上抹 15 mm 厚 1∶3 的水泥砂浆作底灰，分两层抹平即可；粘贴砂浆用 1∶2.5 水泥砂浆或 1∶0.2∶2.5 水泥石灰混合砂浆，其厚度不小于 10 mm；然后在其上贴面砖，并用 1∶1 白色水泥砂浆填缝，并清理面砖表面。

2. 瓷砖饰面构造

瓷砖又称“釉面瓷砖”，是用优质陶土经高温烧制成的内墙饰面材料。表面挂釉，具有吸水率低、色彩稳定、表面光洁美观、易于清洗等优点，一般常用于厨房、卫生间、浴室、医院手术室等处的墙裙、墙面和池槽面层。其底胎均为白色，表面上釉有白色的和彩色的。彩色釉面砖又分有光和无光两种。此外还有装饰釉面砖、图案釉面砖、瓷画砖等。装饰釉面砖有花釉砖、结晶釉砖、斑纹釉砖等。图案砖能做成各种彩色和图案、浮雕，别具风格。瓷砖画则是将画稿按我国传统陶瓷彩绘技术分块烧成釉面砖，然后再拼成整幅画面。

瓷砖饰面构造的做法是：先在基层用 1∶3 水泥砂浆打底，厚度为 10 ~ 15 mm；黏结砂浆用 1∶0.1∶2.5 水泥石灰膏混合砂浆，厚度为 5 ~ 8 mm。黏结砂浆也可用掺 5% ~ 7%的 108 胶水泥素浆，厚度为 2 ~ 3 mm。釉面砖贴好后，要用清水将表面擦洗干净，然后用白水泥擦缝，随即将瓷砖擦干净（图 3-31）。

图 3-31　内墙面砖装修图

3. 陶瓷锦砖

陶瓷锦砖又称“马赛克”，是以优质瓷土烧制而成的小块瓷砖，分为挂釉和不挂釉两种。陶瓷锦砖规格较小，常用的有 18.5 mm×18.5 mm、39 mm×39 mm、39 mm×18.5 mm、25 mm 六角形等，厚度为 5 mm。陶瓷锦砖是不透明的饰面材料，具有质地坚实、经久耐用、花色繁多、耐酸、耐碱、耐火、耐磨、不渗水、易清洁等优点，多用于墙面和地面装修（图 3-32）。

图 3-32　马赛克饰面

陶瓷锦砖饰面构造的做法是：在清理好基层的基础上，用 15 mm 厚 1∶3 的水泥砂浆打底；黏结层用 3 mm 厚、配合比为纸筋∶石灰膏∶水泥=1∶1∶8 的水泥浆，或采用掺加水泥量 5%～10%的 108 胶或聚乙酸乙烯乳胶的水泥浆（图 3-33）。

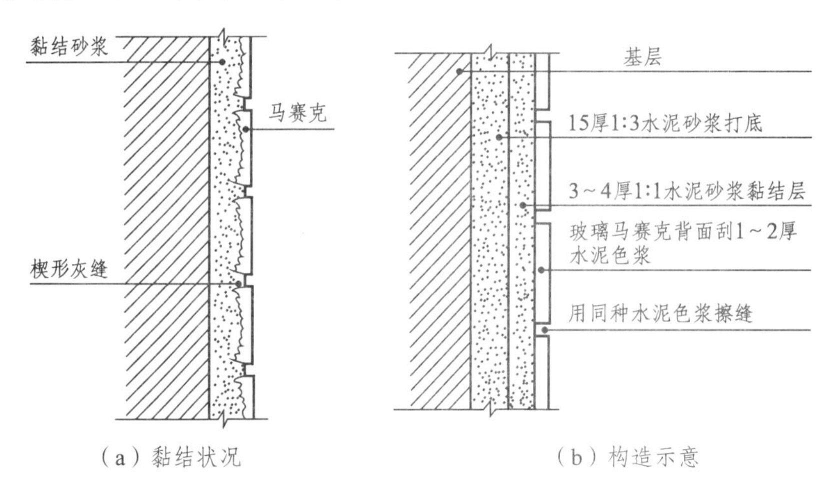

图 3-33　马赛克饰面构造

4. 石材类饰面

装饰用的石材有天然石材和人造石材之分，按其厚度有厚型和薄型两种。通常厚度为 30～40 mm 以下的称为板材，厚度在 40～130 mm 的称为块材。

（1）石材饰面的种类。

① 天然石材如花岗岩、大理石等可以加工成板材、块材和面砖，用作饰面材料。天然石材饰面板不仅具有各种颜色、花纹、斑点等天然材料的自然美感，装饰效果强，而且质地密实坚硬，故耐久性、耐磨性等均较好。但是由于材料的品种、来源的局限性，造价比较高，属于高级饰面材料。

② 人造石材。人造石材属于复合材料，它具有质量轻、强度高、耐腐蚀性强等优点。人造石材包括人造大理石材饰面板、预制水磨石饰面板、预制斩假石饰面板、预制水刷石饰面

板以及预制陶瓷砖饰面板等。

（2）石材饰面的安装。

① 钢筋网挂贴法。

首先是凿出在结构中预留的钢筋头或预埋铁环钩，用直径为 6mm 或 8mm 的钢筋绑扎或焊接与板材相应尺寸的钢筋网，如果无预留的钢筋头或预埋铁环钩，也可用后置的金属膨胀螺栓连接固定钢筋网，横筋必须与饰面板材的连接孔位置一致，钢筋网与基层预埋件焊牢，按施工要求在板材侧面打孔洞；然后用双股 16 号钢丝或不易生锈的金属丝将加工成型的石材绑扎在钢筋网上。石材与墙面之间的距离一般为 30 ~ 50 mm，墙面与石材之间灌注 1∶2.5 水泥砂浆，每次灌浆高度不宜超过 150 ~ 200 mm，且不得大于板高的 1/3。待下层砂浆凝固后再灌注上一层，使其连接成整体，最后将表面挤出的水泥砂浆擦净，并用与石材同颜色的水泥浆勾缝，然后清洗表面。钢筋网挂贴法构造如图 3-34、图 3-35 所示。

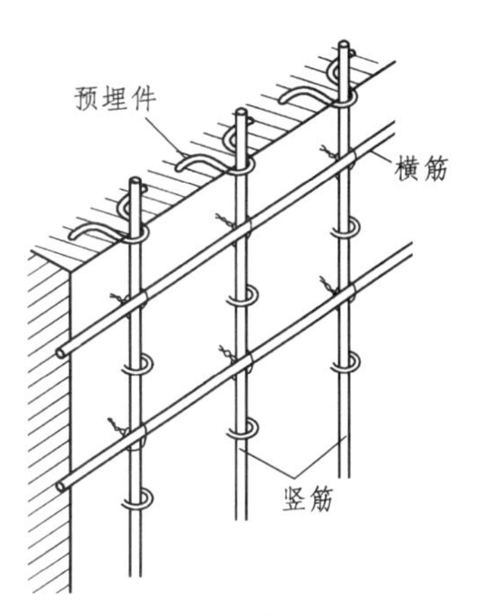

图 3-34　钢筋网固定

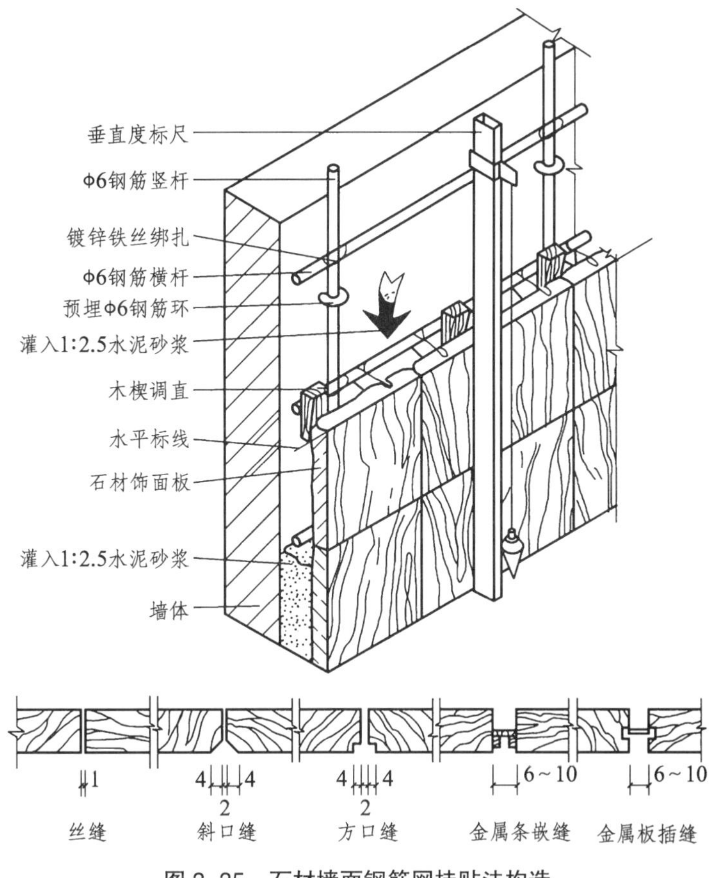

图 3-35　石材墙面钢筋网挂贴法构造

② 金属件挂贴法。

金属件挂贴法又称木楔固定法，其主要构造做法为：首先对石板钻孔和开槽，对应板块上孔的位置对基体进行钻孔；板材安装定位后将 U 形件端勾进石板直孔，并随即用硬木楔楔紧，U 形件另一端勾入基体上的斜孔内，调整定位后用木楔塞紧基体斜孔内的 U 形件部分，接着用大木楔塞紧于石板与基体之间；最后分层浇注水泥砂浆，其做法与钢筋网挂贴法相同（图 3-36）。

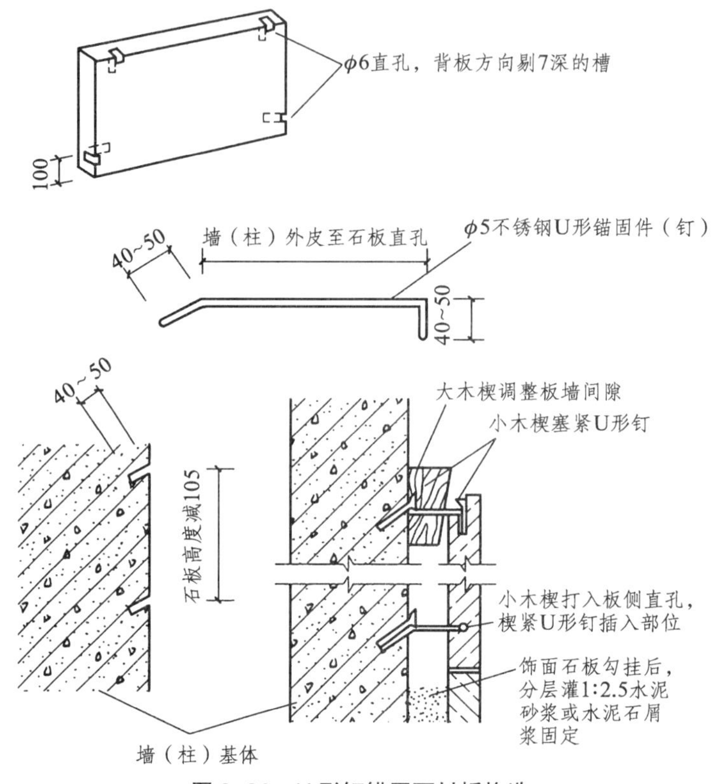

图 3-36　U 形钉锚固石材板构造

③ 干挂法。

直接用不锈钢型材或金属连接件将石板材支托并锚固在墙体基面上，而不采用灌浆湿作业的方法称为干挂法（图 3-37）。

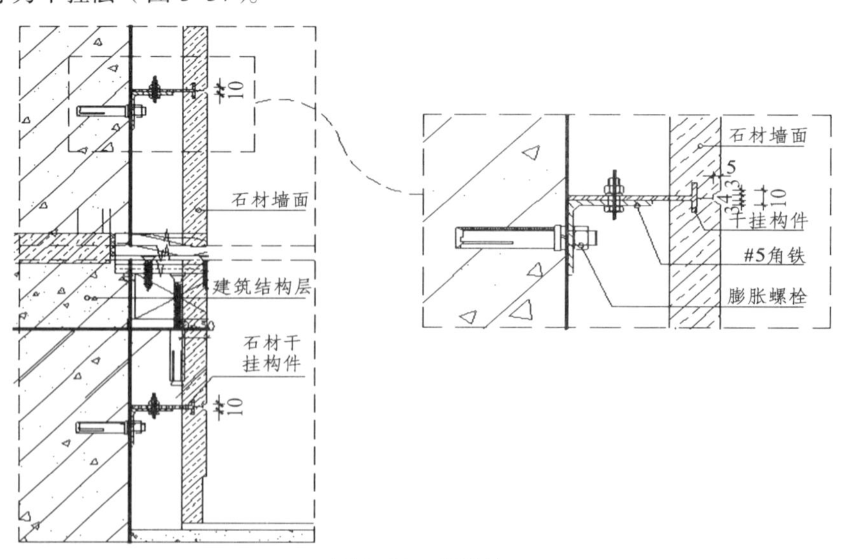

图 3-37　干挂法

板材类饰面构造，除了应解决饰面板与墙体之间的固定技术外，还应处理好窗台、窗过梁底、门窗侧边、出檐、勒脚以及各种凹凸面的交接和拐角等处的细部构造。

（三）涂刷类饰面

涂刷类饰面是指在墙面基层上，经刮腻子处理，使墙面平整，然后在其上涂刷选定的建筑涂料所形成的一种饰面。涂刷类饰面材料几乎可以配成任何一种需要的颜色，但由于涂料所形成的涂层较薄，较为平滑，涂刷类饰面只能掩盖基层表面的微小瑕疵，不能形成凹凸程度较大的粗糙质感表面。即使采用厚涂料，或拉毛做法，也只能形成微弱的小毛面。所以，外墙涂料的装饰作用主要在于改变墙面色彩，而不在于改善质感。

1. 涂刷类饰面的构造层次

涂刷类饰面的涂层构造，一般分为三层，即底层、中间层和面层。

（1）底层。俗称刷底漆，其主要作用是增加涂层与基层之间的黏附力，进一步清理基层表面的灰尘，使一部分悬浮的灰尘颗粒固定于基层。

（2）中间层。中间层是整个涂层构造中的成型层。其作用是通过适当的工艺，形成具有一定厚度的、匀实饱满的涂层，达到保护基层和形成所需的装饰效果。

（3）面层。其作用是体现涂层的色彩和光感，提高饰面层的耐久性和耐污染能力。为了保证色彩均匀，并满足耐久性、耐磨性等方面的要求，面层最低限度应涂刷两遍。

2. 涂料的分类

涂料按基料的种类可分为有机涂料、无机涂料、有机-无机复合涂料。有机涂料由于其使用的溶剂不同，又分为有机溶剂型涂料、水溶型和乳液涂料两类。生活中常见的涂料一般都是有机涂料。无机涂料指的是用无机高分子材料为基料所生产的涂料，包括水溶性硅酸盐系、硅溶胶系、有机硅及无机聚合物系。有机-无机复合涂料有两种复合形式，一种是涂料在生产时采用有机材料和无机材料共同作为基料，形成复合涂料；另一种是有机涂料和无机涂料在装饰施工时相互结合。

溶剂型涂料是以有机溶剂为分散介质而制得的建筑涂料。虽然溶剂型涂料存在着污染环境、浪费能源以及成本高等问题，但还有其自身明显的优势，比如具有较好的耐水性和耐候性。

水溶性涂料是以水溶性合成树脂为主要成膜物质，水为稀释剂，加入适量的颜料、填料及辅助材料等，经研磨而成的一种涂料。但质量尚差，易粉化脱皮。

以高分子合成树脂乳液为主要成膜物质的外墙涂料称为乳液型外墙涂料。乳液按制造方法不同可以分为两类：一是由单体通过乳液聚合工艺直接合成的乳液；二是由高分子合成树脂通过乳化方法制成的乳液。按涂料的质感又可分为乳胶漆（薄型乳液涂料）、厚质涂料及彩色砂壁状涂料等。

3. 涂刷类饰面的特点

目前，大部分乳液型外墙涂料是由乳液聚合方法生产的乳液作为主要成膜物质的。乳液型外墙涂料的主要特点如下：

（1）以水为分散介质，涂料中无易燃的有机溶剂，因而不会污染周围环境，不易发生火灾，对人体的毒性小。

（2）施工方便，可刷涂，也可滚涂或喷涂，施工工具可以用水清洗。

（3）涂料透气性好，且含有大量水分，因而可在稍湿的基层上施工，非常适宜于建筑工地的应用。

（4）外用乳液型涂料的耐候性良好，尤其是高质量的丙烯酸酯外墙乳液涂料，其光亮度、耐候性、耐水性及耐久性等各种性能可以与溶剂型丙烯酸酯类外墙涂料媲美。

（5）乳液型外墙涂料存在的主要问题是其在太低的温度下不能形成优质的涂膜，通常必须在 10℃以上施工才能保证质量，因而冬季一般不宜应用。

（四）镶钉类墙面装修构造

镶钉类装修是将各种天然或人造薄板镶钉在墙面上的装修做法，可采用光洁坚硬的原木、胶合板、装饰板、硬质纤维板等作墙面护壁，护壁高度一般为 1 ~ 1.8 m，甚至与顶棚做平。

其构造方法是：先在墙内预埋木砖，墙面抹底灰，刷热沥青或铺油毡防潮，然后钉双向木墙筋，一般长 400 ~ 600 mm（视面板规格而定），木筋断面为（20 ~ 45）mm×（40 ~ 45）mm。当要求护壁离墙面一定距离时，可由木砖挑出。木质类饰面构造如图 3-38 所示，图 3-39 为竹木饰面装修图。

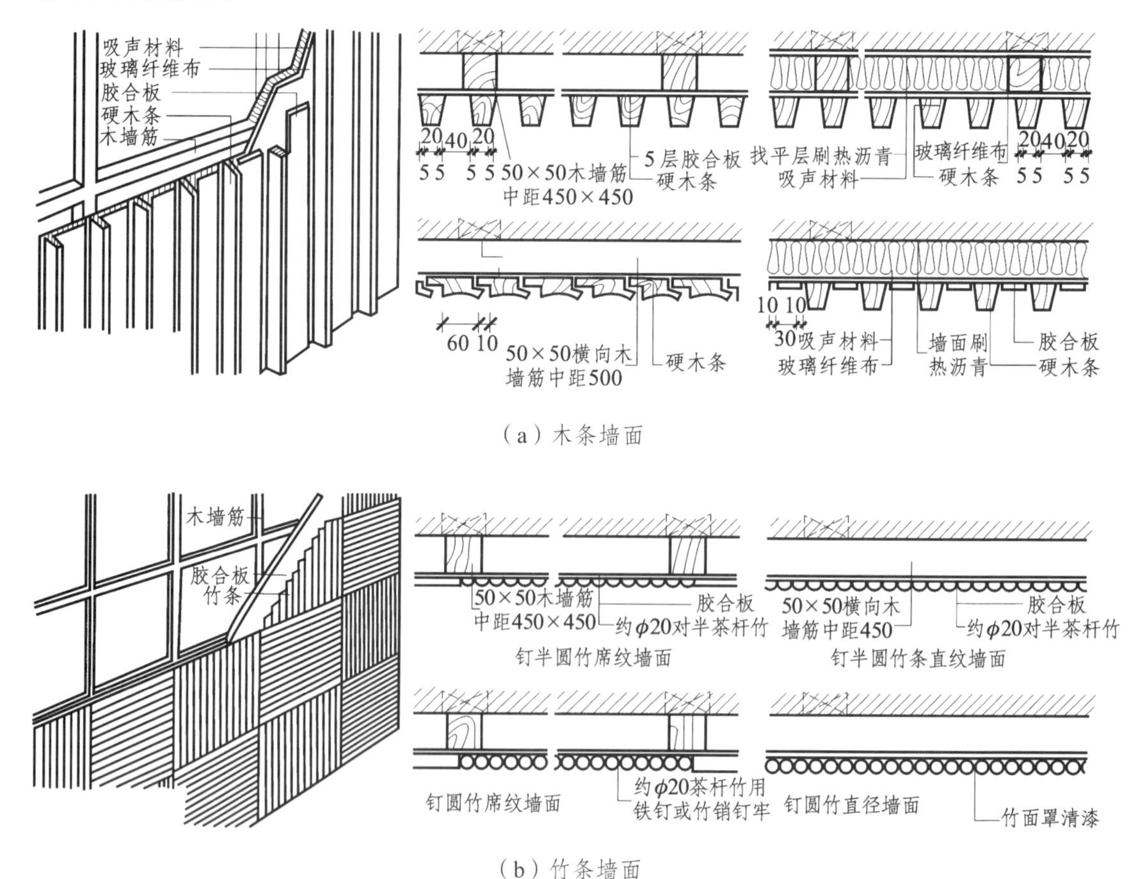

图 3-38 木条、竹条饰面构造

图 3-39　竹木饰面装饰图

（五）其他饰面构造

1. 装饰板材墙面

（1）装饰微薄木贴面板。这种板选用珍贵树种，通过精密刨切制成厚度为 0.2 ~ 0.5 mm 微薄木板，再用胶黏剂贴在胶合板上，其表面有木纹式样，多采用钉装法固定在木骨架上。

（2）聚氯乙烯塑料装饰板。这种板质轻、防潮、隔热、不易燃、不吸尘、可涂饰，可以采用胶黏法或钉固法与基层固定。

（3）矿棉板装饰板。矿棉板具有吸声、隔热作用，表面可做成各种色彩图案，装饰效果较好。其固定方法可用黏结剂粘贴的方法进行粘贴固定。

2. 裱糊类饰面构造

裱糊类墙面装修是将各种装饰性的墙纸、墙布织锦等卷材类装饰材料，用黏结剂裱糊在墙面的一种装修方法。墙纸的种类很多，按外观装饰效果分为印花壁纸、压花壁纸、浮雕壁纸等；按施工方法分为现场刷胶裱贴壁纸和背面预涂胶直接铺贴壁纸；按使用功能分为防火壁纸、耐水壁纸、装饰性壁纸；按壁纸的所用材料分为塑料壁纸、纸质壁纸、织物壁纸、石棉纤维或玻璃纤维壁纸、天然材料壁纸等。

裱糊类饰面构造如图 3-40 所示，图 3-41 为室内壁纸饰面。

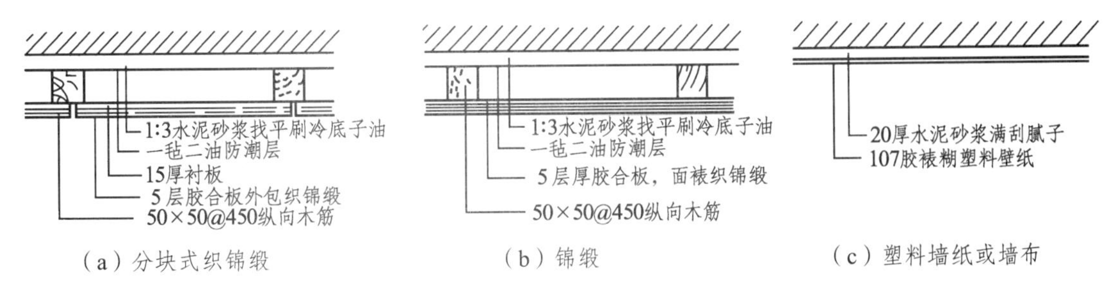

（a）分块式织锦缎　（b）锦缎　（c）塑料墙纸或墙布

图 3-40　裱糊类饰面构造

图 3–41　壁纸饰面

【知识拓展】

幕　墙

一、幕墙的特点

幕墙具有造型美观，装饰效果好；质量轻，抗震性能好；施工安装简便，工期较短；维修方便等特点。幕墙是外墙轻型化、工厂化、装配化、机械化较理想的形式，因此在现代大型建筑和高层建筑上得到了广泛应用。但是，幕墙造价较高，材料及施工技术要求高，有的幕墙材料如玻璃、金属等，存在着反射光线对环境的光污染问题，玻璃材料还容易破损下坠伤人等。

二、幕墙的类型和组成材料

按照所采用的饰面材料，幕墙通常有以下类型：

1. 玻璃幕墙

玻璃幕墙主要是应用玻璃这种饰面材料，覆盖在建筑物的表面的幕墙。采用玻璃幕墙作外墙面的建筑物，显得光亮、明快、挺拔，有较好的统一感。

玻璃幕墙制作技术要求高，而且投资大、易损坏、耗能大，所以一般只在重要的公共建筑立面处理中运用。

2. 金属幕墙

金属幕墙表面装饰材料是利用一些轻质金属，如铝合金、不锈钢等，加工而成的各种压型薄板。这些薄板经表面处理后，作为建筑外墙的装饰面层，不仅美观新颖、装饰效果好，而且自重轻、连接牢靠，耐久性也较好。

3. 铝塑板幕墙

铝塑板幕墙是利用铝板与塑料的复合板材进行饰面的幕墙。该类饰面具有金属质感，晶莹光亮、美观新颖、豪华，装饰效果好，而且施工简便、连接牢靠，耐久、耐候性也较好，应用相当广泛。

4. 石材幕墙

石材幕墙是利用天然的或者人造的大理石与花岗岩进行外墙饰面。该类饰面具有豪华、典雅、大方的装饰效果，可点缀和美化环境。该类饰面施工简便、操作安全，连接牢固可靠，耐久、耐候性很好。

5. 轻质混凝土挂板幕墙

轻质混凝土挂板幕墙是一种装配式轻质混凝土墙板系统。由于混凝土的可塑性较强，墙板可以制成表面有凹凸变化的形式，并喷涂各种彩色涂料。

三、玻璃幕墙

有骨架体系的主要受力构件是幕墙骨架，根据幕墙骨架与玻璃的连接构造方式，玻璃幕墙可分为明骨架（明框式）体系与暗骨架（隐框式）体系等两种。

明骨架（明框式）体系的幕墙玻璃镶在金属骨架框格内，骨架外露。明骨架（明框式）体系玻璃安装牢固、安全可靠。

暗骨架(隐框式)体系的幕墙玻璃是用胶黏剂直接粘贴在骨架外侧的，幕墙的骨架不外露，装饰效果好，但玻璃与骨架的粘贴技术要求高，无骨架（无框式）玻璃幕墙体系的主要受力构件就是该幕墙饰面构件本身——玻璃。该幕墙利用上下支架直接将玻璃固定在主体结构上，形成无遮挡的透明墙面。由于该幕墙玻璃面积较大，为加强自身刚度，每隔一定距离粘贴一条垂直的玻璃肋板，称为肋玻璃，面层玻璃则称为面玻璃，该类幕墙也称为全玻璃幕墙。

（一）明框式玻璃幕墙

明框式玻璃幕墙也称为普通玻璃幕墙。

整体镶嵌槽式：镶嵌槽和杆件是一整体，镶嵌槽外侧槽板与构件是整体连接的，在挤压型材时就是一个整体，采用投入法安装玻璃（图 3-42）。整体镶嵌式普通玻璃幕墙定位后有干式装配、湿式装配和混合装配三种固定方法，混合装配又分为从外侧和从内侧安装玻璃两种做法（图 3-43）。

组合镶嵌槽式：镶嵌槽的外侧槽板与构件是分离的，采用平推法安装玻璃，玻璃安装定位后压上压板，用螺栓将压板外侧扣上扣板装饰。

混合镶嵌槽式：一般是立梃用整体镶嵌槽、横梁用组合镶嵌槽，安装玻璃用左右投装法，玻璃定位后将压板用螺钉固定到横梁杆件上，扣上扣板形成横梁完整的镶嵌槽，可从外侧或内侧安装玻璃。

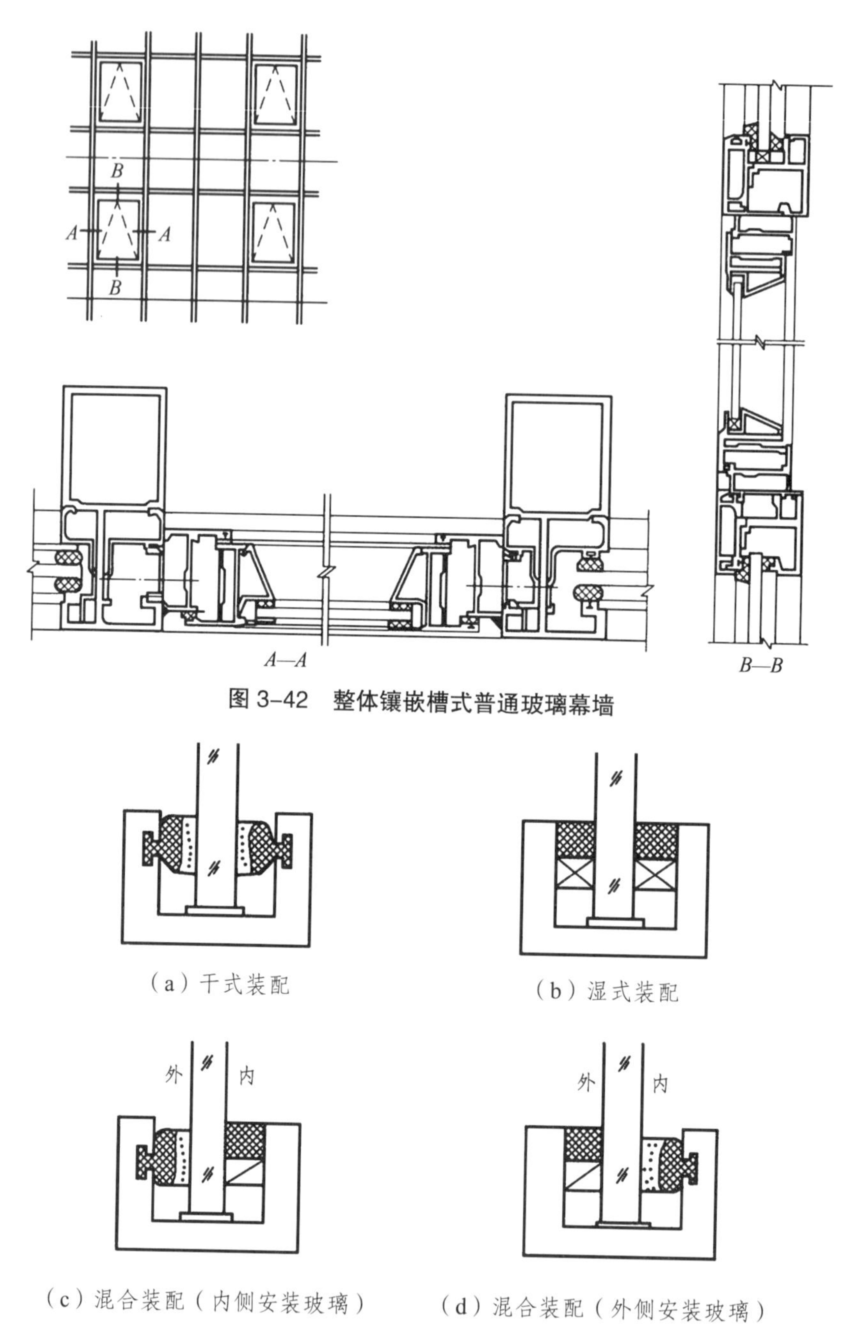

图 3-42　整体镶嵌槽式普通玻璃幕墙

（a）干式装配

（b）湿式装配

（c）混合装配（内侧安装玻璃）

（d）混合装配（外侧安装玻璃）

图 3-43　整体镶嵌槽式玻璃幕墙固定方法

隐窗型：立梃两侧镶嵌槽间隙采用不对称布置，使一侧间隙大到能容纳开启扇框斜嵌入立梃内部，外观上固定部分与开启部分杆件一样粗细，形成上下左右线条一样大小，其余的做法均同整体镶嵌槽式。

隔热型：一般普通玻璃幕墙的铝合金杆件有一部分外露在玻璃的外表面，杆件壁经过两块玻璃的间隙延伸到室内，形成传热量大的通路。为了提高幕墙的保温性能，可采用隔热型材来制作幕墙，隔热型材有嵌入式和整体挤压浇注式两种，塑料条导热系数低，从而达到提高保温性能的目的。

（二）隐框式玻璃幕墙

1. 隐框玻璃幕墙的形式

半隐框玻璃幕墙利用结构硅酮胶为玻璃相对的两边提供结构的支持力，另两边则用框料和机械性扣件进行固定，垂直的金属竖梃是标准的结构玻璃装配，而上下两边是标准的镶嵌槽夹持玻璃。结构玻璃装配要求硅酮胶对玻璃与金属有良好的黏结力。这种体系看上去有一个方向的金属线条，不如全隐型玻璃幕墙简洁，立面效果稍差，但安全度比较高。

全隐框玻璃幕墙玻璃四边都用硅酮密封胶将玻璃固定在金属框架的适当位置上，其四周用强力密封胶全封闭，玻璃产生的热胀冷缩变形应力全由密封胶给予吸收，而且玻璃面受的水平风压力和自重也更均匀地传给金属框架和主结构件。全隐型玻璃幕墙由于在建筑物的表面不显露金属框，而且玻璃上下左右结合部位尺寸也相当窄小，因而产生全玻璃的艺术感觉，受到目前旅馆和商业建筑的青睐。

2. 隐框玻璃幕墙的构造

（1）整体式幕墙。

整体式隐框玻璃幕墙（图 3-44）是用硅酮密封胶将玻璃直接固定在主框格体系的竖梃和横梁上，安装玻璃时，要采用辅助固定装置，将玻璃定位固定后再涂胶，待密封胶固化后能承受力的作用时，才能将辅助固定装置拆除。

（2）分离式幕墙。

分离式隐框玻璃幕墙是将玻璃用结构玻璃装配方法固定在副框上，组合成一个结构玻璃装配组件，再将结构玻璃装配组件固定到主框竖梃（横梁）上。

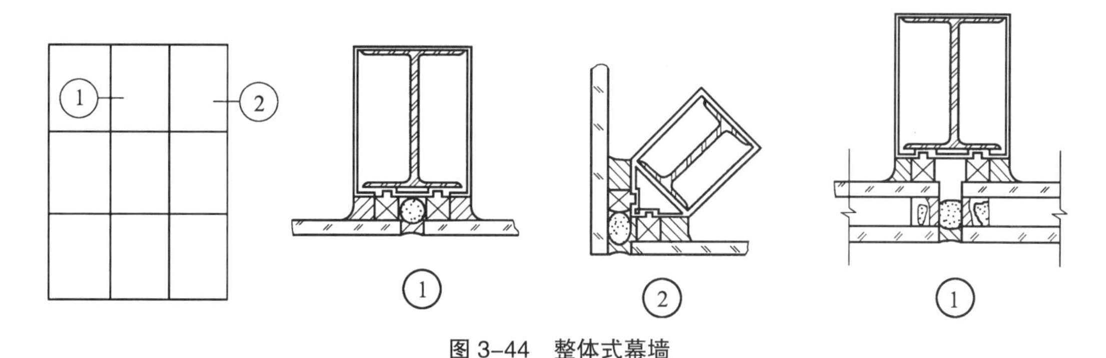

图 3-44 整体式幕墙

（三）无框式玻璃幕墙

由于该类幕墙无支撑骨架，为此玻璃可以采用大块饰面，以便使幕墙的通透感更强，视线更加开阔，立面更为简洁生动。因受到玻璃本身强度的限制，此类幕墙一般只用于首层。这种悬挂式玻璃幕墙除了设有大面积的面部玻璃外，为了增强玻璃墙面的刚度，必须每隔一定的距离加设与面部玻璃相垂直的条形肋玻璃作为加强肋板，以保证玻璃幕墙整体在风压作用下的稳定性。

全玻璃幕墙的支承系统分为悬挂式、支承式和混合式 3 种，如图 3-45 所示。

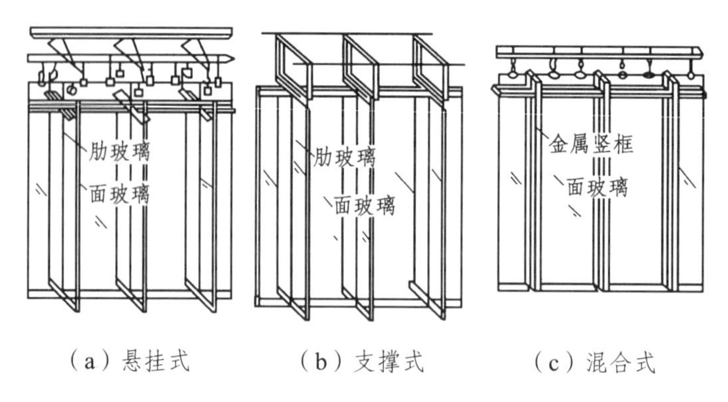

（a）悬挂式　　（b）支撑式　　（c）混合式

图 3–45　全玻璃幕墙的支承系统示意

全玻璃幕墙中大片玻璃支承在玻璃框架上的形式有后置式、骑缝式、平齐式、突出式等 4 种。

后置式：玻璃翼（脊）置于大片玻璃的后部，用密封胶与大片玻璃黏结成一个整体（图 3–46）。

骑缝式：玻璃翼部位于大片玻璃的接缝处，用密封胶将三块玻璃连接在一起，并将两块大玻璃之间的缝隙密封（图 3–47）。

平齐式：玻璃翼（脊）位于两块大玻璃之间，玻璃翼的一侧与大片玻璃表面平齐，玻璃翼与两块大玻璃之间用密封胶黏结并密封（图 3–48）。

突出式：玻璃翼（脊）位于两块大玻璃之间，两侧均突出大片玻璃表面，玻璃翼与大片玻璃之间用密封胶黏结并密封（图 3–49）。

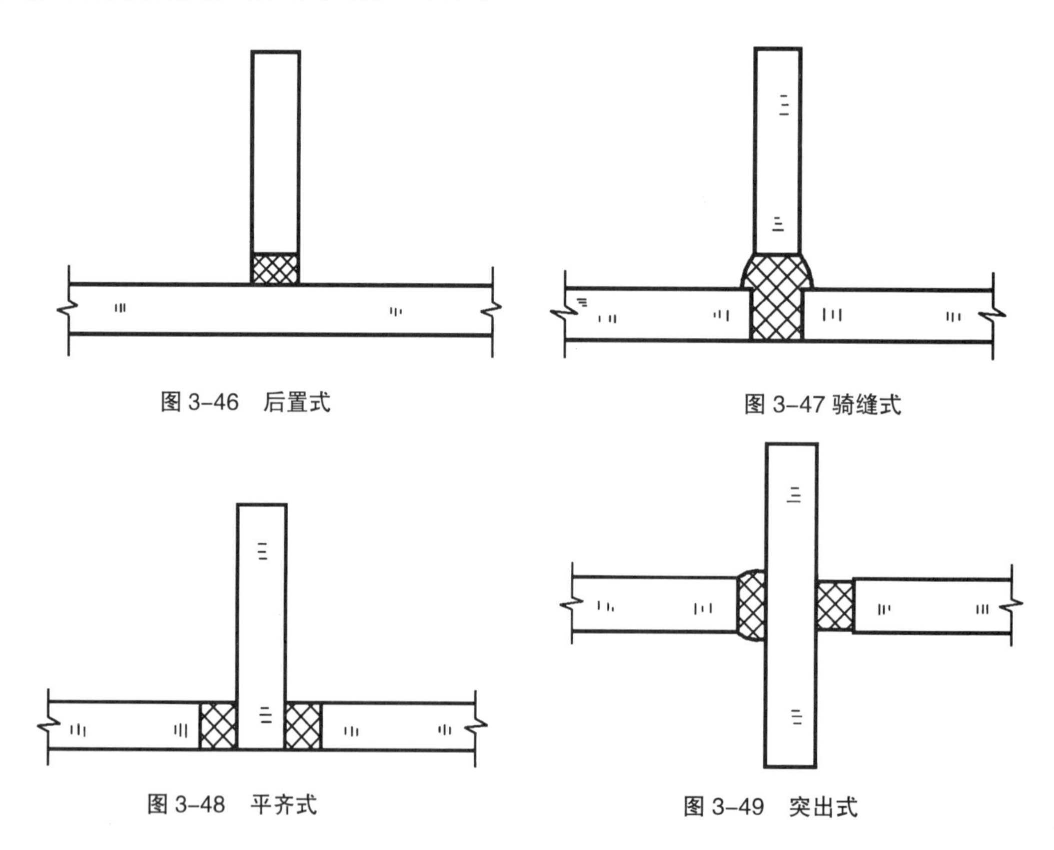

图 3–46　后置式　　**图 3–47 骑缝式**

图 3–48　平齐式　　**图 3–49　突出式**

项目四　楼地层认知

【知识目标】

（1）掌握楼地层构造。
（2）了解楼板按材料不同的分类。
（3）掌握混凝土楼板按施工方式不同的分类及构造做法。
（4）掌握楼地层设计要求。
（5）掌握雨篷阳台的构造。
（6）熟悉相关规范。

【能力目标】

（1）能认识不同类型的楼板构造。
（2）能认识楼地面的类型及其构造做法。
（3）能认识顶棚的类型及其构造做法。
（4）能根据楼地面构造方案，绘制楼地面做法详图。
（5）能够识读阳台细部节点做法；能够辨别雨篷支撑方式，识读雨篷细部构造做法。
（6）能查阅相关规范。

【项目任务】

序号	学习任务	任务驱动
1	楼板构造认知	（1）通过图纸、模型及实际建筑物对楼板有一个基本认知 （2）通过ppt、现场参观，以案例图纸中楼板构造为例，进行钢筋混凝土楼板的学习 （3）能够辨别楼板的类型
2	楼地面构造认知	（1）通过ppt、实际建筑物等对楼地面的构造组成有一个基本认知，能够知道楼地面的类型及细部构造 （2）能够根据建筑施工图、建筑标准图集识读楼地面的做法，并绘制楼地面构造图
3	顶棚、阳台、雨篷构造认知	（1）通过ppt、现场参观以及案例图纸认识顶棚的分类；认识直接式顶棚、悬吊式顶棚构造做法 （2）通过ppt、现场参观以及案例图纸能够辨别阳台类型，理解设计要求；能够识读阳台细部节点做法 （3）通过ppt、现场参观以及案例图纸能够辨别雨篷支撑方式，能够识读建筑施工图中雨篷细部构造做法

任务一　楼板构造认知

【任务描述】

通过本任务的学习，学生应能够知道楼板层的作用、类型、组成，能够理解设计要求，能够识读不同类型的楼板构造做法，能查阅相关规范。

【知识链接】

楼板是建筑空间的水平分隔构件，同时又是建筑结构的承重构件。一方面它承受自重和楼板层上的全部荷载，并合理有序地把荷载传给墙和柱，增强房屋的刚度和整体稳定性；另一方面对墙体起水平支撑作用，以减少风和地震产生的水平力对墙体的影响，增加建筑物的整体刚度。此外，楼地层还具备一定的防火、隔声、防水、防潮等能力，并具有一定的装饰和保温作用。

一、楼板概述

（一）楼板类型

楼板按结构层所用材料的不同，可分为木楼板、砖拱楼板、钢筋混凝土楼板、钢楼板及压型钢板与混凝土组合楼板等（图 4-1）。

1. 木楼板

木楼板是在木搁栅之间设置剪刀撑，形成有足够强度和稳定性的骨架，并在木搁栅上下铺钉木板所形成的楼板［图 4-1（a）］。这种楼板构造简单、自重轻、导热系数小，但耐久性和耐火性差，耗费木材量大，除木材产区外较少采用。

2. 砖拱楼板

砖拱楼板是先在墙或柱上架设钢筋混凝土小梁，然后在钢筋混凝土小梁之间用砖砌成拱形结构所形成的楼板［图 4-1（b）］。砖拱楼板可节约钢材、水泥、木材，造价低，但承载能力和抗震能力差，结构层所占的空间大，顶棚不平整，施工较烦琐，所以现在已基本不用。

3. 钢筋混凝土楼板

钢筋混凝土楼板的强度高、刚度大、耐久性和耐火性好，具有良好的耐久、防火和可塑性，便于工业化的生产，是目前应用最广泛的楼板类型［(图 4-1（c）］。

4. 钢楼板

钢楼板自重轻、强度高、整体性好、易连接、施工方便、便于建筑工业化，但用钢量大、造价高、易腐蚀、维护费用高、耐火性比钢筋混凝土差。一般常用于工业类建筑。

5. 压型钢板组合楼板

压型钢板组合楼板是利用压型钢板做衬板与混凝土浇注在一起支承在钢梁上构成，刚度大、整体性好、可简化施工程序，但需经常维护［图 4-1（d）］。

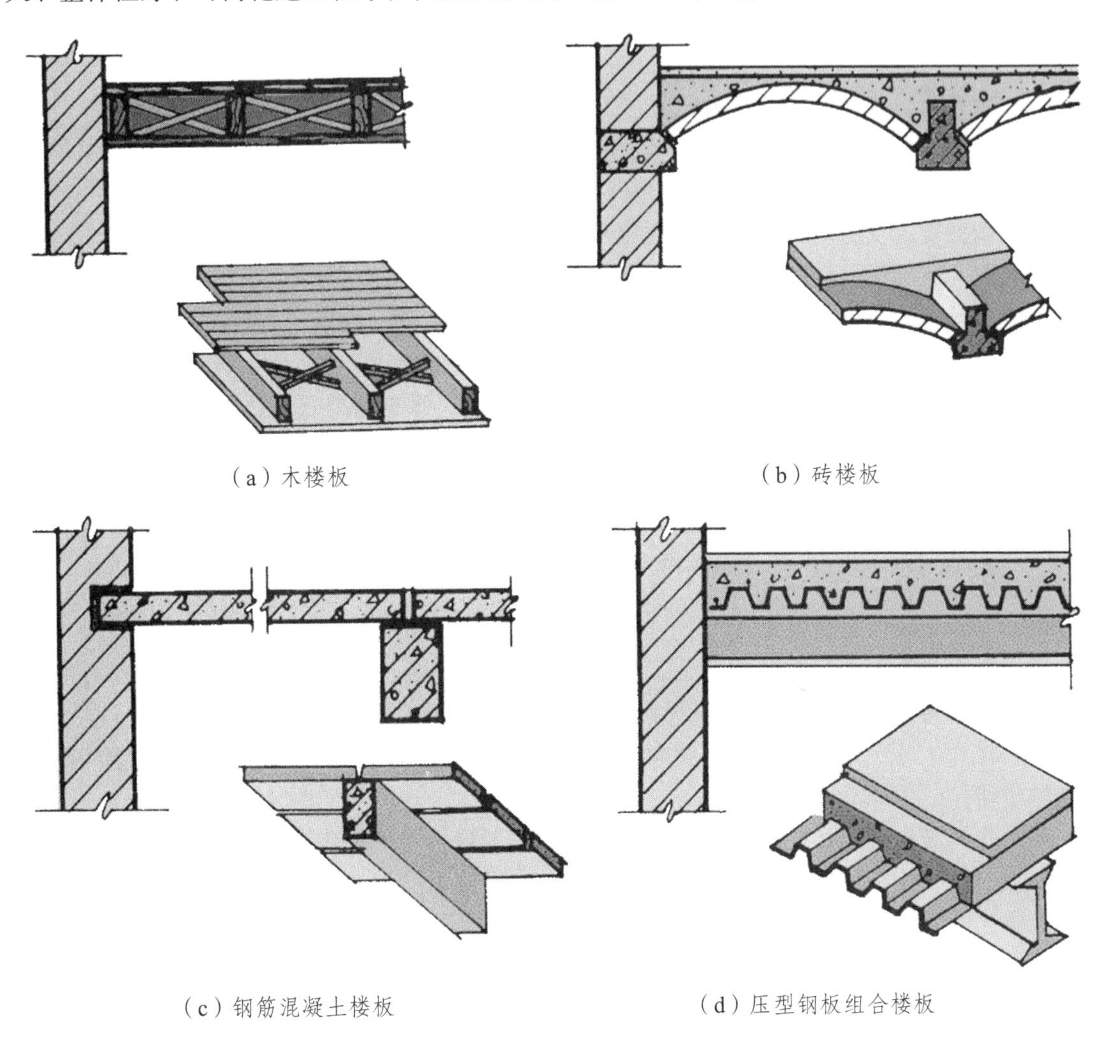

（a）木楼板　（b）砖楼板

（c）钢筋混凝土楼板　（d）压型钢板组合楼板

图 4-1　楼板的类型

（二）楼板层与地坪层的组成

楼板层通常由面层、结构层、顶棚及附加层组成，各层所起的作用各不相同（图 4-2）。

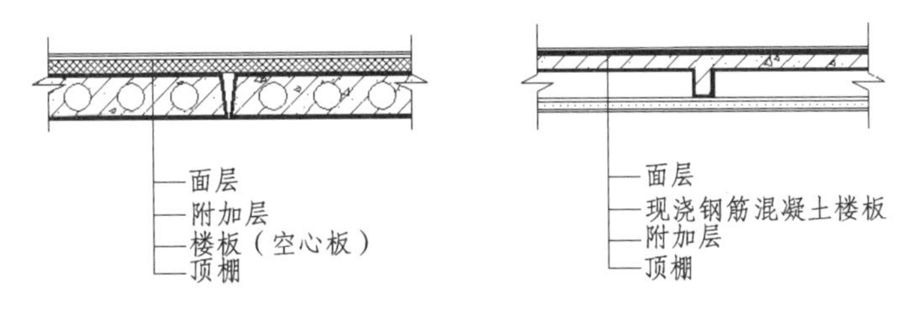

图 4-2　楼板层的组成

（1）面层，又称楼面或地面，位于楼板层的最上层，起着保护楼板层、承受并传递荷载的作用，同时又对室内起美化装饰作用。根据使用要求和选用材料的不同，面层可有多种做法。

（2）结构层，又称楼板，是楼板层的承重构件，一般包括梁和板，主要功能是承受楼板层上的全部荷载，并将荷载传给墙和柱，同时对墙身起支撑作用，以加强建筑物的刚度和整体性。

（3）顶棚层，又称天花板，位于楼板层的最下层。其主要作用是保护楼板、安装灯具、遮掩各种水平管线设备、改善室内光照条件、装饰美化室内空间，在构造上有直接抹灰顶棚、粘贴类顶棚和吊顶等多种形式。

（4）附加层，又称功能层，根据使用功能的不同而设置，用以满足保温、隔声、隔热、防水、防潮、防腐蚀、防静电等作用。

地坪层是建筑物底层与土壤相接触的构件，和楼板一样，它承受着地坪上的荷载，并均匀地传给地基。

地坪是由面层、结构层、垫层和素土夯实层构成的，根据需要还可以设各种附加构造层，如找平层、结合层、防潮层、保温层、管道敷设层等。

二、钢筋混凝土楼板

钢筋混凝土楼板按其施工方式不同分为现浇式、预制装配式和装配整体式三种类型。

现浇式钢筋混凝土楼板系指在施工现场通过支模、绑扎钢筋、整体浇筑混凝土及养护等工序而成型的楼板。这种楼板具有整体性好、刚度大、利于抗震、梁板布置灵活等特点，但其模板耗材大、施工进度慢、施工受季节限制，适用于地震区及平面形状不规则或防水要求较高的房间。

预制式钢筋混凝土楼板系指在构件预制厂或施工现场预先制作，然后在施工现场装配而成的楼板。这种楼板可节省模板、改善劳动条件、提高生产效率、加快施工速度并利于推广建筑工业化，但楼板的整体性差，适用于非地震区、平面形状较规整的房间中。

装配整体式钢筋混凝土楼板系指预制构件与现浇混凝土面层叠合而成的楼板。它既可节省模板、提高其整体性，又可加快施工速度，但其施工较复杂，目前多用于住宅、宾馆、学校、办公楼等大量性建筑中。

（一）现浇钢筋混凝土楼板

现浇式钢筋混凝土楼板根据受力和传力情况分为板式、梁板式、井式楼板、无梁楼板和压型钢板组合楼板。

1. 板式楼板

楼板内不设置梁，将板直接搁置在墙上的楼板称为板式楼板。板式楼板有单向板与双向板之分，如图 4-3 所示。当板的长边与短边之比大于 2 时，板基本上沿短边方向传递荷载，这种板称为单向板，板内受力钢筋沿短边方向设置。双向板长边与短边之比不大于 2，荷载沿双向传递，短边方向内力较大，长边方向内力较小，受力主筋平行于短边，并摆在外侧。板式楼板底面平整、美观、施工方便，适用于小跨度房间，如走廊、厕所和厨房等。

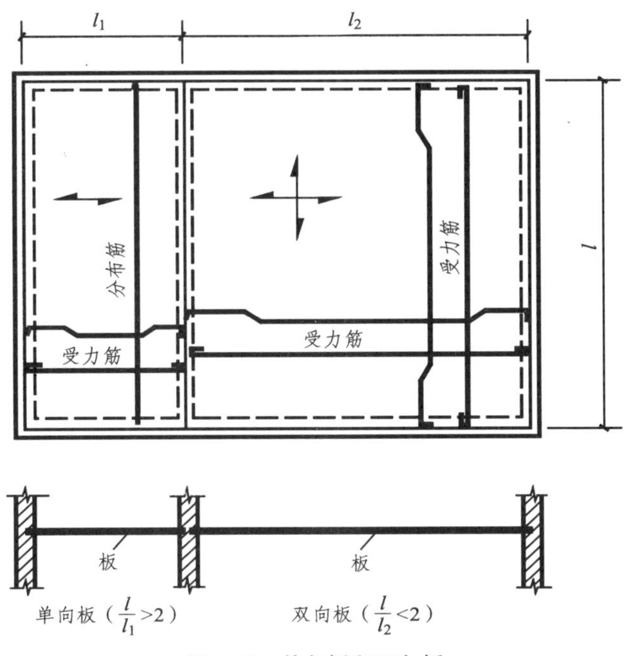

图 4-3　单向板和双向板

2. 梁板式楼板

当跨度较大时，常在板下设梁以减小板的跨度，使楼板结构更经济合理。楼板上的荷载先由板传给梁，再由梁传给墙或柱。这种楼板称为梁板式楼板或梁式楼板，也称为肋形楼板，如图 4-4、图 4-5 所示。梁板式楼板中的梁可有主梁、次梁之分，次梁与主梁一般垂直相交，板搁置在次梁上，次梁搁置在主梁上，主梁搁置在墙或柱上，主梁可沿房间的纵向或横向布置。

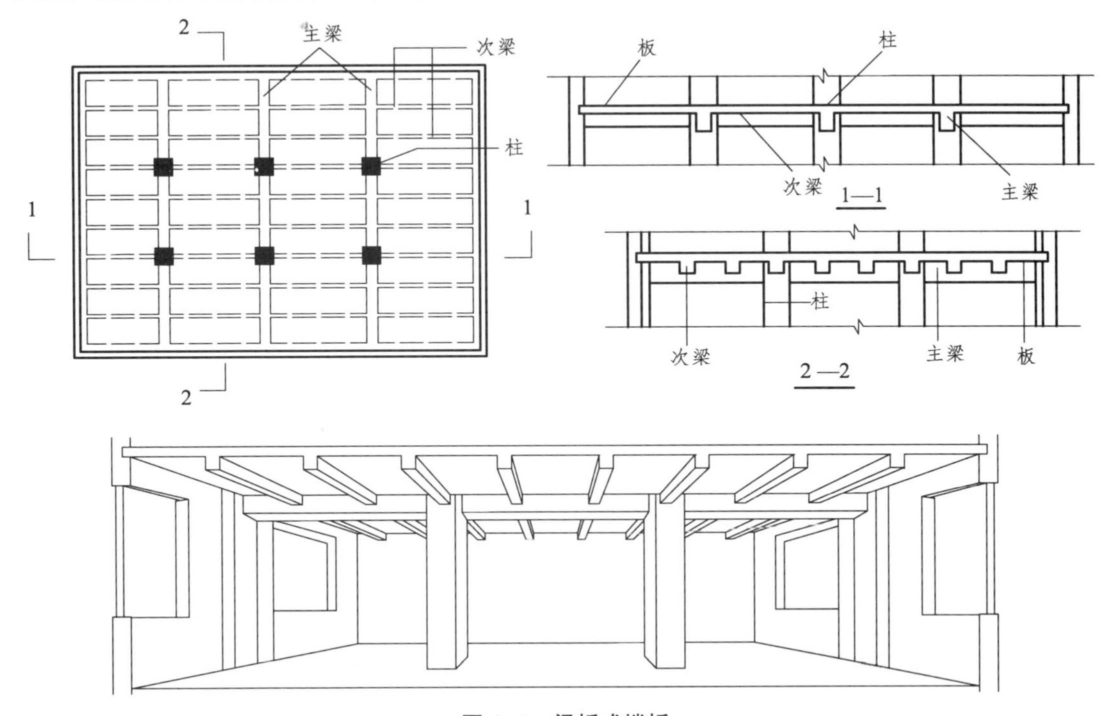

图 4-4　梁板式楼板

图 4-5　梁板式楼板

当梁支承在墙上时，为避免墙体局部压坏，支承处应有一定的支承长度，其支承长度应根据梁下墙体的局部承压强度确定。

3. 井式楼板

井式楼板是肋形楼板的一种特殊形式。当房间尺寸较大，并接近正方形时，常沿两个方向布置等距离、等截面高度的梁，板为双向板，形成井格形的梁板结构，纵梁和横梁同时承担着由板传递下来的荷载。井式楼板的板厚为 70 ~ 80 mm，井格边长一般在 2.5 m 之内。井式楼板有正井式和斜井式两种。梁与墙之间成正交的系正井式［图 4-6（a）］；长方形房间梁与墙之间常作斜向布置形成斜井式［图 4-6（b）］。井式楼板常用于跨度为 10 m 左右、长短边之比小于 1.5 的公共建筑的门厅、大厅。如果在井格梁下面加以艺术装饰处理，抹上线腰或绘上彩画，则可使顶棚更加美观（图 4-7）。

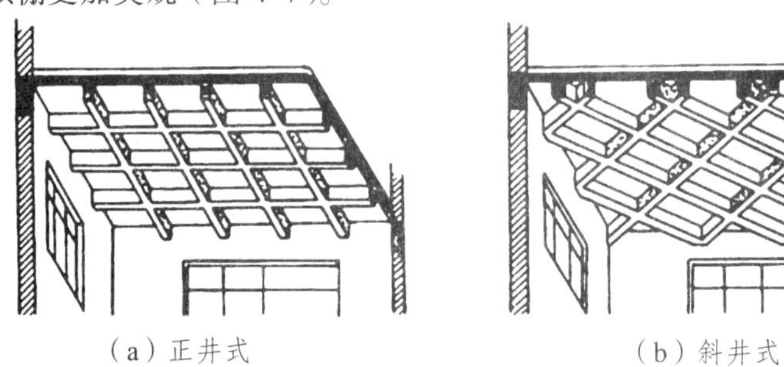

（a）正井式　　　　（b）斜井式

图 4-6　井式楼板

图 4-7　井式楼板

4. 无梁楼板

无梁楼板是在楼板跨中设置柱子来减小板跨，不设梁的楼板（图 4-8）。在柱与楼板连接处，柱顶构造分为有柱帽和无柱帽两种。无梁楼板的柱间距宜为 6 m，成方形布置。由于板的跨度较大，故板厚不宜小于 150 mm，且不小于板跨的 1/35 ~ 1/32。

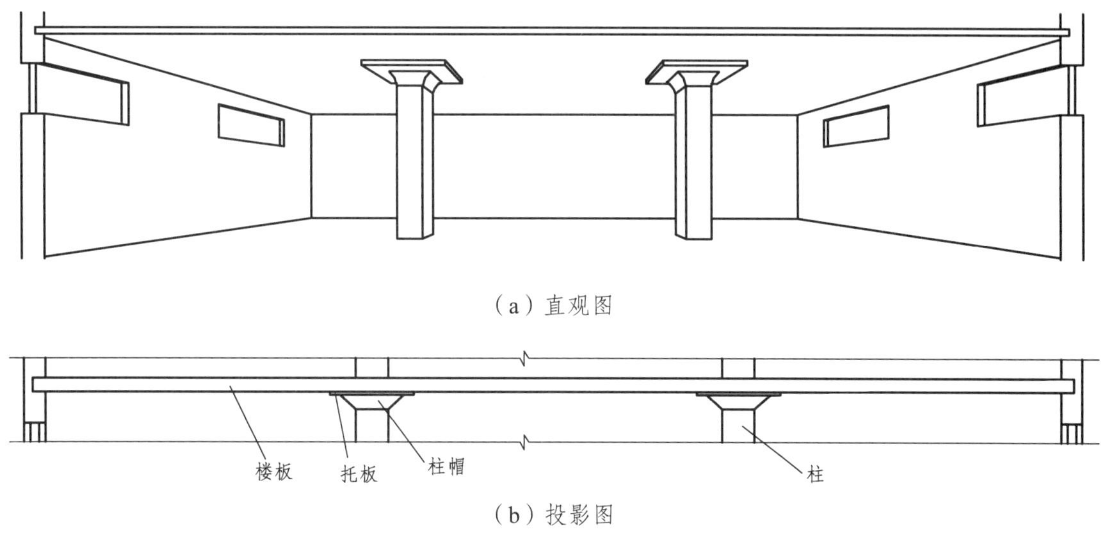

图 4-8　无梁楼板

无梁楼板的板底平整，室内净空高度大，采光、通风条件好，便于采用工业化的施工方式，适用于楼面荷载较大的公共建筑（如商店、仓库、展览馆等）和多层工业厂房。

5. 压型钢板组合楼板

压型钢板组合楼板的基本构造形式见图 4-9。它由钢梁、压型钢板和现浇混凝土三部分组成。

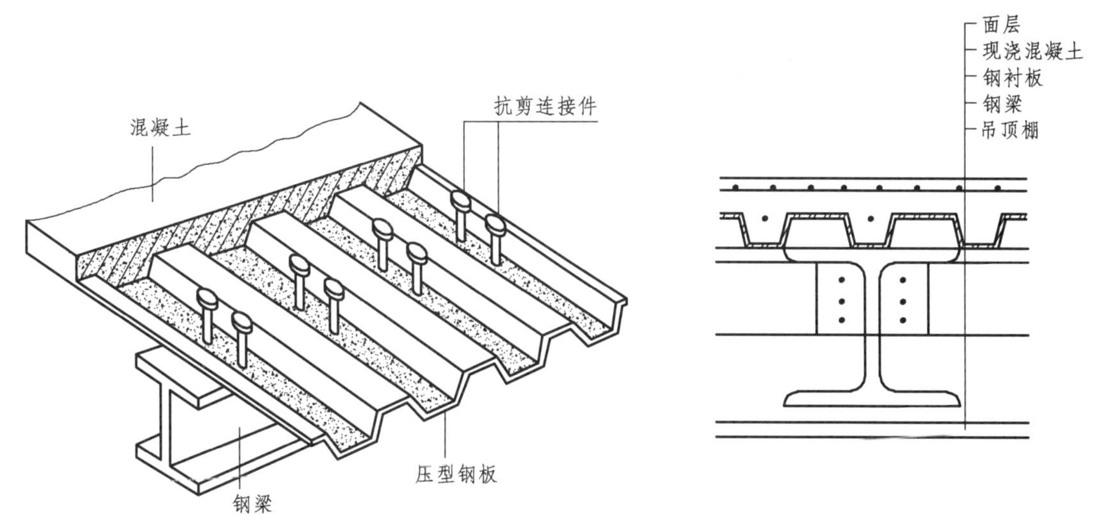

图 4-9　压型钢板组合楼板

压型钢板组合楼板的整体连接由栓钉（又称抗剪螺栓）将钢筋混凝土、压型钢板和钢梁组合成整体。压型钢板铺设在钢梁上，与钢梁之间用栓钉连接，栓钉应与钢梁焊接。压型钢板上面浇筑的混凝土厚 100~150 mm，混凝土层上部配置钢筋以加强混凝土面层的抗裂性和承受支座处的负弯矩。

压型钢板组合楼板中的压型钢板承受施工时的荷载，是板底的受拉钢筋，也是楼板的永久性模板。这种楼板简化了施工程序，加快了施工进度，并且具有较强的承载力、刚度和整体稳定性，但耗钢量较大，适用于多、高层的框架或框剪结构的建筑中。

（二）预制装配式钢筋混凝土楼板

预制装配式钢筋混凝土楼板，是将楼板的梁、板预制成各种形式和规格的构件，在现场装配而成。

1. 预制装配式钢筋混凝土楼板的类型

（1）实心平板。

实心平板上下板面平整，制作简单，但自重较大，隔声效果差，宜用于跨度小的走廊板、楼梯平台板、阳台板、管沟盖板等处。板的两端支承在墙或梁上，板厚一般为 50 ~ 80 mm，跨度在 2.4 m 以内为宜，板宽一般为 500 ~ 900 mm。由于构件小，起吊机械要求不高（图 4-10）。

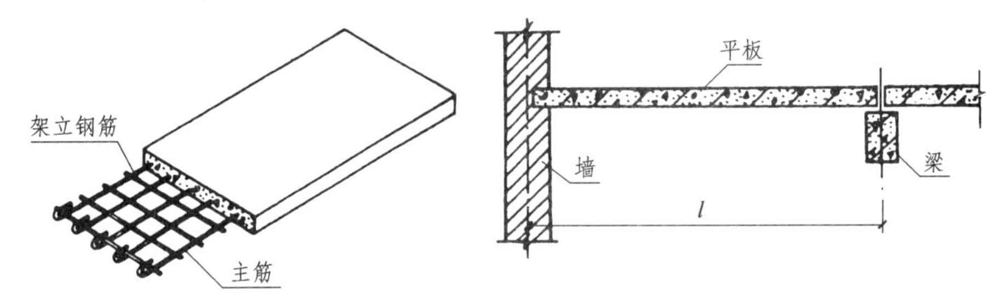

图 4-10　实心板平板

（2）空心板。

根据板的受力情况，结合考虑隔声的要求，并使板面上下平整，可将预制板抽孔做成空心板。空心板的孔洞有矩形、圆形、椭圆形等。矩形孔较为经济但抽孔困难，圆形孔的板刚度较好，制作也较方便，因此目前使用最广（图 4-11）。根据板的宽度，孔数有单孔、双孔、三孔、多孔。目前我国预应力空心板的跨度尺寸可达到 6 m、6.6 m、7.2 m 等，板的厚度为 120 ~ 300 mm，其中以 120 mm 最普遍。空心板的优点是节省材料、隔音隔热性能较好，缺点是板面不能任意打洞。钢筋混凝土空心板有预应力空心板和非预应力空心板两种。

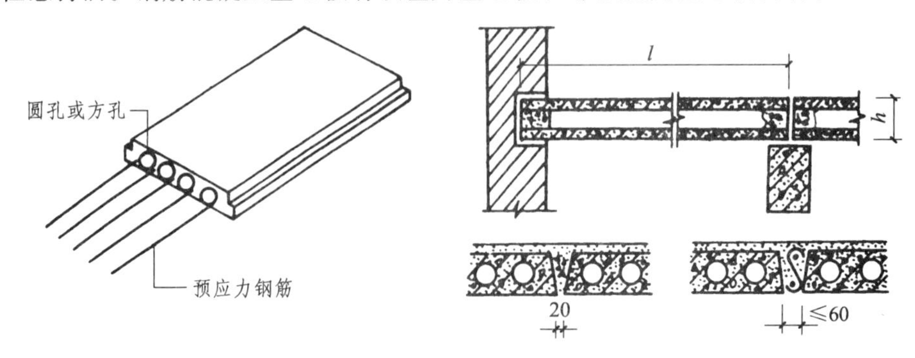

图 4-11　空心板

（3）槽形板。

当板的跨度尺寸较大时，为了减轻板的自重，根据板的受力状况，可将板做成由肋和板构成的槽形板。板长为 3 ~ 6 m 的非预应力槽形板，板肋高为 120 ~ 240 mm，板的厚度仅 30 mm。槽形板减轻了板的自重，具有省材料、便于在板上开洞等优点，但隔声效果差。当槽形板正放（肋朝下）时，板底不平整。槽形板倒放（肋向上）时，需在板上进行构造处理，使其平整。槽内可填轻质材料起保温、隔音作用。槽形板正放常用作厨房、卫生间、库房等楼板。当对楼板有保温、隔声要求时，可考虑采用倒放槽形板，如图 4-12、图 4-13 所示。

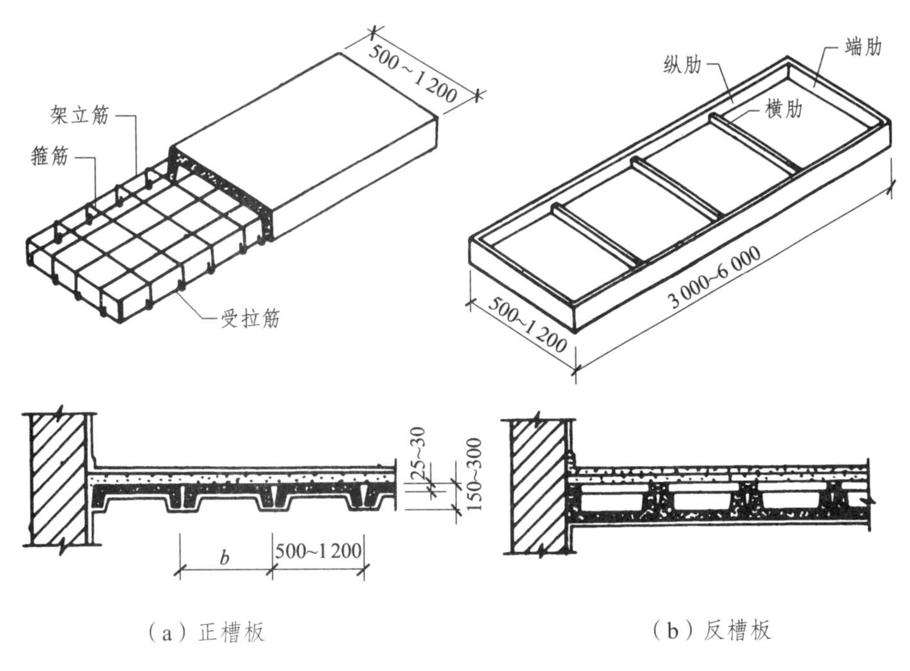

图 4-12　槽形板示意图

图 4-13　槽形板

2. 预制装配式钢筋混凝土楼板的布置与细部构造

（1）板在梁上的搁置方式。

当采用梁板式支承方式时，板在梁上的搁置方案一般有两种，一种是板直接搁在梁顶上［图 4-14（a）］；另一种是将板搁置在花篮梁或十字形梁两翼梁肩上［图 4-14（b）］，板面与梁顶相平，在梁高不变的情况下，这种方式相应地提高了室内净空高度。

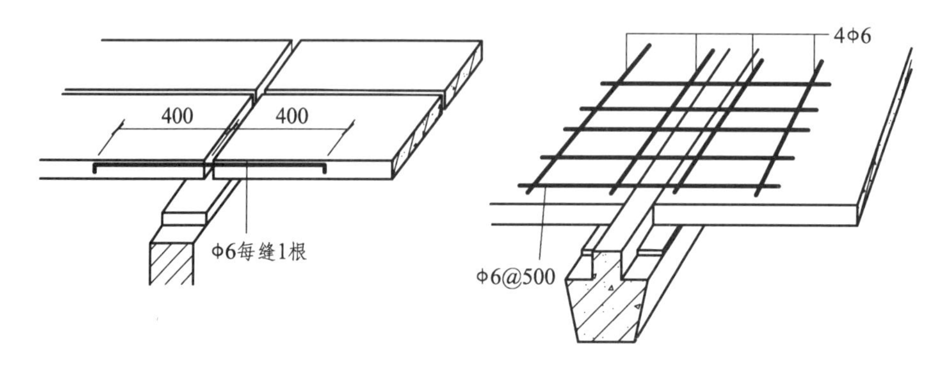

（a）板直接搁置在矩形或 T 形梁上　　（b）板搁在花篮或十字形梁肩上

图 4-14　板在梁上的搁置

（2）板的细部构造。

① 板缝处理。

为了便于板的安装铺设，板与板之间常留有 10 ~ 20 mm 的缝隙。为了加强板的整体性，板缝内须灌入细石混凝土，并要求灌缝密实，避免在板缝处出现裂缝而影响楼板的使用和美观。板的侧缝构造一般有三种形式：V 形缝、U 形缝和凹槽缝（图 4-15）。

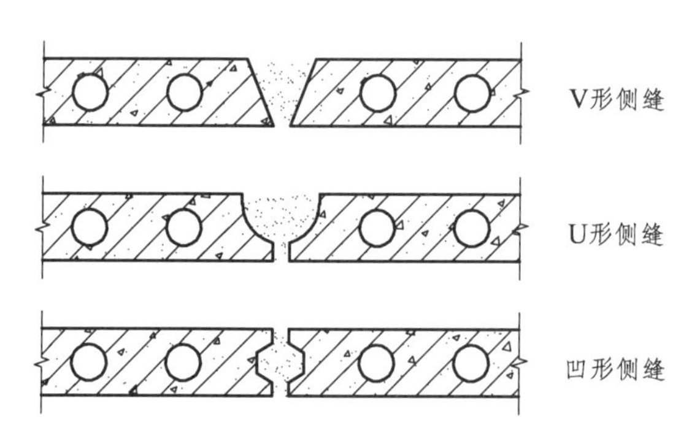

图 4-15　板的侧缝构造

V 形与 U 形板缝构造简单，便于灌缝，所以应用较广，凹形缝有利于加强楼板的整体刚度，板缝能起到传递荷载的作用，使相邻板能共同工作，但施工较麻烦。

② 板缝差的调整与处理。

板的排列受到板宽规格的限制，因此，排板的结果常出现较大的缝隙。根据排板数量和缝隙的大小，可考虑采用调整板缝的方式解决。当板缝宽在 30 mm 时，用细石混凝土灌实即可［图 4-16（a）］；当板缝宽达 50 mm 时，常在缝中配置钢筋再灌以细石混凝土［图 4-16（b）］；当缝宽≤120 mm 时，可沿墙挑砖填缝［图 4-16（c）］；当缝宽≥120 mm 时，采用钢筋骨架现浇板带处理［图 4-16（d）］。

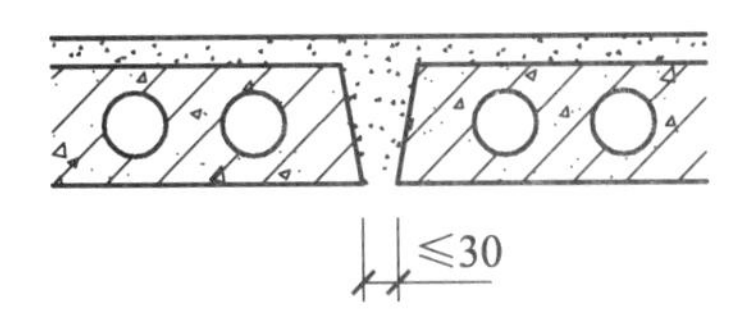

(a) 缝宽＜30 mm 时用水泥砂浆或细石混凝土灌缝

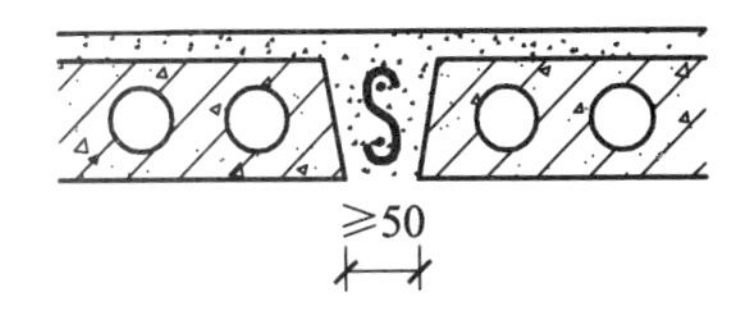

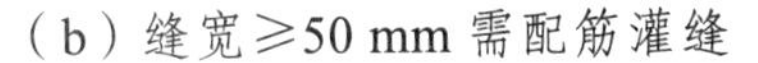

(b) 缝宽≥50 mm 需配筋灌缝

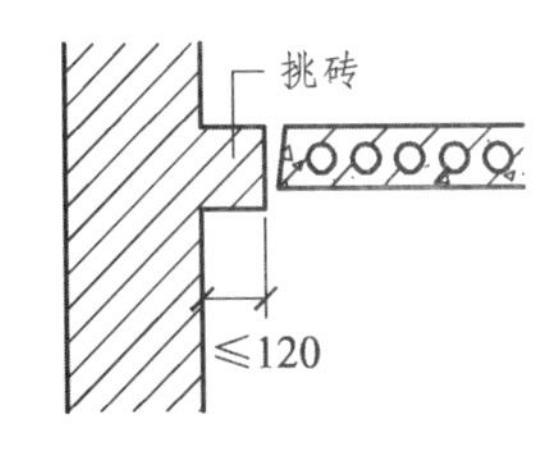

(c) 缝宽≤120 mm 时可沿墙挑砖处理

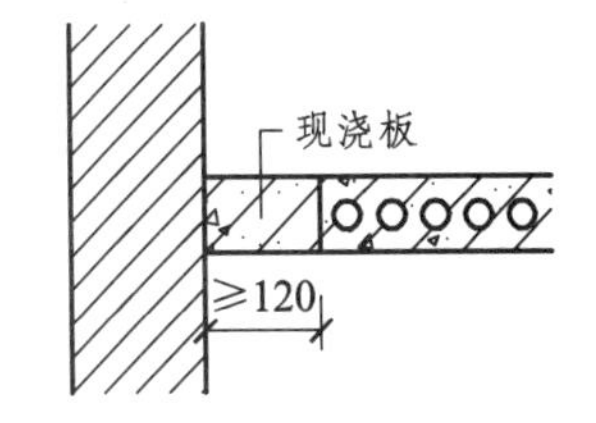

(d) 缝宽≥200 mm 时用现浇板填补

图 4-16 板缝及板缝差的处理

③ 板的锚固。

为增强建筑物的整体刚度，特别是处于地基条件较差地段或地震区，应在板与墙及板端与板端连接处设置锚固钢筋（图 4-17）。

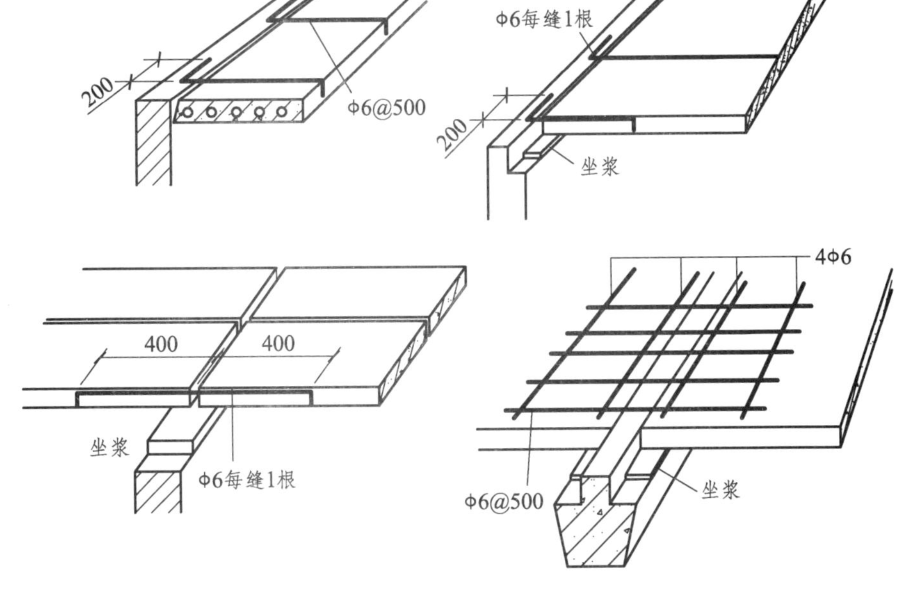

图 4-17 板缝的锚固

④楼板与隔墙。

隔墙若为轻质材料时，可直接立于楼板之上。如果采用自重较大的材料，如黏土砖等作隔墙，则不宜将隔墙直接搁置在楼板上，特别应避免将隔墙的荷载集中在一块楼板上。对有小梁搁置的楼板或槽形板，通常将隔墙搁置在小梁上或槽形板的边肋上；如果是空心板作楼板，可在隔墙下作现浇板带或设置预制梁解决（图 4-18）。

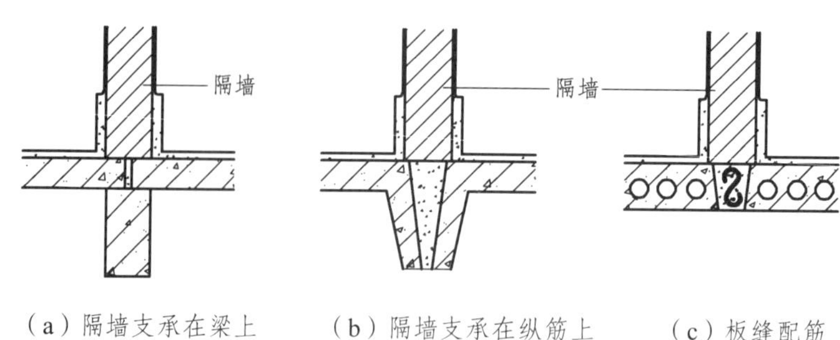

（a）隔墙支承在梁上　（b）隔墙支承在纵筋上　（c）板缝配筋

图 4-18　隔墙的楼板的关系

⑤板的面层处理。

由于预制构件的尺寸误差或施工上的原因造成板面不平，需做找平层，通常采用 20 ~ 30 mm 厚水泥砂浆或 30 ~ 40 mm 厚的细石混凝土找平，然后再做面层，电线管等小口径管线可以直接埋在整浇层内。装修标准较低的建筑物，可直接将水泥砂浆找平层或细石混凝土整浇层表面抹光，即可作为楼面，如果要求较高，则须在找平层上另做面层。

（三）装配整体式钢筋混凝土楼板

装配整体式钢筋混凝土楼板是先预制部分构件，然后在现场安装，再以整体浇筑方法连成一体的楼板。它克服了现浇板消耗模板量大、预制板整体性差的缺点，整合了现浇式楼板整体性好和装配式楼板施工简单、工期短的优点。装配整体式钢筋混凝土楼板按结构及构造方式可分为密肋填充块楼板和预制薄板叠合楼板。

1. 密肋填充块楼板

密肋填充块楼板的密肋小梁有现浇和预制两种。现浇密肋填充块楼板是以陶土空心砖、矿渣混凝土实心块等作为肋间填充块来现浇密肋和面板而成。预制小梁填充块楼板是在预制小梁之间填充陶土空心砖、矿渣混凝土实心块、煤渣空心块，上面现浇面层而成。密肋填充块楼板板底平整，有较好的隔声、保温、隔热效果，在施工中空心砖还可起到模板作用，也有利于管道的敷设。此种楼板常用于学校、住宅、医院等建筑中（图 4-19）。

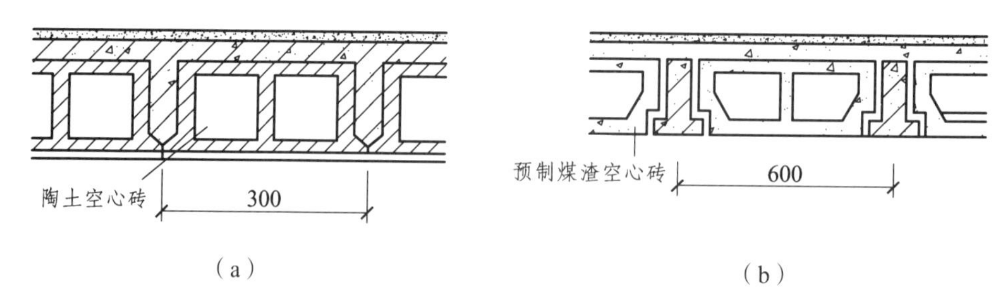

（a）　（b）

图 4-19　密肋楼板

2. 预制薄板叠合楼板

预制薄板叠合楼板是由预制薄板和现浇钢筋混凝土层叠合而成的装配整体式楼板。预制板既是叠合楼板结构的组成部分，又是现浇钢筋混凝土叠合层的永久性模板，现浇叠合层内可敷设水平管线。预制板底面平整，可直接喷涂或粘贴其他装饰材料做顶棚。

为了保证预制薄板与叠合层有较好的连接，薄板上表面需作处理，如将薄板表面作刻槽处理、板面露出较规则的三角形结合钢筋等。预制薄板跨度一般为 4 ~ 6 m，最大可达到 9 m，板宽为 1.1 ~ 1.8 m，板厚通常不小于 50 mm。现浇叠合层厚度一般为 100 ~ 120 mm，以大于或等于薄板厚度的 2 倍为宜。叠合楼板的总厚度一般为 150 ~ 250 mm。叠合楼板的预制部分，也可采用普通的钢筋混凝土空心板，只是现浇叠合层的厚度较薄，一般为 30 ~ 50 mm（图 4-20）。

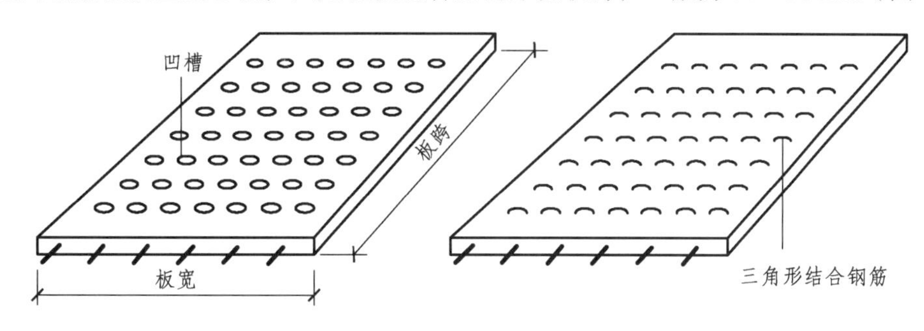

（a）预制薄板的板面处理

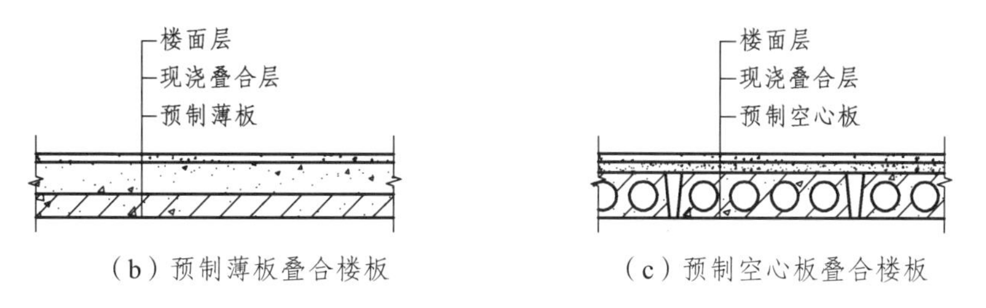

（b）预制薄板叠合楼板　　（c）预制空心板叠合楼板

图 4-20　预制薄板叠合楼板

任务二　楼地面构造认知

【任务描述】

通过本任务的学习，学生应能够知道楼地面的构造组成，能够识读不同类型的楼地面构造及细部构造做法，能查阅相关规范。

【知识链接】

一、楼地面构造概述

（一）楼地面的构造组成

楼面和地面分别为楼板层和地板层的面层，它们在构造要求和做法上基本相同，对室内装修而言，两者统称地面。其基本组成有面层、垫层和基层三部分（图 4-21）。当有特殊要求时，常在面层和垫层之间增设附加层。地坪层的面层和附加层与楼板层类似。基层为地坪层的承重层，一般为土壤，可采用原土夯实或素土分层夯实。当荷载较大时，则需进行换土或加入碎砖、砾石等并夯实，以增加其承载能力。

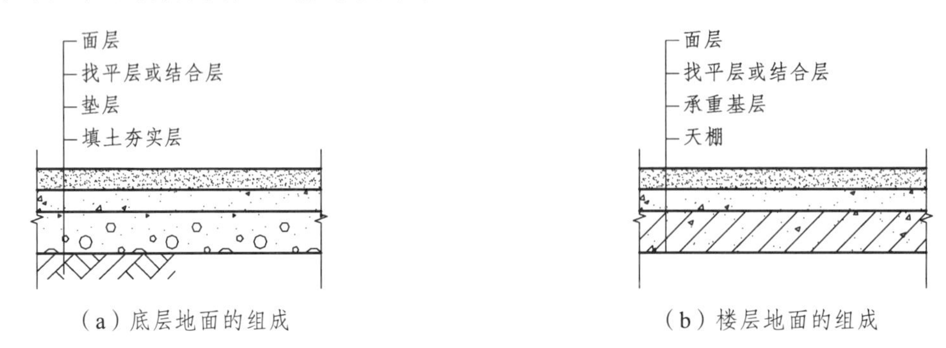

图 4-21　地面的基本构造组成

（1）素土夯实层是地坪的基层，也称地基。素土即为不含杂质的砂质黏土，经夯实后，才能承受垫层传下来的地面荷载。

（2）垫层是面层和基层之间的填充层，起承受并传递荷载给基层的作用，有刚性垫层和非刚性垫层之分。刚性垫层用于地面要求较高及薄而脆的面层，如水磨石地面、瓷砖地面、大理石地面等，常用低强度等级混凝土，一般采用 C15 混凝土，其厚度为 80 ~ 100 mm；非刚性垫层常用于厚而不易断裂的面层，如混凝土地面、水泥制品块状地面等，可用 50 mm 厚砂垫层、80 ~ 100 mm 厚碎石灌浆、70 ~ 120 mm 厚三合土等。

（3）面层应坚固耐磨、表面平整、光洁、易清洁、不起尘。面层材料的选择与室内装修的要求有关。

（4）附加层，又称为功能层。根据使用要求和构造要求，主要设置管道敷设层、隔声层、防水层、找平层、隔热层、保温层等附加层，它们可以满足人们对现代化建筑的要求。

（二）对地面的要求

地面是人们日常工作、生活和生产时，必须接触的部分，也是建筑物直接承受荷载，经常受到摩擦、清扫和冲洗的部分，因此，它应具备下列功能要求：

（1）具有足够的坚固性。即要求在各种外力作用下不易被磨损、破坏，且要表面平整、光洁、不起灰和易清洁。

（2）保温性能好。作为人们经常接触的地面，应给人们以温暖舒适的感觉，保证寒冷季节脚部舒适。

（3）满足隔声要求。隔声要求主要针对楼地面，可通过选择楼地面垫层的厚度与材料类型来达到要求。

（4）具有一定的弹性。当人们行走时不致有过硬的感觉，同时有弹性的地面有利于减轻撞击声。

（5）美观要求。地面是建筑内部空间的重要组成部分，应具有与建筑功能相适应的外观形象。

（6）其他要求。对经常有水的房间，地面应防潮、防水；对有火灾隐患的房间，应防火、耐燃烧；对有酸碱等腐蚀性介质作用的房间，则要求具有耐腐蚀的能力等。

选择适宜的面层和附加层，从构造设计到施工，确保地面具有坚固、耐磨、平整、不起灰、易清洁、有弹性、防火、防水、防潮、保温、防腐蚀等特点。

（三）地面的类型

地面的名称通常依据面层所用材料来命名。按材料的不同，常见地面可分为以下几类：

（1）整体类地面，包括水泥砂浆、细石混凝土、水磨石及菱苦土地面等。

（2）块状类地面，包括水泥花砖、缸砖、大阶砖、陶瓷锦砖、人造石板、天然石板以及木地板等。

（3）粘贴类地面，包括橡胶地毡、塑料地毡、油地毡以及各种地毯等。

（4）涂料类地面，包括各种高分子合成涂料形成的地面。

二、地面的构造做法

地面的构造是指楼板层和地坪层的地面层的构造做法。面层一般包括表面面层及其下面的找平层两部分。地面按其材料和做法可分为 4 大类型，即整体类地面、块材类地面、粘贴类地面、涂料类地面。

（一）整体类地面

地面面层没有缝隙，整体效果好，一般是整片施工，也可分区分块施工。按材料不同有水泥砂浆地面、混凝土地面、水磨石地面及菱苦土地面等。

1. 水泥砂浆楼地面

水泥砂浆楼地面具有构造简单、施工方便、造价低等特点，但易起尘、无弹性、热传导性高，且装饰效果较差，适用于标准较低的建筑物中。常见做法有普通水泥地面、干硬性水泥地面、防滑水泥地面、磨光水泥地面、水泥石屑地面和彩色水泥地面等（图 4-22）。

水泥砂浆地面有单层与双层构造之分，当前以双层水泥砂浆地面居多。

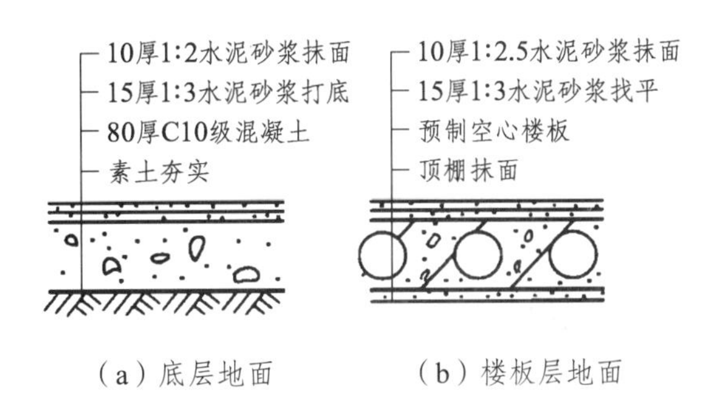

（a）底层地面　　（b）楼板层地面

图 4-22　水泥砂浆楼地面

2. 细石混凝土地面

细石混凝土地面刚性好、强度高且不易起尘。其做法是在基层上浇筑 30 ~ 40 mm 厚 C20 细石混凝土随打随压光。为提高整体性、满足抗震要求，可内配 Φ4@200 的双向钢筋网。

3. 水磨石地面

水磨石地面是以水泥作胶结材料、以大理石或白云石等中等硬度的石屑做骨料而形成的水泥石屑面层，经磨光打蜡而成。这种地面坚硬、耐磨、光洁、不透水、装饰效果好，常用于较高要求的地面。

水磨石地面一般分为两层施工。先在刚性垫层或结构层上用 10 ~ 20 mm 厚的 1∶3 水泥砂浆找平，然后在找平层上按设计图案嵌 10 mm 高分格条（玻璃条、钢条、铝条等），并用 1∶1 水泥砂浆固定，最后，将拌和好的水泥石屑浆铺入压实，经浇水养护后磨光、打蜡（图 4-23）。

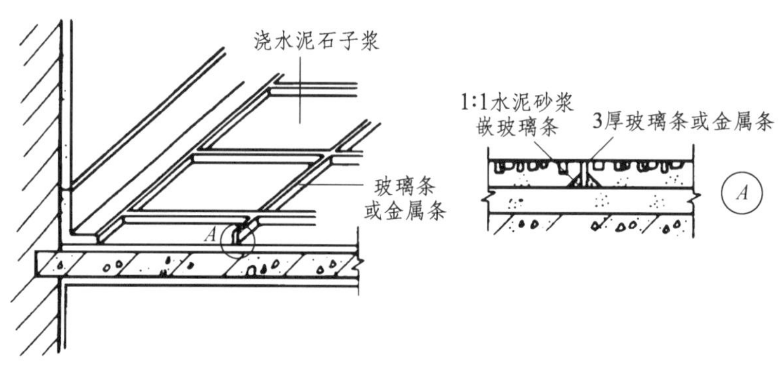

图 4-23 水磨石地面

4. 菱苦土地面

菱苦土面层是用菱苦土、锯木屑和氯化镁溶液等拌和铺设而成。菱苦土地面保温性能好，又有一定的弹性，又美观；缺点是不耐水，易产生裂缝。其构造做法有单面层和双面层两种。

（二）块材类地面

块材类地面是指利用各种人造或天然的预制板材、块材镶铺在基层上的地面。

按材料不同有黏土砖、水泥砖、石板、陶瓷锦砖、塑料板和木地板等。

1. 黏土砖、水泥砖及预制混凝土砖地面

其铺设方法有两种：干铺和湿铺。

（1）干铺是指在基层上铺一层 20 ~ 40 mm 厚的砂子，将砖块直接铺在砂上，校正平整后用砂或砂浆填缝。

（2）湿铺是在基层上抹 1∶3 水泥砂浆 12 ~ 20 mm 厚，再将砖块铺平压实，最后用 1∶1 水泥砂浆灌缝。

2. 缸砖、陶瓷地砖及陶瓷锦砖地面

缸砖是用陶土焙烧而成的一种无釉砖块，形状有正方形（尺寸为 100 mm×100 mm 和 150 mm×150 mm，厚 10 ~ 19 mm）、六边形、八角形等。颜色也有多种，由不同形状和色彩可以组成各种图案。缸砖背面有凹槽，使砖块和基层黏结牢固。铺贴时一般用 15 ~ 20 mm 厚 1∶3 水泥砂浆找平，再用 3 ~ 4 mm 厚水泥胶（水泥∶107 胶∶水=1∶0.1∶0.2）粘贴缸砖，校正找平后用素水泥浆擦缝（图 4-24）。缸砖具有质地坚硬、耐磨、耐水、耐酸碱、易清洁等优点。

陶瓷地砖又称墙地砖，其类型有釉面地砖、无光釉面砖和无釉防滑地砖及抛光同质地砖。陶瓷地砖有红、浅红、白、浅黄、浅绿、蓝等各种颜色。地砖色调均匀，砖面平整，抗腐耐磨，施工方便，且块大缝少，装饰效果好，特别是防滑地砖和抛光地砖又能防滑，因而越来越多地用于办公、商店、旅馆和住宅中。

陶瓷地砖一般厚 6 ~ 10 mm，其规格有 400 mm×400 mm、300 mm×300 mm、250 mm×250 mm、200 mm×200 mm，一般来说，地砖尺寸越大价格越高，装饰效果越好。陶瓷地砖施工方法同缸砖。

陶瓷锦砖又称马赛克，其特点与面砖相似。陶瓷锦砖有不同大小、形状和颜色并由此而可以组合成各种图案，使饰面能达到一定艺术效果。

陶瓷锦砖主要用于防滑、卫生要求较高的卫生间、浴室等房间的地面，也可用于外墙面。

陶瓷锦砖同玻璃锦砖一样，出厂前已按各种图案反贴在牛皮纸上。施工时用 15 ~ 20 mm 厚 1∶3 水泥砂浆贴陶瓷锦砖，用滚筒压平，使水泥胶挤入缝隙，用水洗去牛皮纸，用白水泥擦缝（图 4-24）。

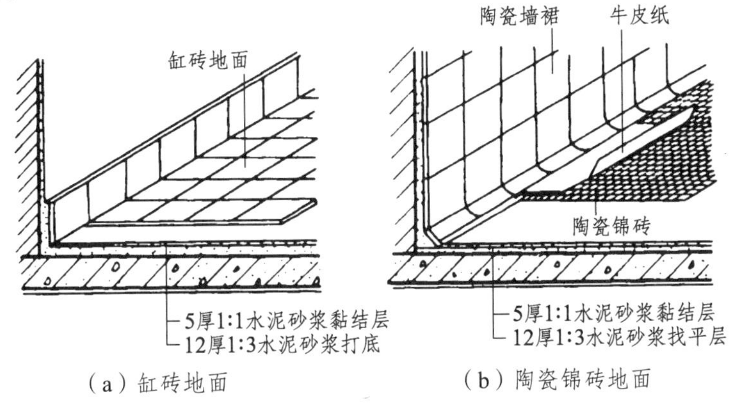

（a）缸砖地面　　（b）陶瓷锦砖地面

图 4-24　缸砖、陶瓷砖地面构造做法

3. 天然石板地面

常用的天然石板有大理石和花岗石板。天然石板具有质地坚硬、色泽艳丽的特点，多用于高标准的建筑中。

其构造做法是：在基层上刷素水泥浆一道，用 30 mm 厚 1∶3 干硬性水泥砂浆找平，面上撒 2 mm 厚素水泥（洒适量清水），粘贴 20 mm 厚大理石板（花岗石），再用素水泥浆擦缝（图 4-25）。

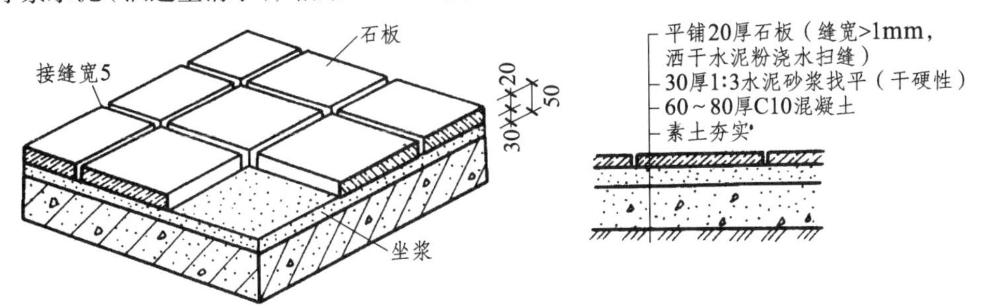

图 4-25　大理石和花岗石地面构造做法

4. 木地面

木地面按其所用木板规格不同有普通木地面、硬木条地面和拼花木地面三种；按其构造形式不同有空铺、实铺和粘贴三种。

空铺木地面常用于底层地面，其做法是砌筑地垄墙，将木地板架空，以防止木地板受潮腐烂（图 4-26）。

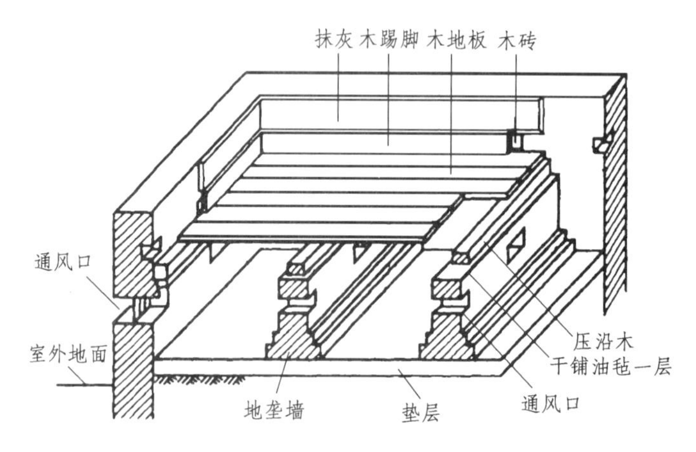

图 4-26　空铺木地面

实铺木地面是在刚性垫层或结构层上直接钉铺小搁栅，再在小搁栅上固定木板。其搁栅间的空当可用来安装各种管线（图 4-27）。

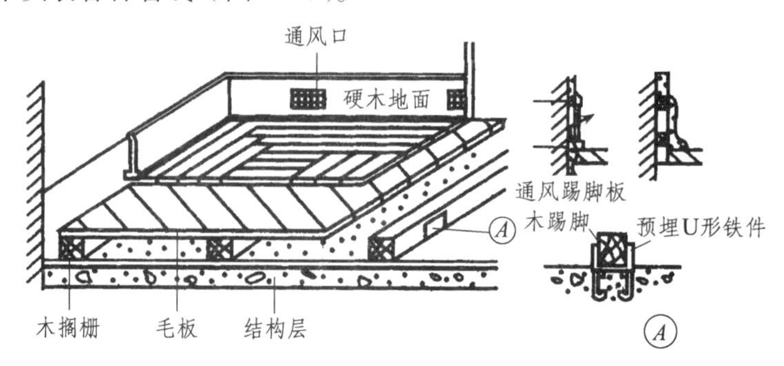

（a）双层木地板

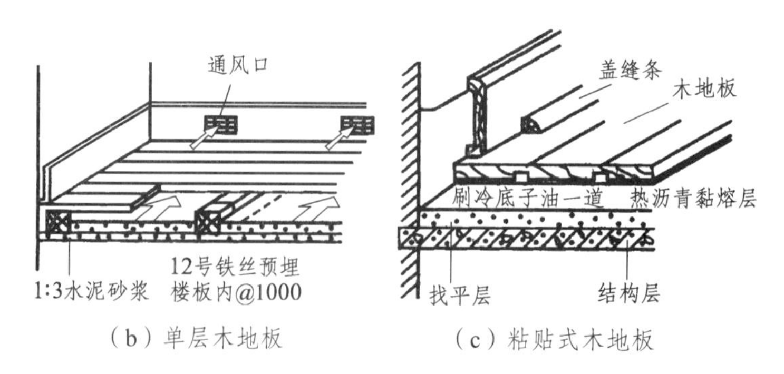

（b）单层木地板　　（c）粘贴式木地板

图 4-27　实铺式木地面

粘贴式木地面是将木地板用沥青胶或环氧树脂等黏结材料直接粘贴在找平层上，若为底层地面时，找平层上应做防潮处理。

（三）粘贴类地面

粘贴类地面以粘贴卷材为主，常见的有塑料地毡（图 4-28）、橡胶地毡以及各种地毯等。这些材料表面美观、干净，装饰效果好，具有良好的保温、消声性能，适用于公共建筑和居住建筑。

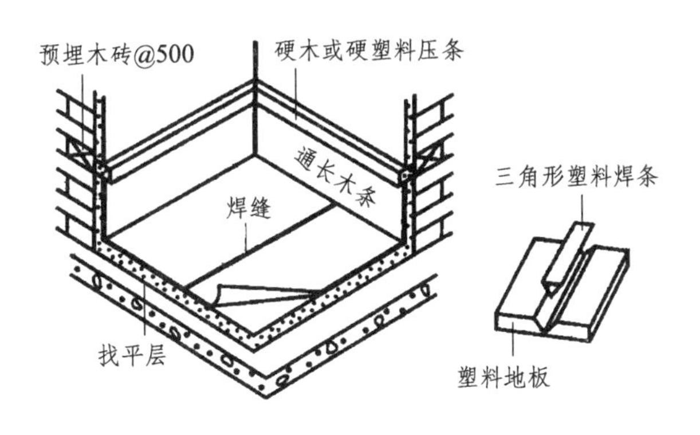

图 4-28　塑料地面的构造做法

（四）涂料类地面

涂料类地面是利用涂料涂刷或涂刮而成。它是水泥砂浆或混凝土地面的一种表面处理形式，用以改善水泥砂浆地面在使用和装饰方面的不足。地面涂料品种较多，有溶剂型、水溶性和水乳型等地面涂料。

涂料地面对解决水泥地面易起灰和美观问题起到了重要作用。涂料与水泥表面的黏结力强，具有良好的耐磨、抗冲击、耐酸、耐碱等性能，水乳型和溶剂型涂料还具有良好的防水性能。

三、楼地面的细部构造

1. 踢脚线与墙裙

为保护墙面，防止外界碰撞损坏墙面，或擦洗地面时弄脏墙面，通常在墙面靠近地面处设踢脚线（又称踢脚板）。踢脚线的材料一般与地面相同，故可看作是地面的一部分，即地面在墙面上的延伸部分。踢脚线通常凸出墙面，也可与墙面平齐或凹进墙面，其高度一般为 100 ~ 150 mm。

踢脚板是楼地面与内墙面相交处的一个重要构造节点。它的主要作用是遮盖楼地面与墙面的接缝；保护墙面，以防搬运东西、行走或做清洁卫生时将墙面弄脏（图 4-29）。

墙裙是踢脚线沿墙面往上的继续延伸，做法与踢脚类似，常用不透水材料做成，如油漆、水泥砂浆、瓷砖、木材等，通常为贴瓷砖的做法。墙裙的高度和房间的用途有关，一般为 900 ~ 1 200 mm，对于受水影响的房间，高度为 900 ~ 2 000 mm。其主要作用是防止人们在建筑物内活动时碰撞或污染墙面，并起一定的装饰作用。

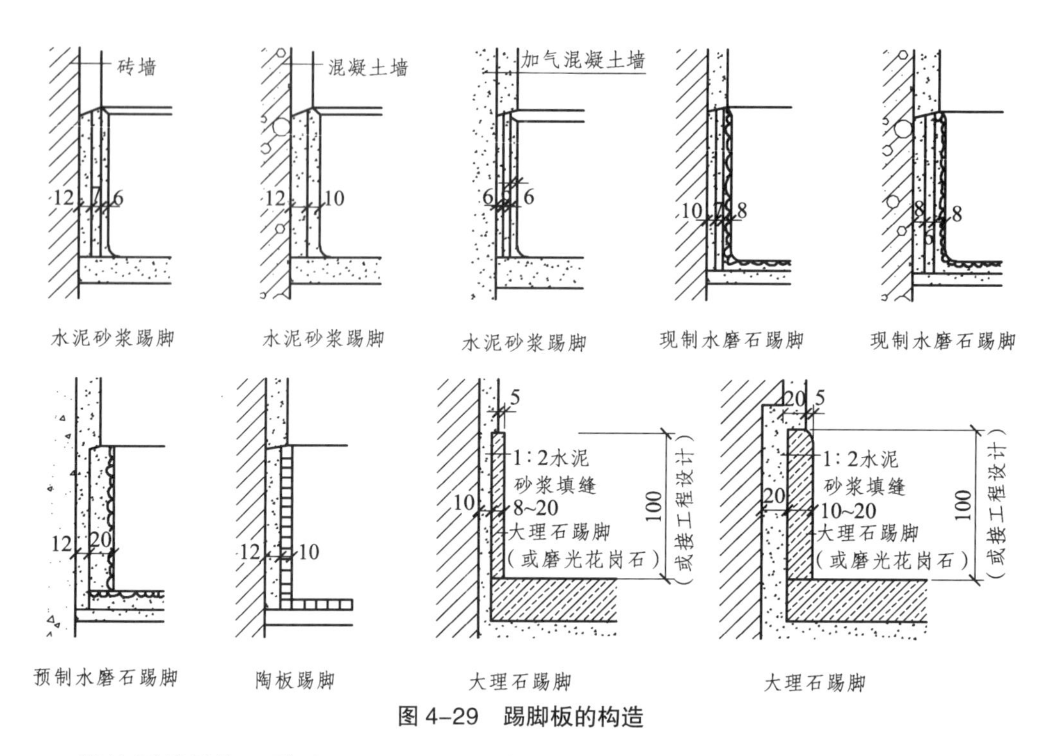

图 4–29　踢脚板的构造

2. 楼地层的防潮、防水

（1）地层防潮。

由于地下水位升高、室内通风不畅，房间湿度增大，引起地面受潮，使室内人员感觉不适，造成地面、墙面甚至家具霉变，还会影响结构的耐久性、美观和人体健康。因此，应对可能受潮的房屋进行必要的防潮处理，处理方法有设防潮层、设保温层等。

①设防潮层。

具体做法是在混凝土垫层上、刚性整体面层下，先刷一道冷底子油，然后涂热沥青或防水涂料，形成防潮层，以防止潮气上升到地面；也可在垫层下铺一层粒径均匀的卵石或碎石、粗砂等，以切断毛细水的上升通路，如图 4–30（a）、（b）所示。

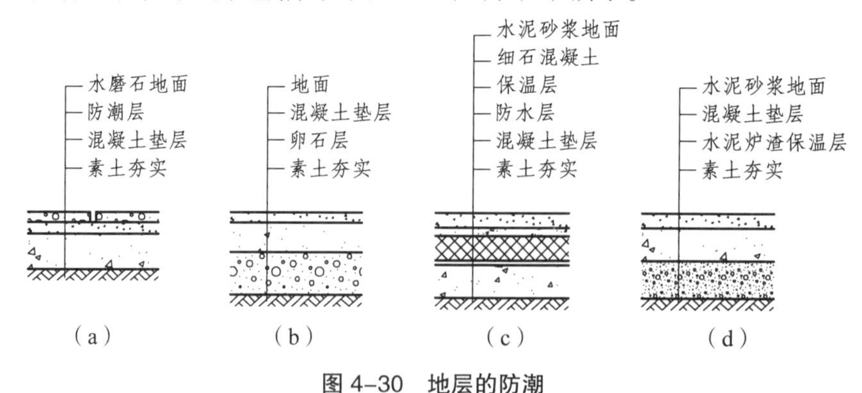

图 4–30　地层的防潮

② 设保温层。

室内潮气大多是因室内与地层温差引起的，设保温层可以降低温差。设保温层有两种做法：第一种是在地下水位低、土壤较干燥的地面，可在垫层下铺一层 1∶3 水泥炉渣或其他工业废料作保温层；第二种是在地下水位较高的地区，可在面层与混凝土垫层间设保温层，并在保温层下做防水层，如图 4-30（c）、（d）所示。

另外，也可将地层底板搁置在地垄墙上，将地层架空，使地层与土壤之间形成通风层，以带走地下潮气。

（2）楼地层防水。

用水房间，如厕所、盥洗室、实验室、淋浴室等，地面易集水，发生渗漏现象，要做好楼地面的排水和防水。

① 地面排水。

为排除室内积水，地面一般应有 1% ~ 1.5%的坡度，同时应设置地漏，使水有组织地排向地漏；为防止积水外溢，影响其他房间的使用，有水房间地面应比相邻房间的地面低 20 ~ 30 mm；当两房间地面等高时，应在门口做门槛高出地面 20 ~ 30 mm（图 4-31）。

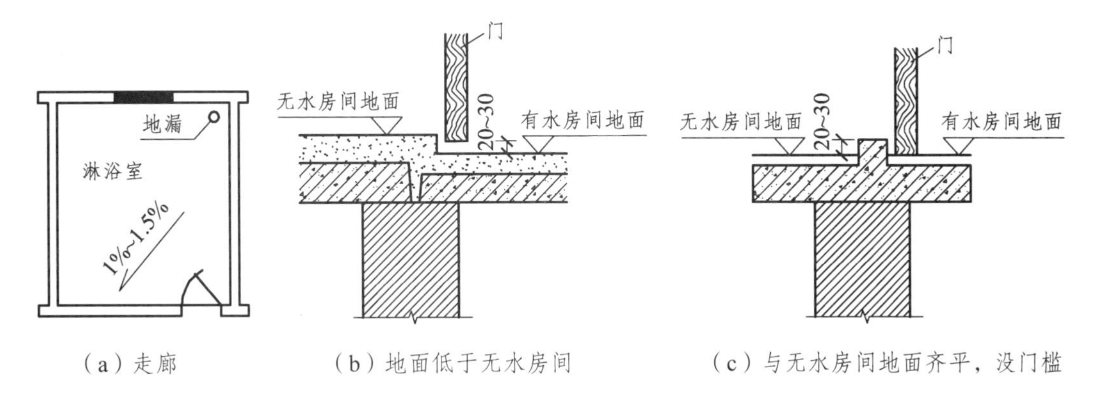

（a）走廊　（b）地面低于无水房间　（c）与无水房间地面齐平，没门槛

图 4-31　房间的排水、防水

② 地面防水。

常用水房间的楼板以现浇钢筋混凝土楼板为佳，面层材料通常为整体现浇水泥砂浆、水磨石或瓷砖等防水性较好的材料。当防水要求较高时，还应在楼板与面层之间设置防水层。常见的防水材料有卷材、防水砂浆和防水涂料。为防止房间四周墙脚浸水，应将防水层沿周边向上泛起至少 150 mm [图 4-32（a）]。当遇到门洞时，应将防水层向外延伸 250 mm 以上 [图 4-32（b）]。

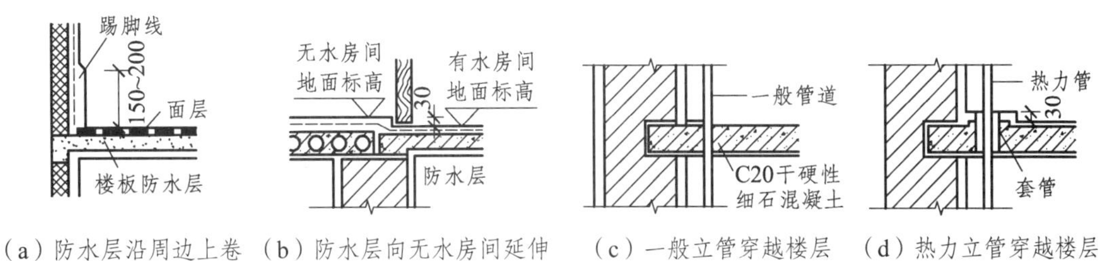

（a）防水层沿周边上卷　（b）防水层向无水房间延伸　（c）一般立管穿越楼层　（d）热力立管穿越楼层

图 4-32　楼地面的防水构造

当楼地面有竖向管道穿越时，也容易产生渗透，一般有两种处理方法：对于冷水管道，可在穿越竖管的四周用 C20 干硬性细石混凝土填实，再以卷材或涂料做密封处理，如图 4-33（c）；对于热水管道，为防止温度变化引起的热胀冷缩现象，常在穿管位置预埋比竖管管径稍大的套管，高出地面 30 mm 左右，并在缝隙内填塞弹性防水材料 [图 4-32（d）]。

任务三　顶棚、阳台、雨篷构造认知

【任务描述】

通过本任务的学习，学生应能清楚顶棚的分类；能够认识直接式顶棚、悬吊式顶棚构造做法；能够辨别阳台类型，理解设计要求；能够识读阳台细部节点做法；能够辨别雨篷支撑方式；能够识读雨篷细部构造做法；能查阅相关规范。

【知识链接】

顶棚是指建筑物屋顶和楼层下表面的装饰构件，又称天棚、天花板。

一、顶棚的作用及分类

1. 顶棚的作用

（1）改善室内环境，满足使用要求。

顶棚的处理首先要考虑室内使用功能对建筑技术的要求。照明、通风、保温、隔热、吸声或反射、音响、防火等技术性能，直接影响室内的环境与使用。

（2）装饰室内空间。

顶棚是室内装饰的一个重要组成部分，除满足使用要求外，还要考虑室内的装饰效果、艺术风格的要求，即从空间造型、光影、材质等方面，来渲染环境，烘托气氛。

2. 顶棚的分类

顶棚按饰面与基层的关系可归纳为直接式顶棚与悬吊式顶棚两大类。

（1）直接式顶棚。

直接式顶棚是在屋面板或楼板结构底面直接做饰面材料的顶棚。直接式顶棚按施工方法可分为直接式抹灰顶棚、直接喷刷式顶棚、直接粘贴式顶棚、直接固定装饰板顶棚及结构顶棚。

（2）悬吊式顶棚。

悬吊式顶棚是指顶棚的装饰表面悬吊于屋面板或楼板下，并与屋面板或楼板留有一定距离的顶棚，俗称吊顶。

二、顶棚构造

（一）直接式顶棚构造

直接在结构层底面进行喷浆、抹灰、粘贴壁纸、粘贴面砖、粘贴或钉接石膏板条与其他板材等饰面材料的顶棚。

1. 饰面特点

直接式顶棚一般具有构造简单，构造层厚度小，可以充分利用空间的特点；但这类顶棚没有供隐藏管线等设备、设施的内部空间，它适用于普通建筑及室内建筑高度空间受到限制的场所。

2. 材料选用

直接式顶棚常用的材料有：

（1）各类抹灰：纸筋灰抹灰、石灰砂浆抹灰、水泥砂浆抹灰等。普通抹灰用于一般房间，装饰抹灰用于要求较高的房间。

（2）涂刷材料：石灰浆、大白浆、彩色水泥浆等，用于一般房间。

（3）壁纸等各类卷材：墙纸、墙布、其他织物等，用于装饰要求较高的房间。

（4）各类板材：胶合板、石膏板、各种装饰面板等，用于装饰要求较高的房间。

还有石膏线条、木线条、金属线条等。

3. 基本构造

（1）直接喷刷顶棚。

直接喷刷顶棚是在楼板底面填缝刮平后直接喷或刷大白浆、石灰浆等涂料，以增加顶棚的反射光照作用，通常用于观瞻要求不高的房间。

（2）抹灰顶棚。

抹灰顶棚是在楼板底面勾缝或刷素水泥浆后进行抹灰装修，抹灰表面可喷刷涂料，适用于一般装修标准的房间。

抹灰顶棚一般有麻刀灰（或纸筋灰）顶棚、水泥砂浆顶棚和混合砂浆顶棚等，其中麻刀灰顶棚应用最普遍。麻刀灰顶棚的做法是先用混合砂浆打底，再用麻刀灰罩面，图 4-33 为抹灰顶棚示意图。

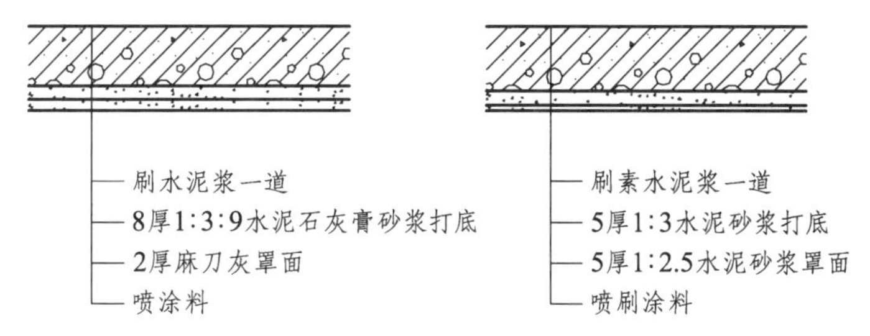

图 4-33　抹灰顶棚的构造做法

（3）贴面顶棚。

贴面顶棚是在楼板底面用砂浆打底找平后，用胶黏剂粘贴墙纸、泡沫塑胶板或装饰吸声板等，一般用于楼板底部干净平整、不需要顶棚敷设管线而装修要求又较高的房间，或有吸声、保温隔热等要求的房间［图 4-34］。

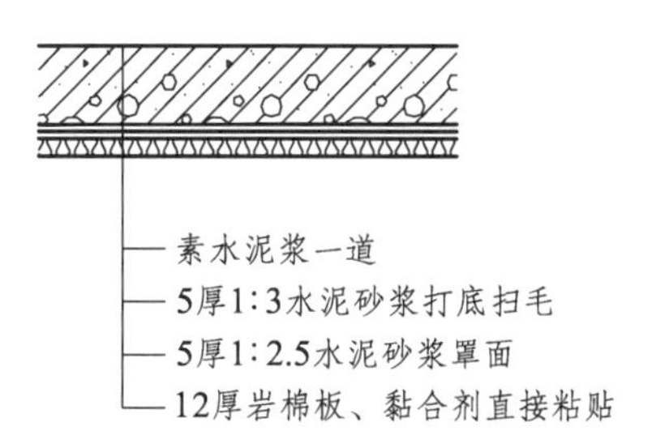

图 4-34　贴面顶棚的构造做法

4. 直接式顶棚的装饰线脚

直接式顶棚装饰线脚是安装在顶棚与墙顶交界部位的线材，简称装饰线（图 4-35）。其作用是满足室内的艺术装饰效果和接缝处理的构造要求。

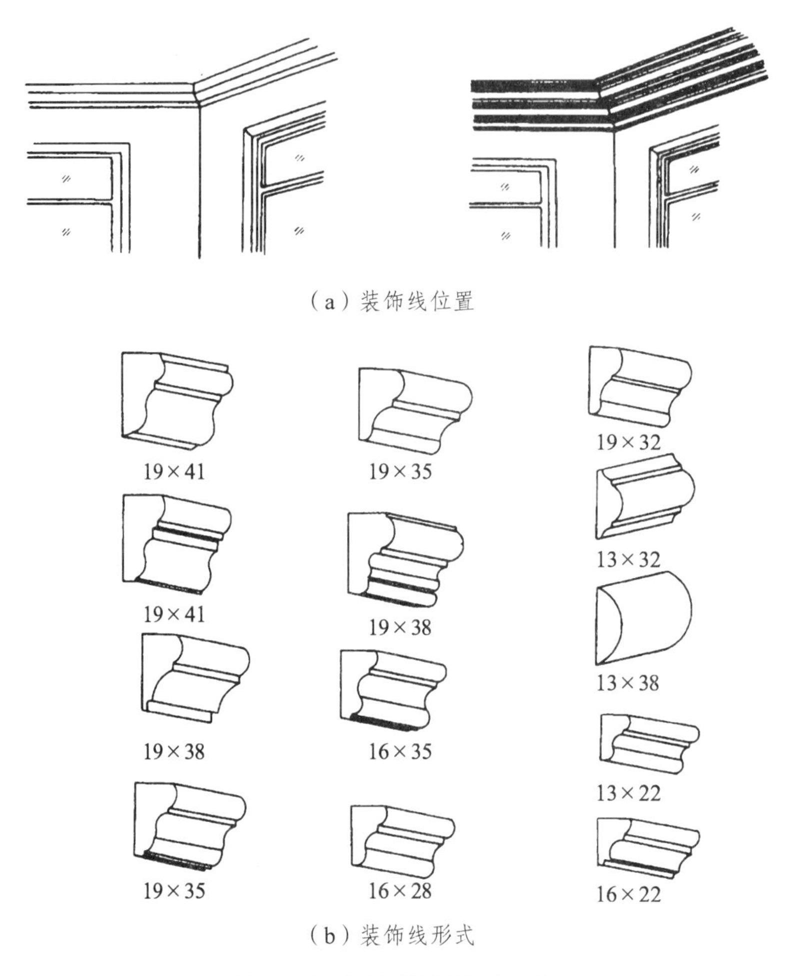

（a）装饰线位置

（b）装饰线形式

图 4-35　直接式顶棚的装饰线

粘贴石膏板或条板时，宜采用钉接相结合，具体做法是在结构和抹灰层上钻孔，安装前预埋锥形木楔或塑料胀管，在板上或条上钻孔，粘贴板或条时，用木螺丝固定。

（二）悬吊式顶棚构造

悬吊式顶棚（吊顶棚）又称吊顶，是将饰面层悬吊在楼板结构上而形成的顶棚。

1. 饰面特点

可埋设各种管线，可镶嵌灯具，可灵活调节顶棚高度，可丰富顶棚空间层次和形式等；或对建筑起到保温隔热、隔声的作用。同时，悬吊式顶棚的形式不必与结构形式相对应。

2. 吊顶的类型

（1）根据结构构造形式的不同，吊顶可分为整体式吊顶、活动式装配吊顶、隐蔽式装配吊顶和开敞式吊顶等。

（2）根据材料的不同，常见的吊顶有板材吊顶、轻钢龙骨吊顶、金属吊顶等。

3. 悬吊式顶棚的构造

（1）悬吊式顶棚的构造组成。

悬吊式顶棚一般由悬吊部分、顶棚骨架、饰面层和连接部分组成（图 4-36）。

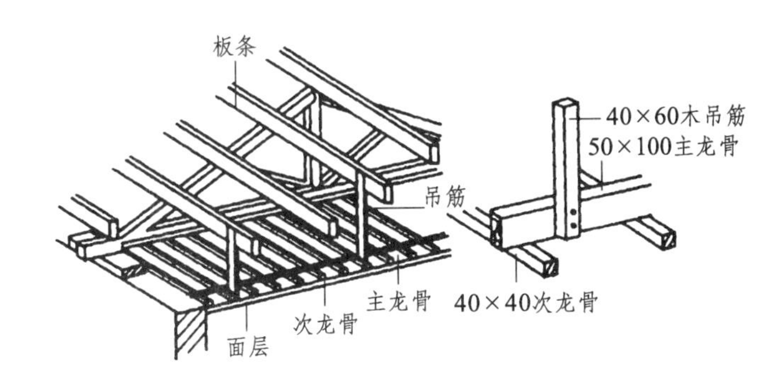

（a）木骨架吊顶

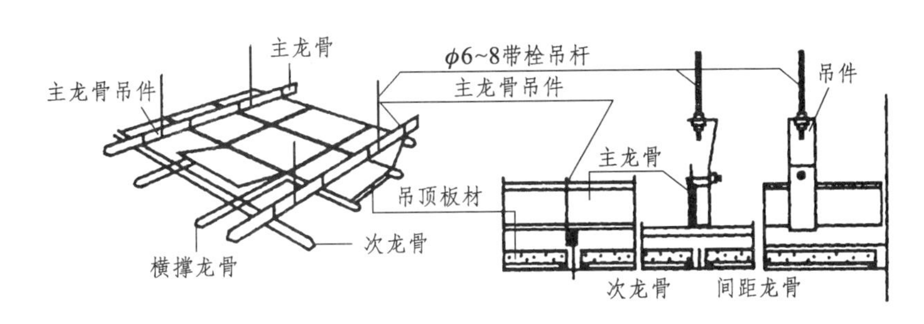

（b）金属骨架吊顶

图 4-36　吊顶的组成

① 悬吊部分。

悬吊部分包括吊点、吊杆和连接杆。

吊点：吊杆与楼板或屋面板连接的节点。

吊杆（吊筋）：连接龙骨和承重结构的承重传力构件。

② 顶棚骨架。

顶棚骨架又叫顶棚基层，是由主龙骨、次龙骨、小龙骨（或称主搁栅、次搁栅）所形成的网格骨架体系。其作用是承受饰面层的重力并通过吊杆传递到楼板或屋面板上。

悬吊式顶棚的龙骨按材料分有木龙骨、型钢龙骨、轻钢龙骨、铝合金龙骨。

③ 饰面层。

饰面层又叫面层，其主要作用是装饰室内空间，并且还兼有吸音、反射、隔热等特定的功能。饰面层一般有抹灰类、板材类、开敞类。

④ 连接部分。

连接部分是指悬吊式顶棚龙骨之间、悬吊式顶棚龙骨与饰面层、龙骨与吊杆之间的连接件、紧固件，一般有吊挂件、插挂件、自攻螺钉、木螺钉、圆钢钉、特制卡具、胶黏剂等。

（2）吊杆、吊点连接构造。

① 空心板、槽形板缝中吊杆的安装。

板缝中预埋 ф10 连接钢筋，伸出板底 100 mm，与吊杆焊接，并用细石混凝土灌缝（图 4-37）。

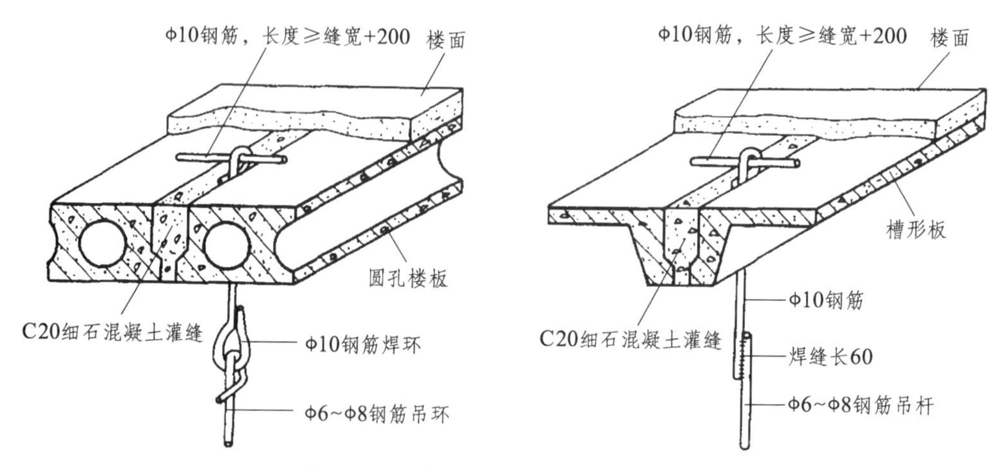

图 4-37　吊杆与空心板、槽形板的连接

② 现浇钢筋混凝土板上吊杆的安装。

将吊杆绕于现浇钢筋混凝土板底预埋件焊接的半圆环上［图 4-38（a）］。

在现浇钢筋混凝土板底预埋钢板上焊 ф10 连接钢筋，并将吊杆焊于连接钢筋上［图 4-38（b）］。

③ 将吊杆绕于焊有半圆环的钢板上，并将此钢板用射钉固定于板底［图 4-38（c）］。

④ 将吊杆绕于板底附加的∟50×70×5 角钢上，角钢用射钉固定于板底［图 4-38（d）］。

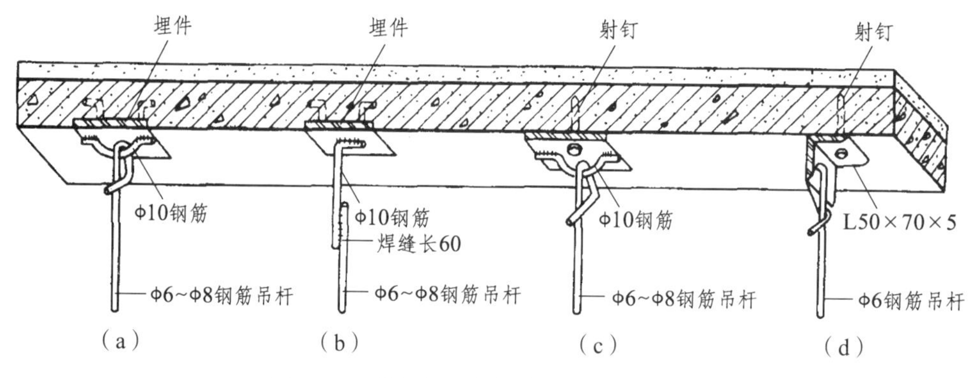

图 4-38　吊杆与现浇钢筋混凝土板的连接

（3）龙骨的布置与连接构造。

① 龙骨的布置要求。

a. 主龙骨。主龙骨是悬吊式顶棚的承重结构，又称承载龙骨、大龙骨。主龙骨与吊点间距应按设计选择。

b. 次龙骨。次龙骨也叫中龙骨、覆面龙骨，主要用于固定面板。次龙骨与主龙骨垂直布置，并紧贴主龙骨安装。

c. 小龙骨。小龙骨也叫间距龙骨、横撑龙骨，一般与次龙骨垂直布置。

② 龙骨的连接构造。

a. 木龙骨。木龙骨的断面一般为方形或矩形。主龙骨为 50 mm×70 mm，钉接或栓接在吊杆上，间距一般 1.2 ~ 1.5 m；主龙骨的底部钉装次龙骨，其间距由面板规格而定。次龙骨一般双向布置，其中一个方向的次龙骨为 50 mm×50 mm 断面，垂直钉于主龙骨上，另一个方向的次龙骨断面尺寸一般为 30 mm×50 mm，可直接钉在 50 mm×50 mm 的次龙骨上（图 4-39）。木龙骨多用于造型复杂的悬吊式顶棚。

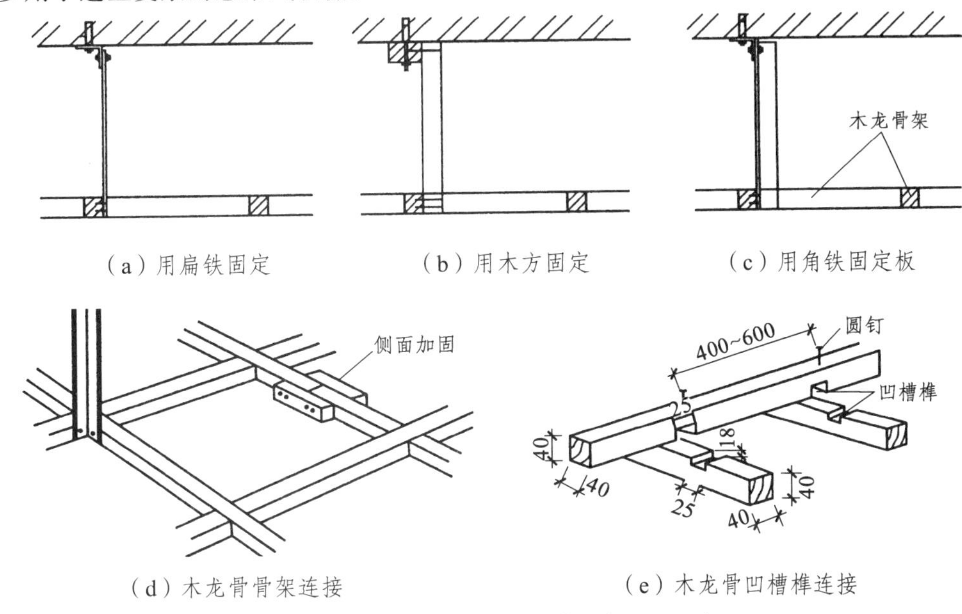

图 4-39　木龙骨构造示意图

b. 型钢龙骨。型钢龙骨的主龙骨间距为 1 ~ 2 m，其规格应根据荷载的大小确定。主龙骨与吊杆常用螺栓连接，主次龙骨之间采用铁卡子、弯钩螺栓连接或焊接。

c. 轻钢龙骨。轻钢龙骨由主龙骨、中龙骨、横撑小龙骨、次龙骨、吊件、接插件和挂插件组成。主龙骨一般用特制的型材，断面有 U 形、C 形，一般多为 U 形见图 4-40。

d. 铝合金龙骨。铝合金龙骨断面有 T 形、U 形、LT 形及各种特制龙骨断面，应用最多的是 LT 形龙骨。LT 形龙骨的主龙骨断面为 U 形，次龙骨、小龙骨断面为倒 T 形，边龙骨断面为 L 形。吊杆与主龙骨、主龙骨与次龙骨之间的连接见图 4-41。

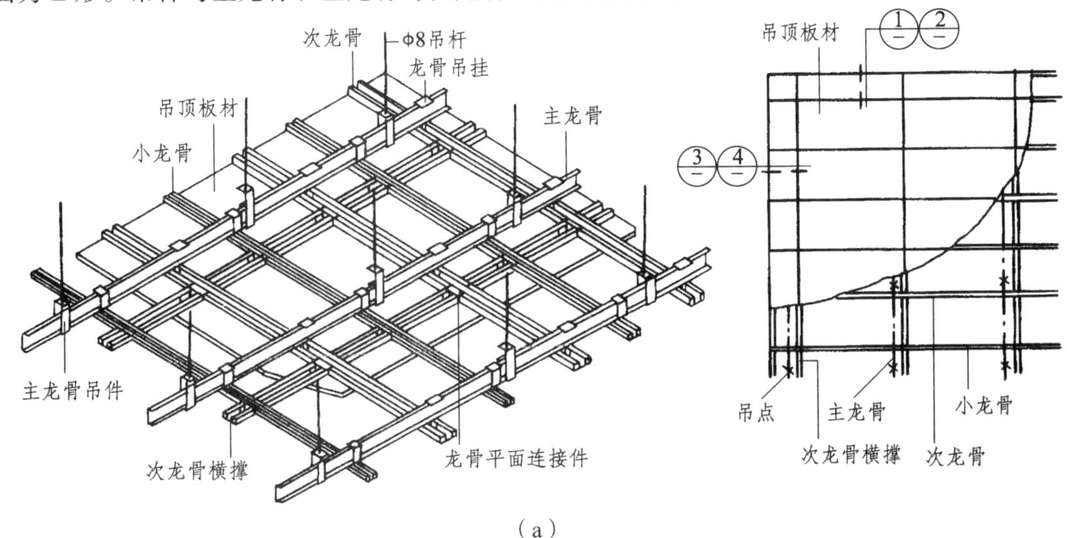

（a）

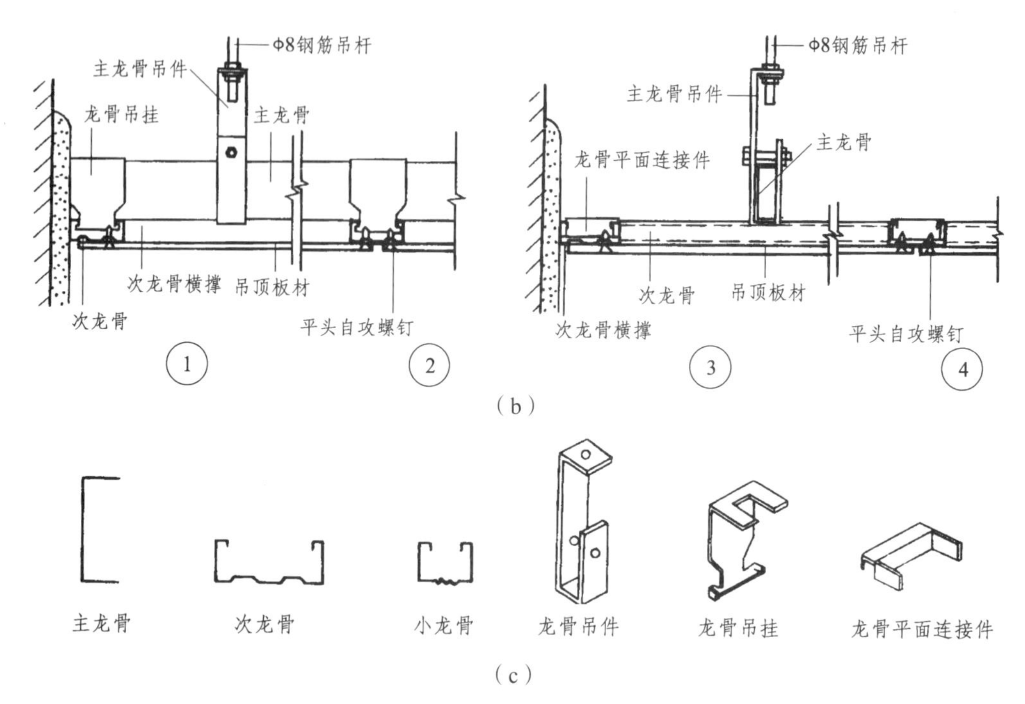

图 4-40 U 形轻钢龙骨悬吊式顶棚构造

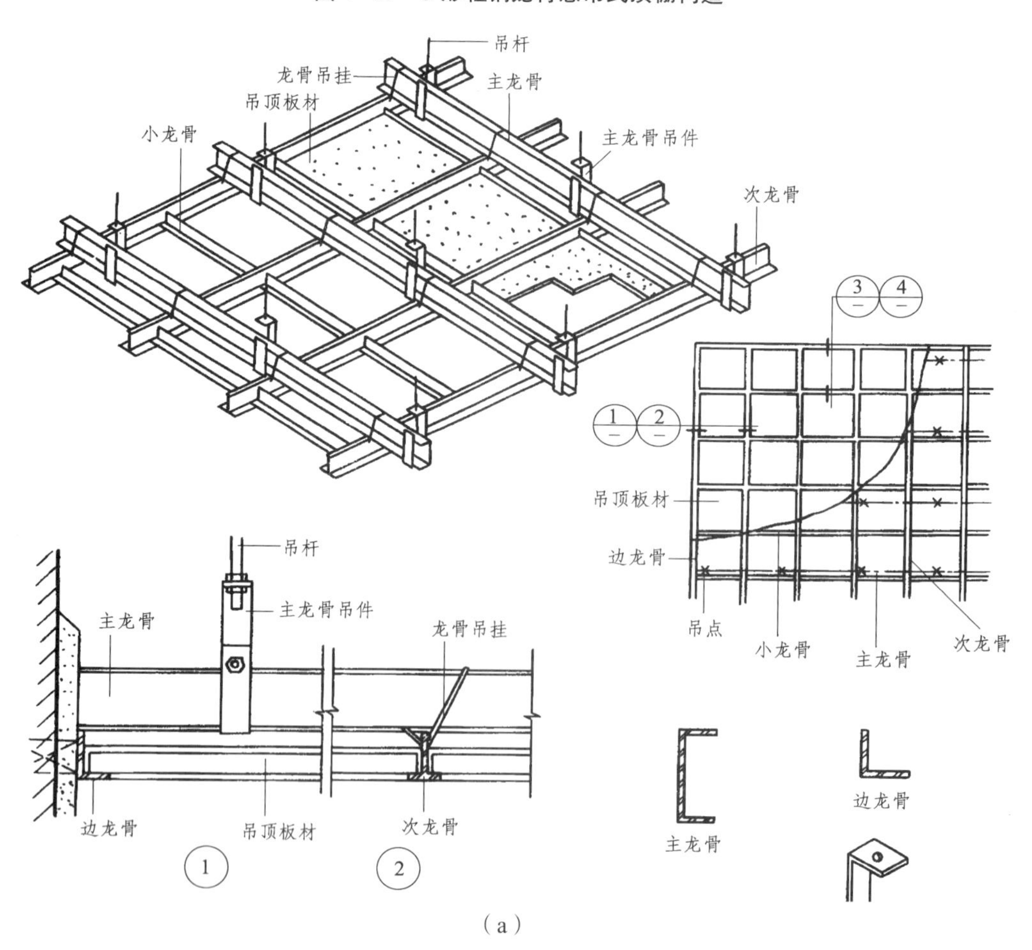

（a）

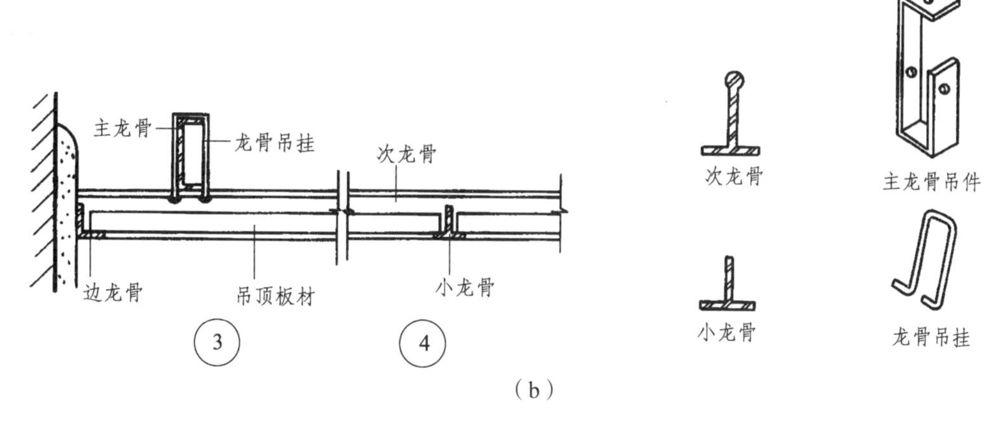

（b）

图 4-41　T 形铝合金龙骨悬吊式顶棚构造

（4）顶棚饰面层连接构造。

吊顶面层分为抹灰面层和板材面层两大类。

① 抹灰类饰面层。

在龙骨上钉木板条、钢丝网或钢板网，然后再做抹灰饰面层。抹灰面层为湿作业施工，费工费时，目前这种做法已不多见。

② 板材类饰面层。

板材类饰面层也可称悬吊式顶棚饰面板。最常用的饰面板有植物板材（木材、胶合板、纤维板、装饰吸音板、木丝板）、矿物板（各类石膏板、矿棉板）、金属板（铝板、铝合金板、薄钢板），板材面层既可加快施工速度，又容易保证施工质量。

各类饰面板与龙骨的连接，有以下几种方式。

a. 钉接：用铁钉、螺钉将饰面板固定在龙骨上。木龙骨一般用铁钉，轻钢、型钢龙骨用螺钉，钉距视板材材质而定，要求钉帽要埋入板内，并作防锈处理［图 4-42（a）］，适用于钉接的板材有植物板、矿物板、铝板等。

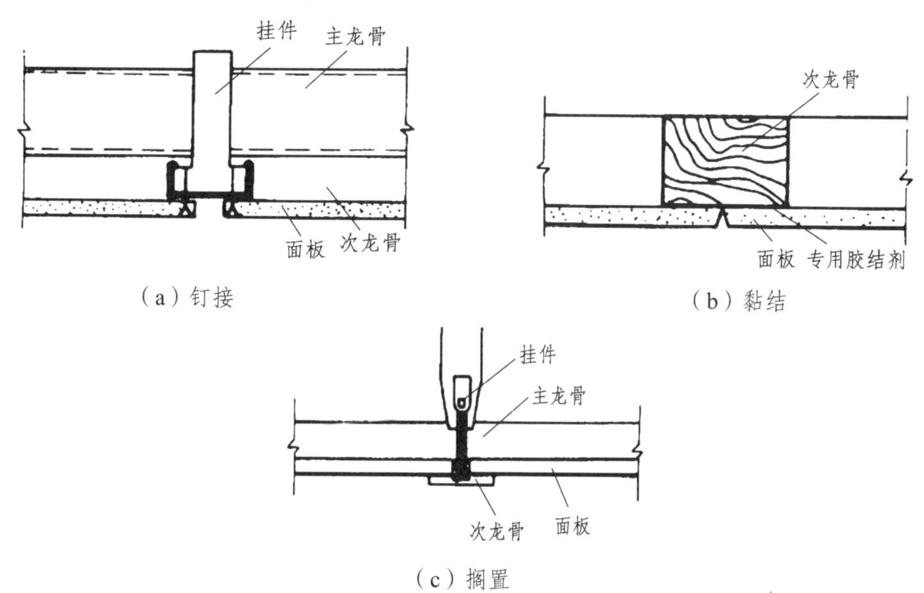

（a）钉接　（b）黏结

（c）搁置

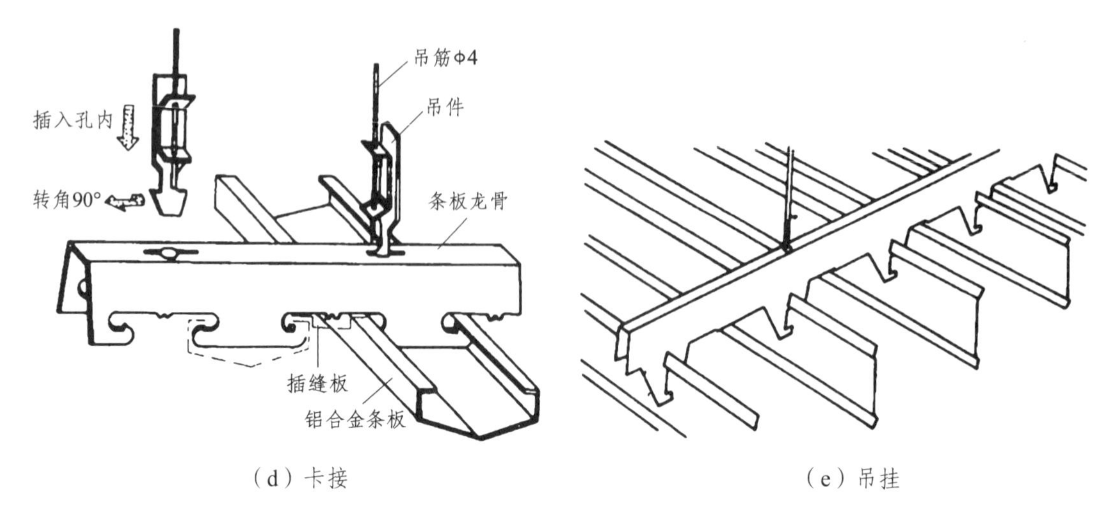

（d）卡接　　（e）吊挂

图 4-42　悬吊式顶棚饰面板与龙骨的连接构造

b. 黏结：用各种胶黏剂将板材粘贴于龙骨底面或其他基层板上［图 4-42（b）］，也可采用黏、钉结合的方式，连接更牢靠。

c. 搁置：将饰面板直接搁置在倒 T 形断面的轻钢龙骨或铝合金龙骨上［图 4-42（c）］。有些轻质板材采用此方式固定，遇风易被掀起，应用物件夹住。

d. 卡接：用特制龙骨或卡具将饰面板卡在龙骨上，这种方式多用于轻钢龙骨、金属类饰面板［图 4-42（d）］。

e. 吊挂：利用金属挂钩龙骨将饰面板按排列次序组成的单体构件挂于其下，组成开敞式悬吊式顶棚［图 4-42（e）］。

③ 饰面板的拼缝。

a. 对缝。对缝也称密缝，是板与板在龙骨处对接［图 4-43（a）］形成的缝。黏、钉固定饰面板时可采用对缝。对缝适用于裱糊、涂饰的饰面板。

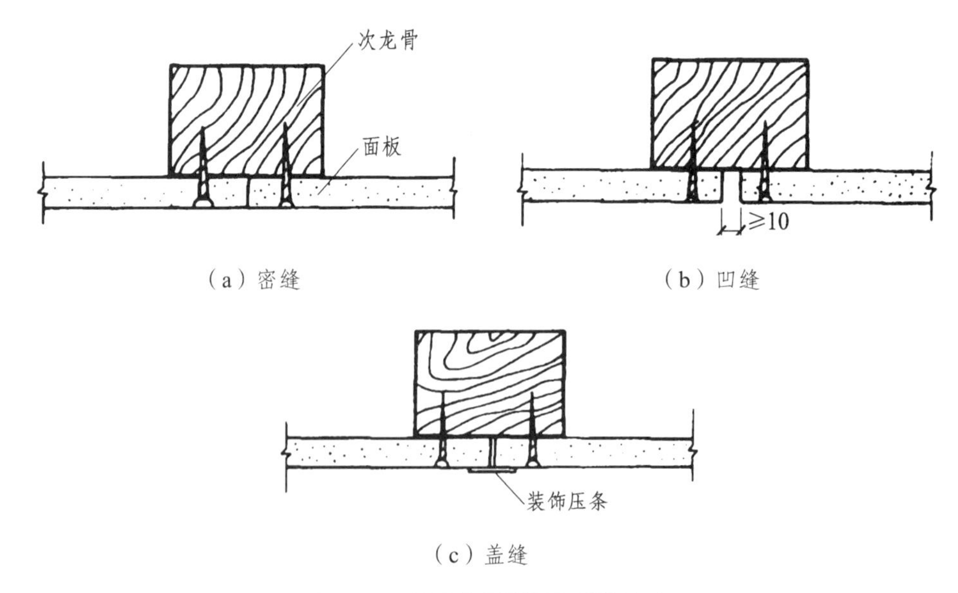

（a）密缝　　（b）凹缝

（c）盖缝

图 4-43　悬吊式顶棚饰面板拼缝形

b. 凹缝。凹缝是利用饰面板的形状、厚度所形成的拼接缝，也称离缝，凹缝的宽度不应小于 10 mm［图 4-43（b）］。凹缝有 V 形和矩形两种，纤维板、细木工板等可刨破口，一般做成 V 形缝。石膏板做矩形缝，镶金属护角。

c. 盖缝。盖缝是利用装饰压条将板缝盖起来［图 4-43（c）］，这样可克服缝隙宽窄不均、线条不顺直等施工质量问题。

三、阳台构造

阳台是连接室内的室外平台，给居住在建筑里的人们提供一个舒适的室外活动空间，是多层住宅、高层住宅和旅馆等建筑中不可缺少的一部分。

（一）阳台的类型

阳台按其与外墙的相对位置分为挑阳台、凹阳台、半挑半凹阳台（图 4-44）、转角阳台，按结构处理不同分有挑梁式、挑板式、墙梁悬挑式及墙承式（图 4-45）。

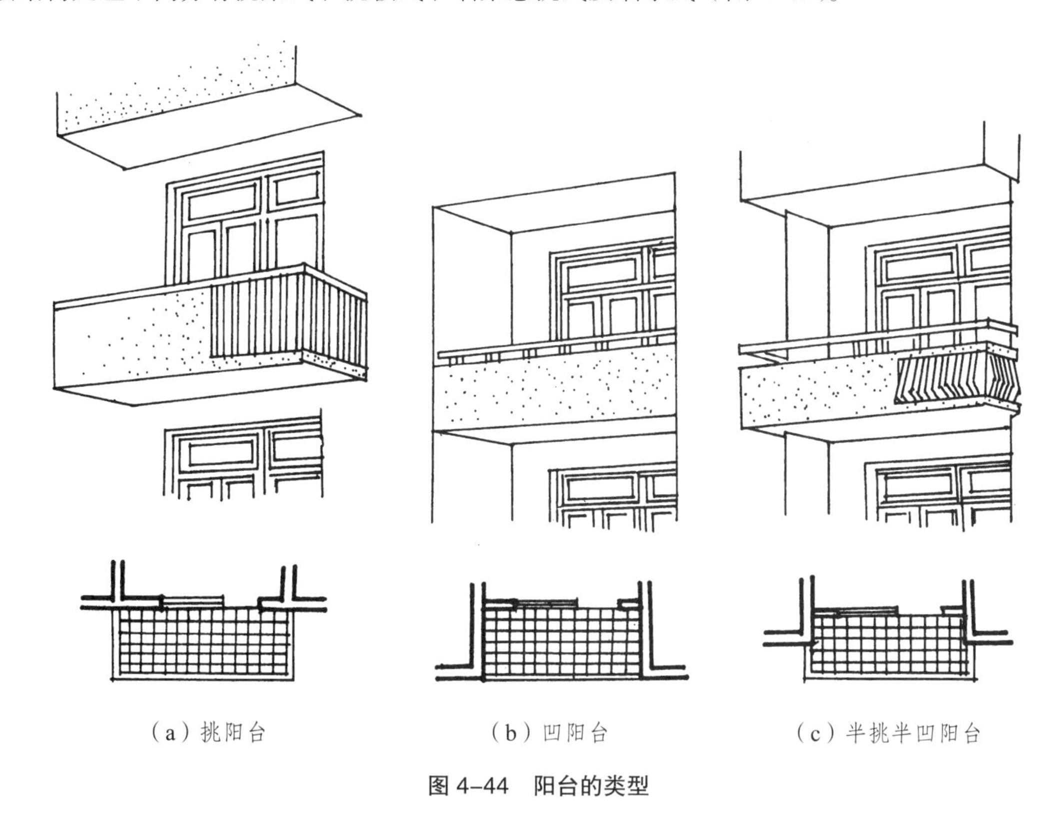

（a）挑阳台　　（b）凹阳台　　（c）半挑半凹阳台

图 4-44　阳台的类型

（二）阳台结构的布置方式

阳台承重结构通常是楼板的一部分，因此应与楼板的结构布置统一考虑。钢筋混凝土阳台可采用现浇或装配两种施工方式（图 4-45）。

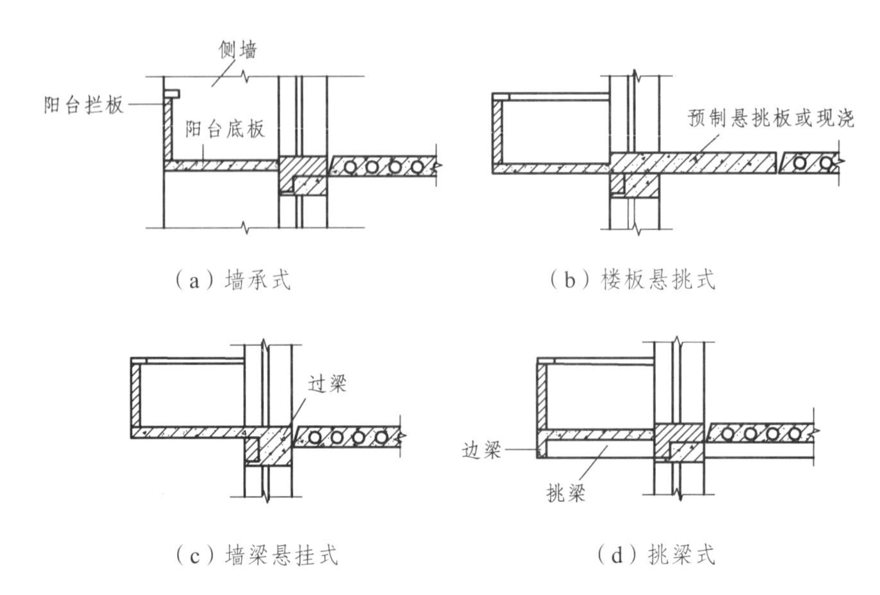

图 4-45 阳台的结构布置

1. 墙承式[图 4-45(a)]

墙承式即将阳台板直接搁置在墙上。这种结构形式稳定、可靠、施工方便，多用于凹阳台。

2. 挑梁式[图 4-45(d)]

挑梁式即从横墙或纵墙内外伸挑梁，其上搁置预制楼板。这种结构布置简单、传力直接明确、阳台长度与房间开间一致。为美观起见，可在挑梁端头设置面梁，既可以遮挡挑梁头，又可以承受阳台栏杆重力，还可以加强阳台的整体性。

3. 挑板式

当楼板为现浇楼板时，可选择挑板式，悬挑长度一般为 1.2 m 左右，即从楼板外沿挑出平板，板底平整美观而且阳台平面形式可做成半圆形、弧形、梯形、斜三角等各种形状。挑板厚度不小于挑出长度的 1/12，一般有两种做法：一种是将房间楼板直接向墙外悬挑形成阳台板[图 4-45(b)]；另一种是将阳台板和墙梁现浇在一起，利用梁上部墙体的重力来防止阳台倾覆，也可称为墙梁悬挑式[图 4-45(c)]。

图 4-46 为挑梁与挑板的阳台比较。

图 4-46 挑梁与挑板的阳台比较

（三）阳台的细部构造

1. 阳台栏杆

栏杆是在阳台外围设置的竖向构件，其作用一方面是承担人们推倚的侧向力，以保证人的安全；另一方面是对建筑物起装饰作用。因而栏杆的构造要求坚固和美观。栏杆的高度应高于人体的重心，一般不宜低于 1.05 m，高层建筑不应低于 1.1 m，但不宜超过 1.2 m。

（1）阳台栏杆按空透的情况不同有实体、空花和混合式（图 4-47）。

（2）阳台栏杆按材料可分为砖砌、钢筋混凝土和金属栏杆（图 4-48）。

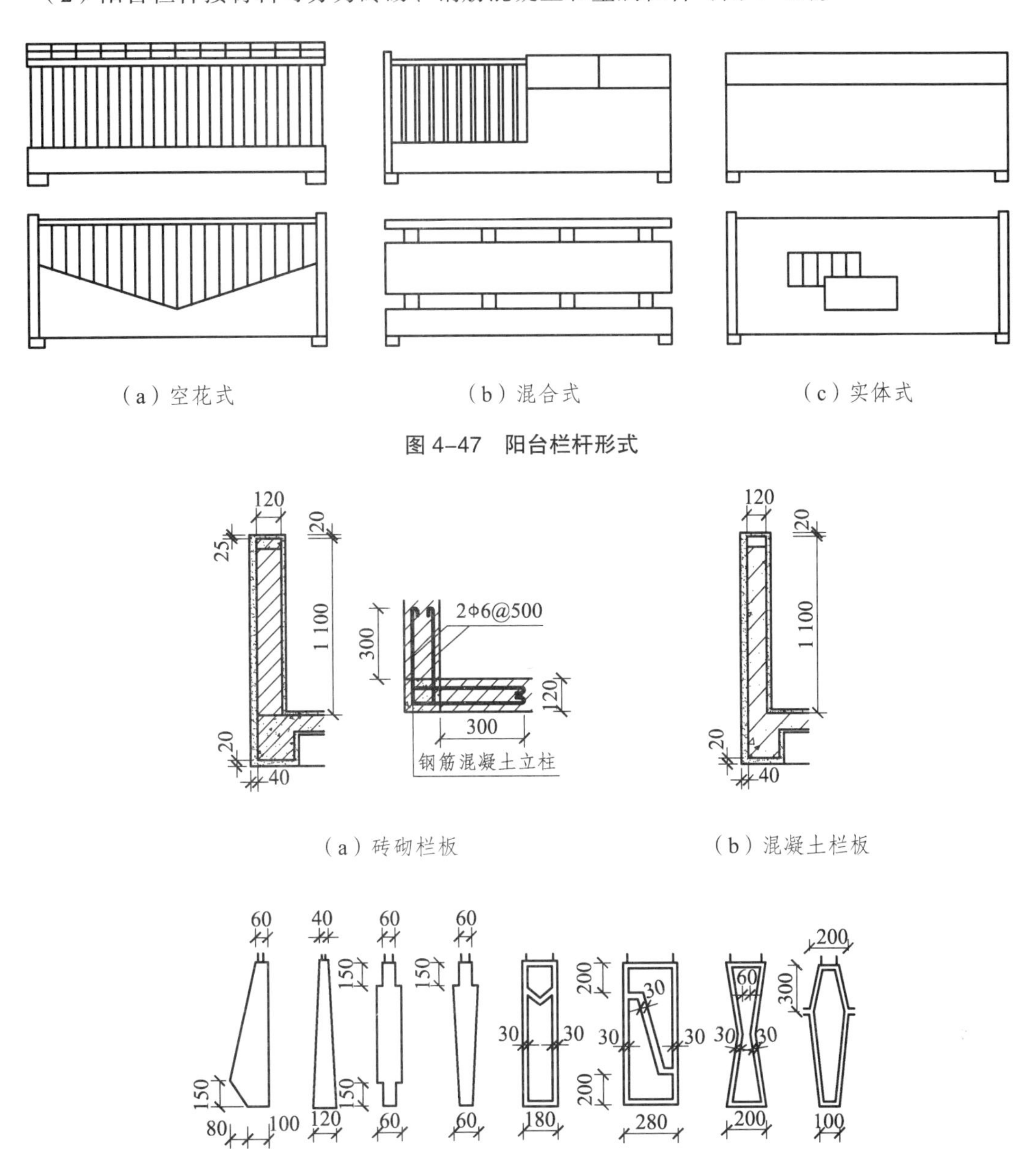

（a）空花式　　（b）混合式　　（c）实体式

图 4-47　阳台栏杆形式

（a）砖砌栏板　　（b）混凝土栏板

（c）混凝土栏杆

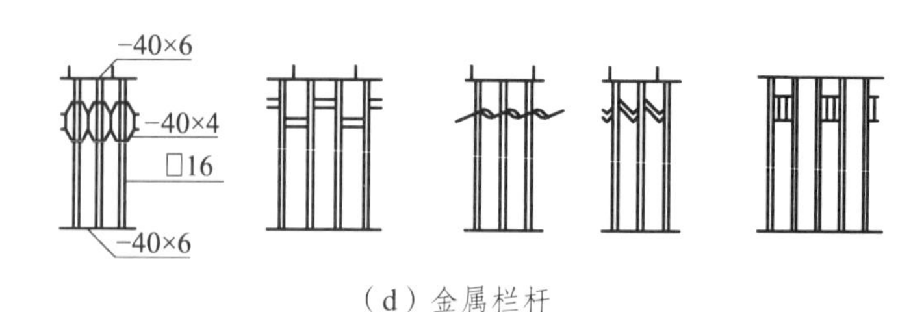

（d）金属栏杆

图 4-48　栏杆构造

2. 栏杆扶手

扶手是供人手扶使用的，有金属和钢筋混凝土两种。金属扶手一般为钢管与金属栏杆焊接。钢筋混凝土扶手应用广泛，形式多样，一般直接用作栏杆压顶，宽度有 80 mm、120 mm、160 mm 等。当扶手上需放置花盆时，需在外侧设保护栏杆，一般高 180 ~ 200 mm，花台净宽为 240 mm。

3. 细部构造

阳台细部构造主要包括栏杆与扶手的连接、栏杆与面梁（或称止水带）的连接、栏杆与墙体的连接等。

（1）栏杆与扶手的连接方式有焊接、现浇等（图 4-49）。

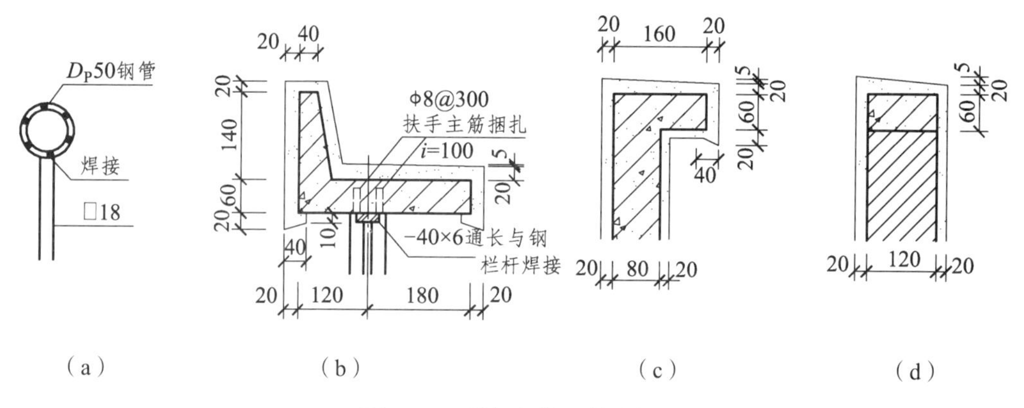

（a）　（b）　（c）　（d）

图 4-49　栏杆与扶手的连接

（2）栏杆与面梁或阳台板的连接方式有焊接、榫接坐浆、现浇等（图 4-50）。

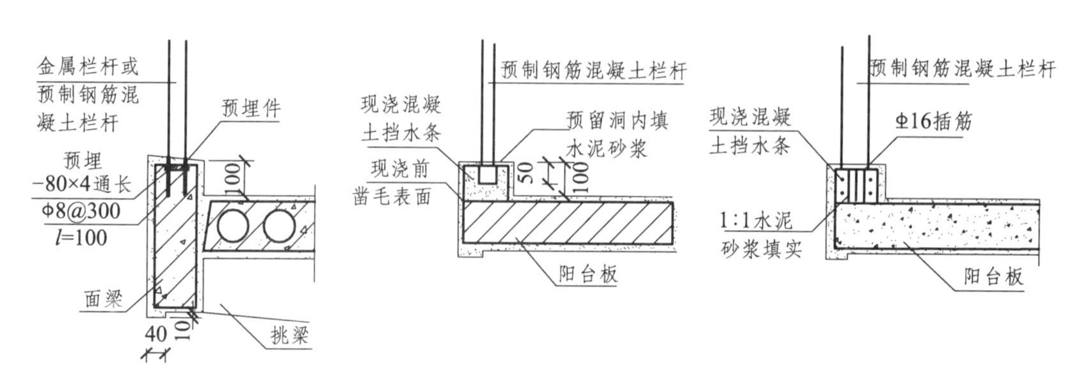

图 4-50　栏杆与面梁或阳台板的连接

（3）扶手与墙的连接，应将扶手或扶手中的钢筋伸入外墙的预留洞中，用细石混凝土或水泥砂浆填实固牢；现浇钢筋混凝土栏杆与墙连接时，应在墙体内预埋 240 mm×240 mm×120 mm C20 细石混凝土块，从中伸出 2Φ 6，长 300 mm，与扶手中的钢筋绑扎后再进行现浇（图 4-51）。

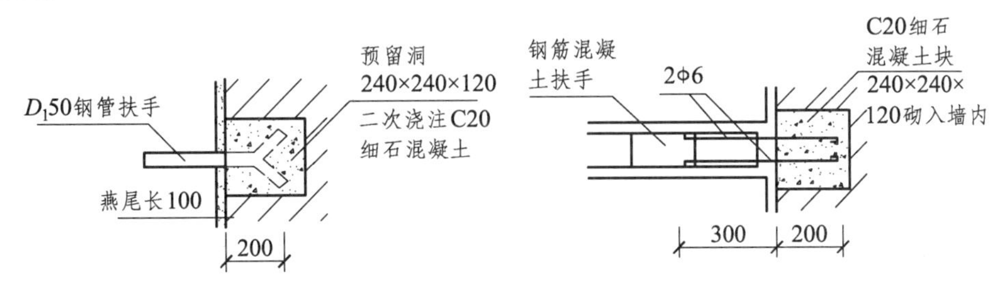

图 4-51　扶手与墙体的连接

4. 阳台隔板

阳台隔板用于连接双阳台，有砖砌和钢筋混凝土两种。砖砌隔板一般采用 60 mm 和 120 mm 厚两种，由于荷载较大且整体性较差，所以现多采用钢筋混凝土隔板。隔板采用 C20 细石混凝土预制 60 mm 厚，下部预埋铁件与阳台预埋铁件焊接，其余各边伸出 Φ6 钢筋与墙体、挑梁和阳台栏杆、扶手相连（图 4-52）。

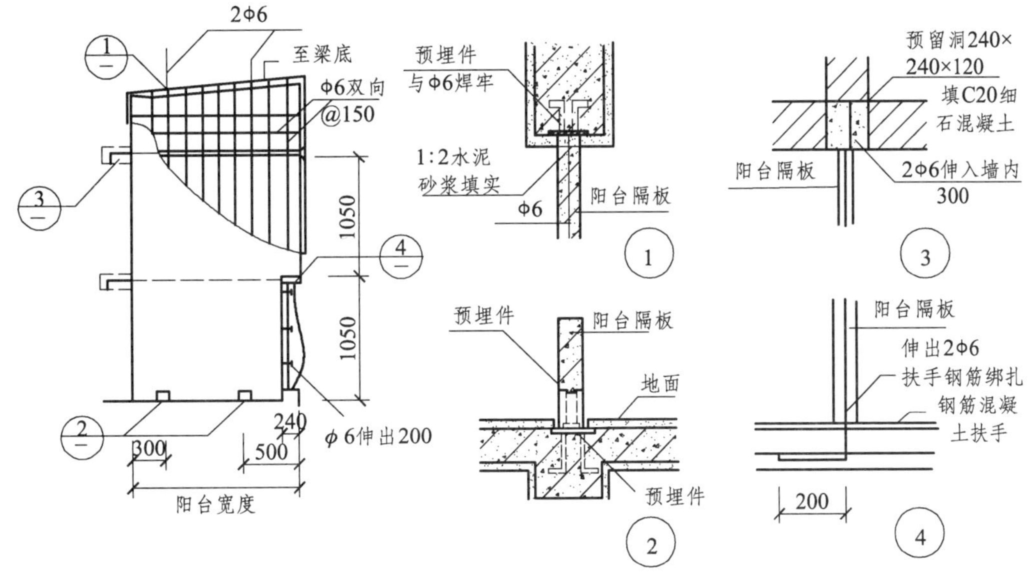

图 4-52　阳台隔板构造

5. 阳台排水

由于阳台为室外构件，须采取措施保证地面排水通畅。阳台地面的设计标高应比室内地面低 30 mm，以防止雨水流入室内，并以不小于 1%的坡度坡向排水口。

阳台排水有外排水和内排水两种：外排水是在阳台外侧设置泄水管将水排出，泄水管设置 40 ~ 50 mm 镀锌铁管或塑料管水舌，外挑长度不少于 80 mm，以防雨水溅到下层阳台［图 4-53（a）］，外排水适用于低层和多层建筑；内排水是在阳台内侧设置排水立管和地漏，将雨水直接排入地下管网，内排水适用于高层建筑和高标准建筑［图 4-53（b）］。

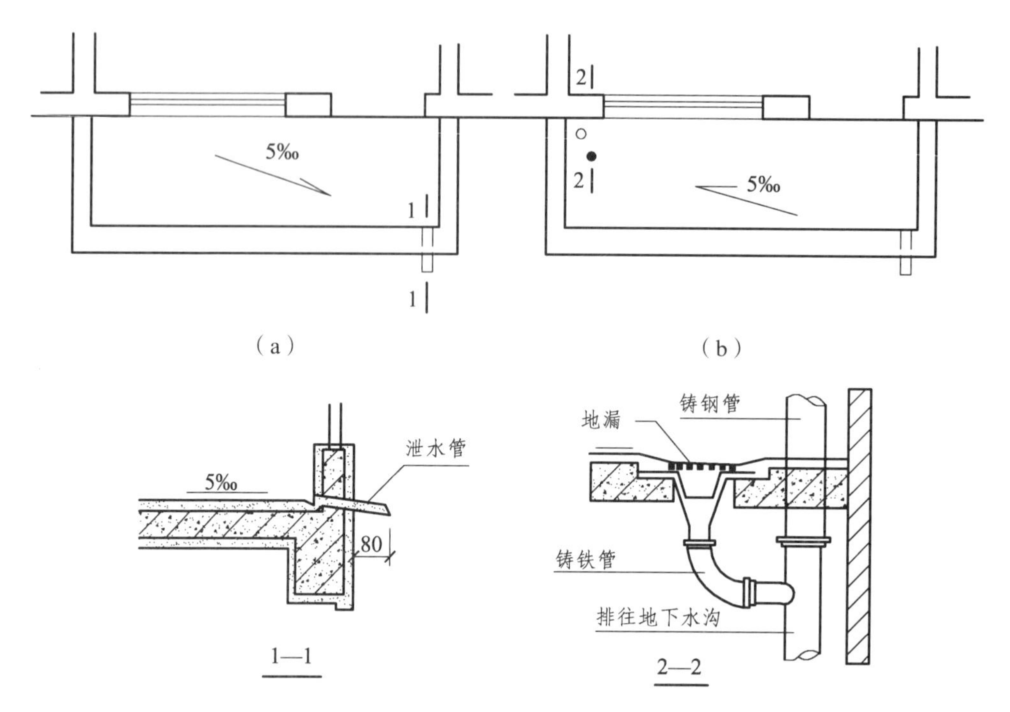

图 4-53 阳台排水构造

四、雨篷构造

雨篷是指在建筑物外墙出入口的上方用以挡雨并有一定装饰作用的水平构件，位于建筑物出入口的上方，用来遮挡雨雪，保护外门免受侵蚀，给人们提供一个从室外到室内的过渡空间，并起到保护门和丰富建筑立面的作用。

雨篷板根据支承方式不同，有悬板式和梁板式两种。

1. 悬板式

悬板式雨篷外挑长度一般为 0.9 ~ 1.5 m，板根部厚度不小于挑出长度的 1/12，雨篷宽度比门洞每边宽 250 mm，雨篷排水方式可采用无组织排水和有组织排水两种。雨篷顶面距过梁顶面 250 mm 高，板底抹灰可抹 1∶2 水泥砂浆内掺 5%防水剂的防水砂浆 15 mm 厚，多用于次要出入口。悬板式雨篷构造见图 4-54（a）。

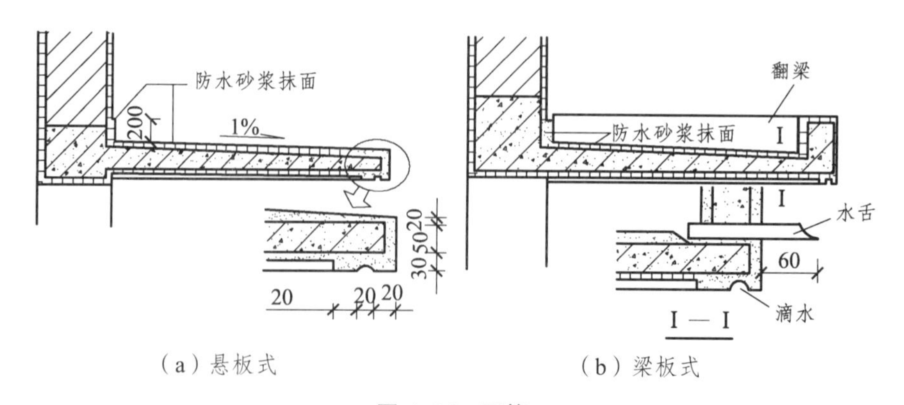

（a）悬板式　　（b）梁板式

图 4-54 雨篷

2. 梁板式

当门洞口尺寸较大，雨篷挑出尺寸也较大时，雨篷应采用梁板式结构，即雨篷由梁和板组成。为使雨篷底面平整，梁一般翻在板的上面成翻梁［图 4-54（b）］。当雨篷尺寸更大时，可在雨篷下面设柱支撑。

雨篷顶面应做好防水和排水处理，见图 4-55，一般采用 20 mm 厚的防水砂浆抹面进行防水处理。防水砂浆应沿墙面上升，高度不小于 250 mm，同时在板的下部边缘做滴水，防止雨水沿板底漫流。雨篷顶面需设置 1%的排水坡，并在一侧或双侧设排水管将雨水排除。为了立面需要，可将雨水由雨水管集中排除，这时雨篷外缘上部需做挡水边坎。

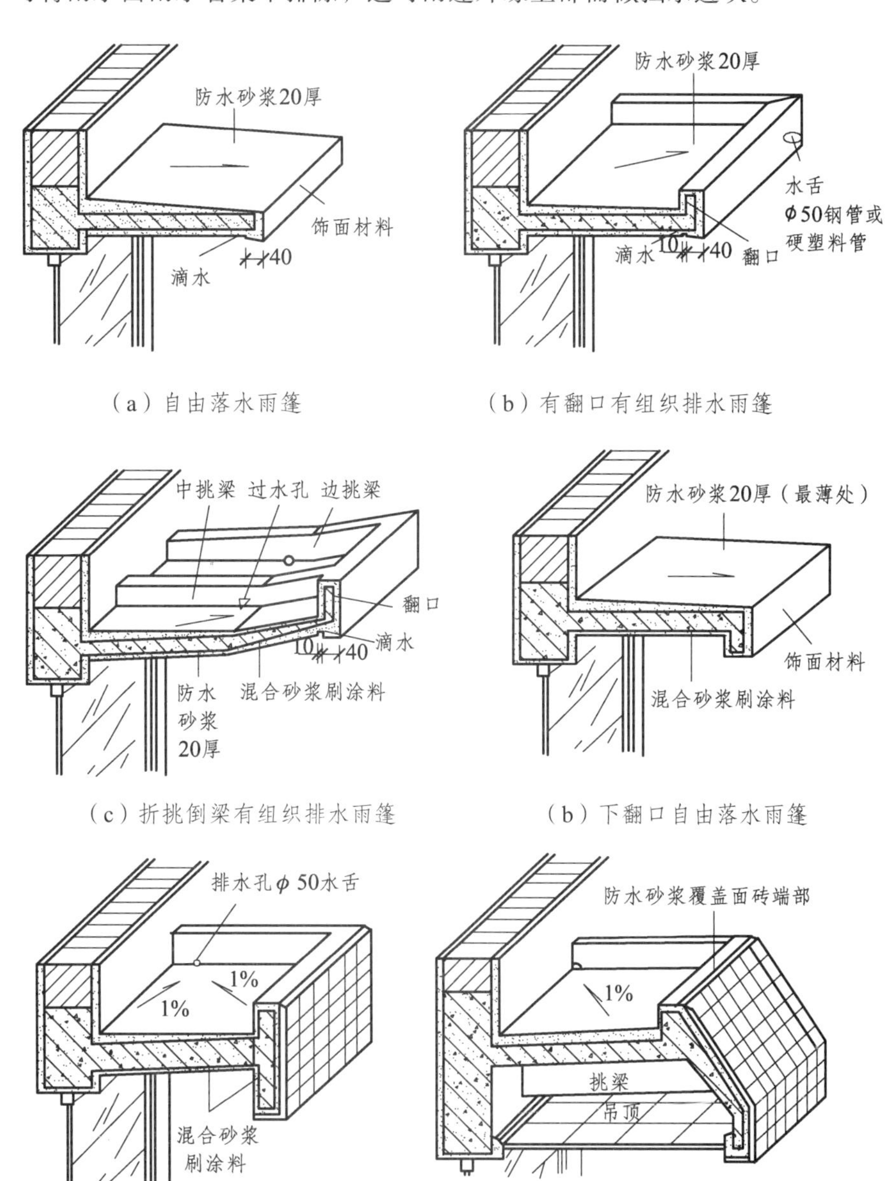

图 4-55 雨篷防水排水构造

项目五　屋顶认知

【知识目标】

（1）掌握屋顶的分类与组成。
（2）掌握平屋顶的防水构造及细部构造。
（3）了解坡屋顶的细部构造。

【能力目标】

（1）分清屋顶类型。
（2）能图示屋顶的主要组成部分并说出各部分功能要求。
（3）能够看懂屋顶的防水构造及细部构造并图示表示。
（4）能说出屋顶保温与隔热构造做法。

【项目任务】

序号	学习任务	任务驱动
1	划分屋顶的类型	（1）参观校内建筑屋顶 （2）根据屋顶的使用性质、结构形式等划分各建筑物的屋顶 （3）能指出平屋顶与坡屋顶的异同
2	屋盖构造认知	（1）识读屋面施工图 （2）能绘制屋面建筑详图

任务一　划分屋顶的类型

【任务描述】

通过本任务的学习，学生应能分清楚建筑物的屋顶类型，能够描述建筑物的屋顶组成部分及其作用。

【知识链接】

一、屋顶概述

（一）屋顶的作用和类型

屋顶是建筑物最上层起覆盖作用的外围护构件，用以抵抗雨雪、避免日晒等自然因素的影响。屋顶由屋面和承重结构两部分组成。它应该满足以下几点要求：

（1）承重要求：屋顶应能够承受积雪、积灰和上人所产生的荷载并顺利地传递给墙柱。

（2）保温要求：屋面是建筑物最上部的围护结构，它应具有一定的热阻能力，以防止热量从屋面过分散失。

（3）防水要求：屋顶积水（积雪）以后，应很快地排除，以防渗漏。屋面在处理防水问题时，应兼顾“导”和“堵”两个方面。所谓“导”，就是要将屋面积水顺利排除，因而应该有足够的排水坡度及相应的一套排水设施。所谓“堵”，就是要采用相应的防水材料，采取妥善的构造做法，防止渗漏。

（4）美观要求：屋顶是建筑物的重要装修内容之一。屋顶采取什么形式、选用什么材料和颜色均与美观有关。在解决屋顶构造做法时，应兼顾技术和艺术两大方面。

（二）屋顶的组成

屋顶由 4 部分组成，即屋面、保温（隔热）层、承重结构和顶棚。有些建筑可不设置保温（隔热）层或顶棚。

（1）屋面是屋顶的面层，暴露在外面，直接受自然界（风、雨、雪、日晒和空气中有害介质）的侵蚀和人为（上人和维修）的冲击与摩擦。因此，屋面材料和做法要求具有一定的抗渗性能、抗摩擦性能和承载能力。

（2）保温层是寒冷地区冬季防止室内热量过分散失而设置的构造层；隔热层是炎热地区夏季防止太阳辐射热进入室内而设置的构造层。保温层或隔热层应采用导热系数低的材料，其位置多设置在屋面与顶棚之间。

（3）承重结构是承受屋面上传来的荷载及屋面、保温（隔热）层、顶棚和承重结构本身自重的结构层。承重结构形式的选择根据屋面防水材料特点、房屋空间尺度、结构材料的性能及整体造型的需要而定，因而形成了平屋顶、坡屋顶、曲面屋顶等形式。这些形式又可通过梁板、屋架、网架、壳体、悬索等结构类型形成，不同的结构形式可采用木材、砖石、钢材、钢筋混凝土等材料制成。

（4）顶棚是屋顶的底面，有直接抹灰和吊挂两种，可根据房间的保温（隔热）、隔声、观瞻和造价要求选择顶棚形式和材料。

屋顶的组成如图 5-1 所示。

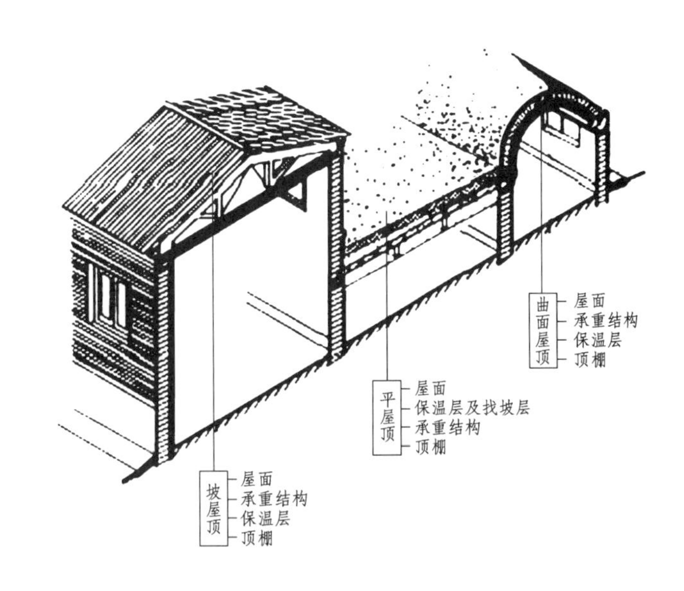

图 5-1　屋顶组成

（三）屋顶的设计要求和坡度

屋顶设计包括结构选型、确定排水坡度、选择屋面防水材料、选择保温或隔热做法、选择顶棚做法等内容。最佳的设计应能满足坚固耐久、排水通畅、防漏可靠、保温或隔热达标、造型美观、室内感觉舒适等，同时还应做到自重轻、构造简单、取材方便、便于施工和造价低廉。其中最主要的是排水方式和防水构造的选择。

屋面坡度是解决漏雨问题的关键之一。一般说，坡度大，排水通畅、积水少、不易漏雨，但坡度超过了限度，会使屋面材料下滑、开裂以致坠落；反之坡度偏小，屋面防水材料相对稳定，但排水不畅、积水多，极易在屋面防水材料的接缝处渗漏。所以说，屋面坡度的确定，是以屋面防水材料的形状、卷材幅面宽度、单片厚度、搭接长度、接缝做法、表面光滑程度等条件为依据的。

不同屋面材料的屋面基层坡度范围见图 5-2。

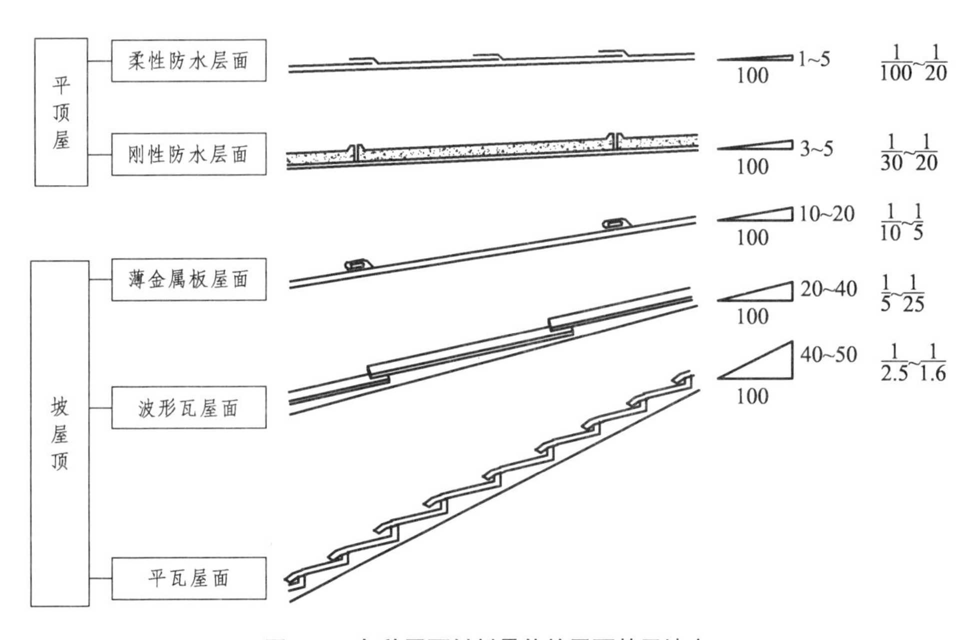

图 5-2 各种屋面材料最佳的屋面基层坡度

二、屋顶的类型

屋顶的类型很多，大体可以分为平屋顶（图 5-3）、坡屋顶（图 5-4）和其他形式的屋顶（图 5-5）。各种形式的屋顶，其主要区别在于屋顶坡度的大小。而屋顶坡度又与屋面材料、屋顶形式、地理气候条件、结构选型、构造方法、经济条件等多种因素有关。

（1）平屋顶。平屋顶通常是指坡度小于 5%的屋顶，最常用的是坡度为 2% ~ 3%的屋顶，这是目前应用最广泛的一种屋顶形式，大量民用建筑多采用与楼板层基本类同的结构布置形式的平屋顶（图 5-3）。

（2）坡屋顶。坡屋顶通常是指坡度在 10%以上的屋顶。坡屋顶是我国传统的建筑屋顶形式，有着悠久的历史，根据构造不同，常见形式有：单坡、双坡屋顶，硬山及悬山屋顶，歇山及庑殿屋顶，圆形或多角形攒尖屋顶等。即使是一些现代的建筑，在考虑到景观环境或建筑风格的要求时也常采用坡屋顶（图 5-4）。

（3）其他形式的屋顶。随着建筑科学技术的发展，出现了许多新型结构的屋顶，这部分屋顶坡度变化大、类型多，大多应用于特殊的平面中。如图 5-5 所示，有折板屋顶、拱屋顶、薄壳屋顶、悬索屋顶、网架屋顶、膜结构屋顶等。这种结构的屋顶内力分布均匀合理，节约用材，适用于大跨度、大空间和造型特殊的建筑屋顶。

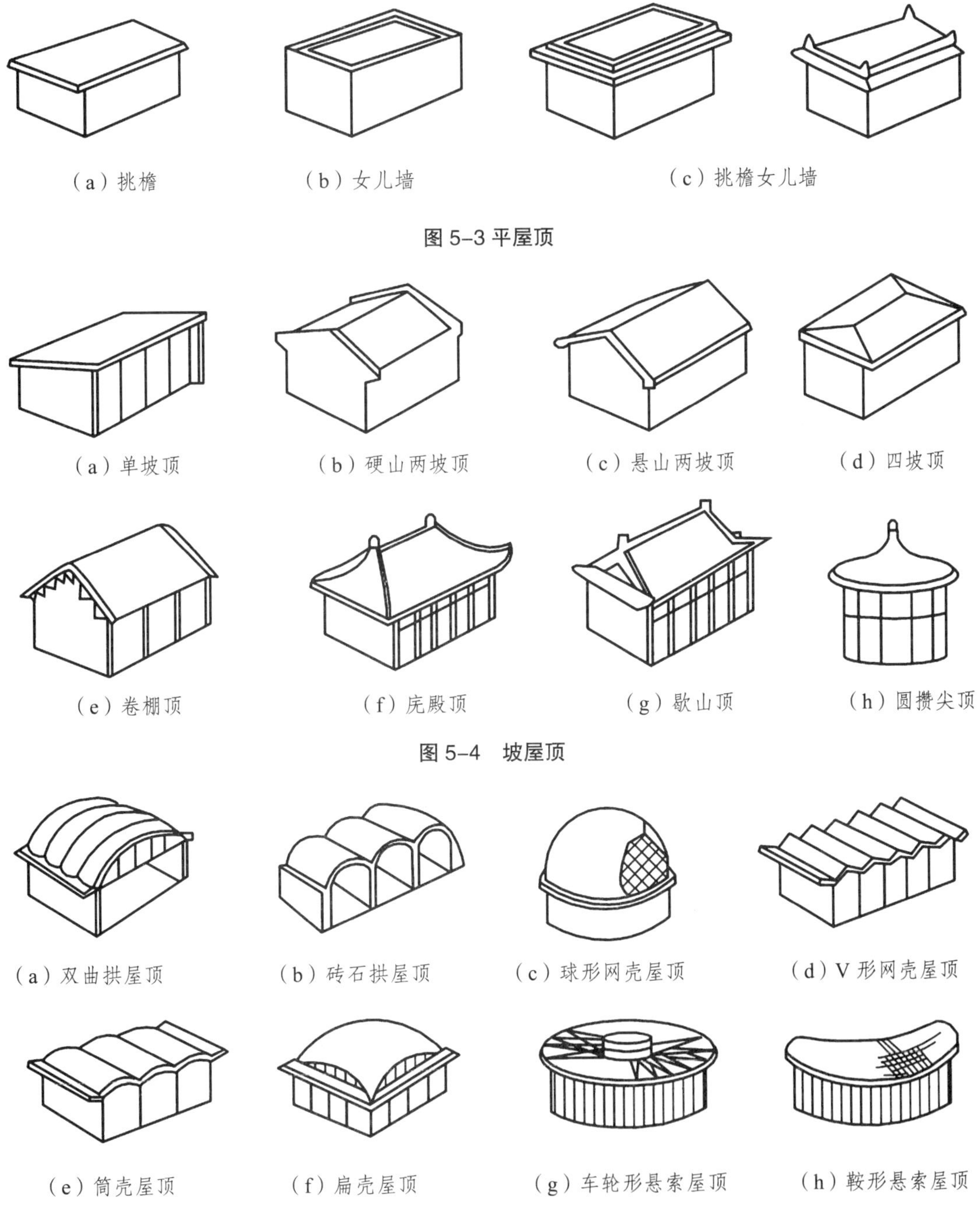

（a）挑檐　（b）女儿墙　（c）挑檐女儿墙

图 5-3 平屋顶

（a）单坡顶　（b）硬山两坡顶　（c）悬山两坡顶　（d）四坡顶

（e）卷棚顶　（f）庑殿顶　（g）歇山顶　（h）圆攒尖顶

图 5-4　坡屋顶

（a）双曲拱屋顶　（b）砖石拱屋顶　（c）球形网壳屋顶　（d）V 形网壳屋顶

（e）筒壳屋顶　（f）扁壳屋顶　（g）车轮形悬索屋顶　（h）鞍形悬索屋顶

图 5-5　其他形式屋顶

任务二　屋盖构造认知

【任务描述】

通过本任务的学习，学生应能够知道平屋顶的防水、隔热、保温构造，能够知道坡屋顶的防水构造。

【知识链接】

一、平屋顶构造

屋面坡度小于5%的屋顶称为平屋顶。由于钢筋混凝土梁、板的普遍应用和防水材料的不断革新，平屋顶已被广泛采用。它与坡屋顶相比，具有提高预制装配程度、便于屋顶上人使用与维修等诸多优越性。但平屋顶在丰富建筑造型方面受到局限，多以挑檐、女儿墙、挑檐带女儿墙等作为形式变化的手段。

（一）平屋顶的组成

（1）承重结构，多采用钢筋混凝土板，有些工程也可用预制板，现场装配，如空心板、槽形板等。

（2）保温层或隔热层，一般宜设在结构层与屋面之间，多采用无机粒状散料或块状制品，如水泥珍珠岩、水泥蛭石、浮石砂、加气混凝土、聚苯乙烯泡沫塑料等。

（3）面层，以防水为主要目的选择不同的防水材料作为屋顶面层。防水材料分柔性防水和刚性防水两种。柔性防水材料具有较好的延展性，当屋面基层（楼板）变形时不致严重拉裂漏水。柔性防水材料包括卷材类和膏状类。刚性防水材料主要有防水砂浆和高密度混凝土，其使用年限较长，但因受屋面基层变形影响而易开裂漏雨，不易补救。柔性防水屋面适用于四季温差大、昼夜温差大的寒冷地区；刚性防水屋面适用于炎热地区。

（4）顶棚，有板底直接抹灰和吊挂顶棚两类。吊顶不仅可美化房间，还有保温、隔热、隔声等作用。

（二）平屋顶的排水

1. 排水坡度的形成

绝对水平的屋面是不能排水的，平屋顶的屋面应有 1%～5%的排水坡。排水坡可通过构造找坡或结构找坡两种方法形成。

(1) 构造找坡。

构造找坡又称材料找坡，是指将屋面板水平搁置，利用价廉、轻质的材料垫置形成坡度的一种做法，因而又可称为垫置坡度。常用找坡材料有水泥炉渣、水泥珍珠岩等。找坡材料最薄处以不小于 30 mm 为宜。这种做法可获得室内的水平顶棚面，空间完整。垫置坡度不宜过大，避免增加材料和荷载。对于需设保温层的地区，也可用保温材料来形成坡度［图 5-6（a）］。

（2）结构找坡。

结构找坡也称结构搁置，是指将屋面板倾斜搁置在下部的墙体或屋面梁及屋架上的一种做法，因而又称搁置坡度。这种做法无须在屋面上另加找坡层，具有构造简单、施工方便、节省人工和材料、减轻屋顶自重的优点。但室内顶棚面是倾斜的，空间不够完整，因此结构找坡常用于设有吊顶棚或室内美观要求不高的建筑工程中。当房屋平面凹凸变化时，应另加局部垫坡［图 5-6（b）］。

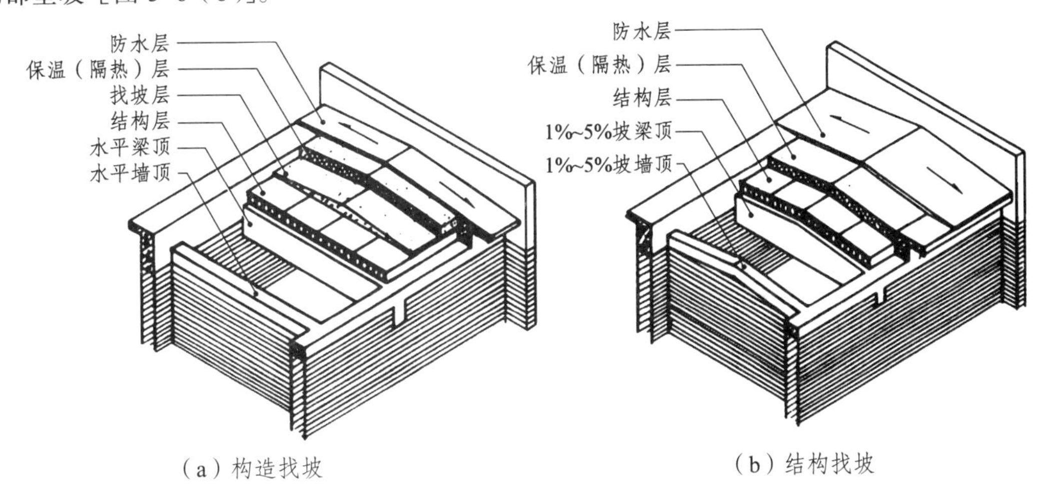

图 5-6　平屋顶排水坡度的形成

2. 排水方式

平屋顶的排水坡度较小，要把屋面上的雨雪水尽快地排除出去，不要积存，就要组织好屋顶的排水系统。同时，排水组织系统又与檐口做法有关，要与建筑外观结合起来统一考虑。

屋顶排水方式分为无组织排水和有组织排水两大类。

（1）无组织排水。

无组织排水也称自由落水，是指屋面雨水直接从檐口落至室外地面的一种排水方式。这种做法具有构造简单、造价低廉的优点。但檐口排下的雨水容易淋湿墙面和污染门窗，外墙墙脚常被飞溅的雨水侵蚀，影响到外墙的坚固耐久性，并可能影响人行道的交通。无组织排水方式主要适用于少雨地区或檐口高度在 5 m 以下的建筑物中，不宜用于临街建筑和高度较高的建筑。

无组织排水由于不设置天沟、雨水口和雨水管，因而对排水方向和挑檐的设计要合理，应根据屋面的形状、宽度、地面水排除条件等因素作周密安排。如图 5-7 分别为单向、双向、三向、四向排水的屋面排水平面图和示意图；图 5-8 所示为无组织排水组合。

（2）有组织排水。

当建筑物较高或年降雨量较大时，如仍采用无组织排水，将会出现房檐雨水直流而下，不仅噪声很大，且雨水四溅危害墙身和环境，因而应采用有组织排水。有组织排水是在屋顶设置或垫置天沟，将雨水导入雨水竖管排出建筑以外。这种做法避免了上述缺点，但构造较复杂，造价较高，且易堵塞和漏雨，因此必须保证施工质量和加强使用时的维护和检修（图 5-9）。

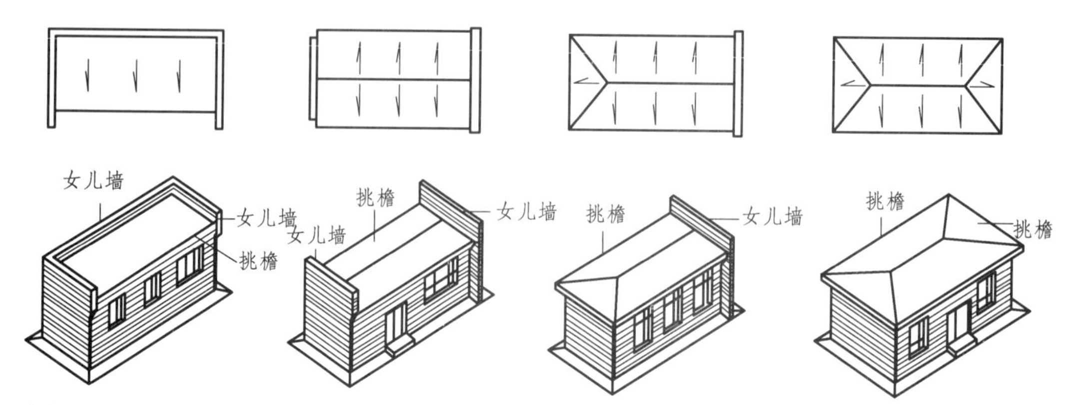

（a）三面女儿墙单坡排水（b）两面女儿墙双坡排水（c）一面女儿墙三坡排水 （d）四坡排水

图 5-7 无组织排水形式

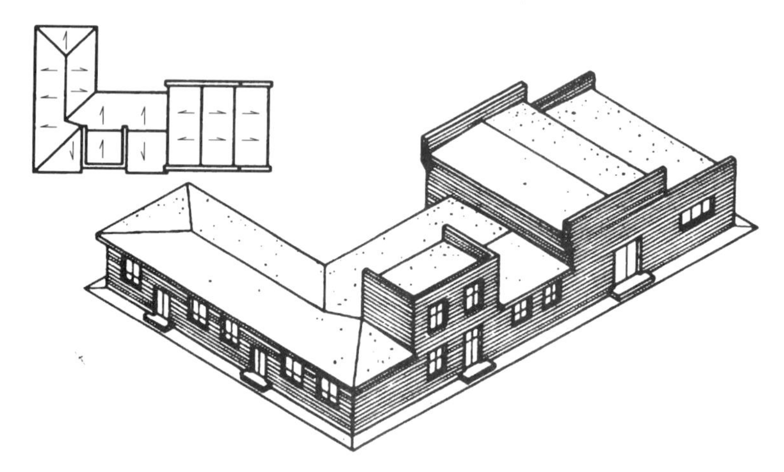

图 5-8 无组织排水屋面组合实例

（a）无组织排水 （b）有组织排水

图 5-9 无组织与有组织排水比较

有组织排水方案由于具体条件不同可分为外排水和内排水两种类型。如图 5-9（b）所示的外排水是指雨水管装在建筑外墙以外的一种排水方案，构造简单，雨水管不进入室内，有利于室内美观和减少渗漏，使用广泛，尤其适用于湿陷性黄土地区，可以避免水落管渗漏造成地基沉陷，南方地区多优先采用。

屋面的有组织排水方案有以下几种形式：

① 挑檐沟外排水。

屋顶雨水汇集到悬挑在墙外的檐沟内，再由水落管排下。当建筑物出现高低屋顶时，可先将高处屋顶的雨水排至低处屋顶，然后从低处屋顶的挑檐沟引入地下。采用挑檐沟外排水方案如图 5-10（a）所示时，水流路线的水平距离不应超过 24 m，以免造成屋顶渗漏。

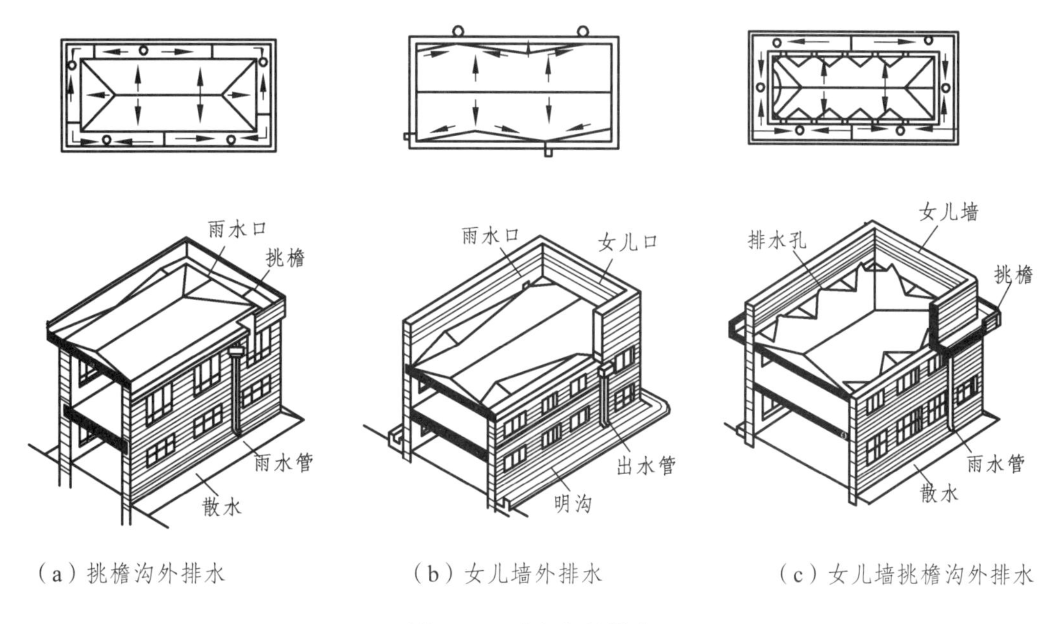

（a）挑檐沟外排水　（b）女儿墙外排水　（c）女儿墙挑檐沟外排水

图 5-10　有组织外排水

② 女儿墙外排水。

当由于建筑造型所需不希望出现挑檐时，通常将外墙升起封住屋顶，高于屋顶的这部分外墙称为女儿墙。此方案如图 5-10（b）所示，特点是屋顶雨水在屋顶汇集需穿过女儿墙流入室外的雨水管。

③ 女儿墙挑檐沟外排水。

女儿墙挑檐沟外排水方案如图 5-10（c）所示，特点是在屋顶檐口部位既有女儿墙，又有挑檐沟。上人屋顶、蓄水屋顶常采用这种形式，利用女儿墙作为围护，利用挑檐沟汇集雨水。

④ 暗管外排水。

明装雨水管对建筑立面的美观有所影响，故在一些重要的公共建筑中，常采用暗装雨水管的方式，将雨水管隐藏在装饰柱或空心墙中，装饰柱子可成为建筑立面构图中的竖向线条等。

⑤ 内排水。

在有些情况下采用外排水就不一定恰当，如高层建筑不宜采用外排水，因为维修室外雨水管既不方便也不安全；又如严寒地区的建筑不宜采用外排水，因为低温会使室外雨水管中的雨水冻结；再如某些屋顶宽度较大的建筑，无法完全依靠外排水排除屋顶雨水，自然要采用内排水方案（图 5-11）。

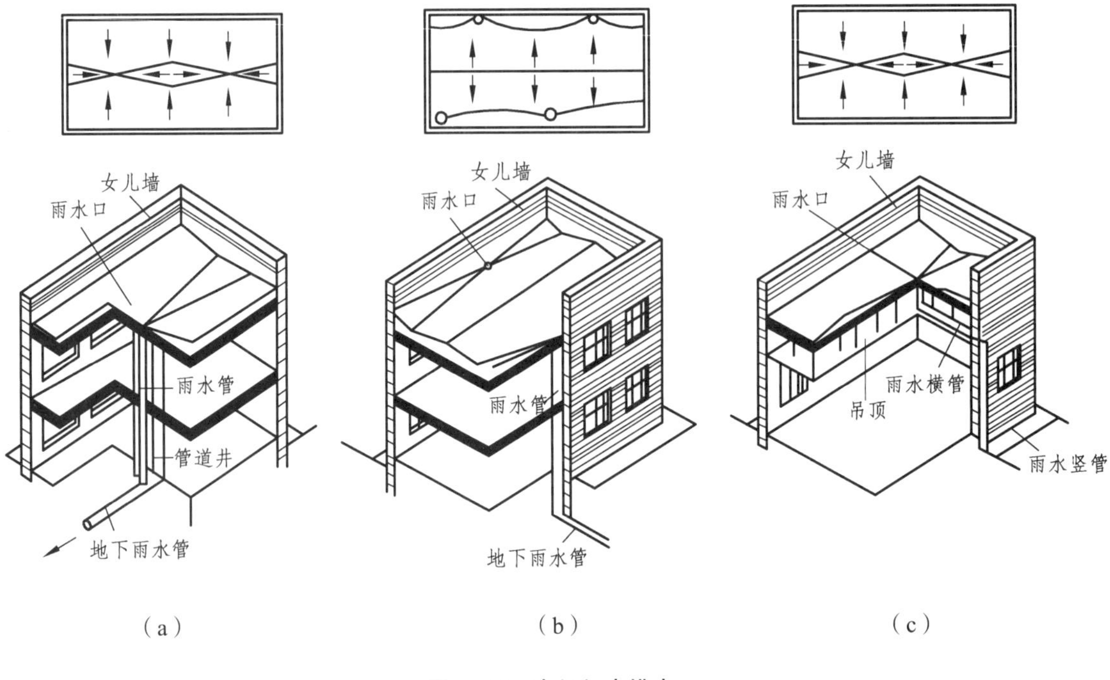

图 5-11　有组织内排水

（三）平屋顶构造层次材料的选择

平屋顶主要由结构层、找平层、隔气层、保温层、找坡层、防水层、保护层等组成。

1. 结构层

平屋顶的结构层材料及结构形式同楼板层，可采用现场浇筑钢筋混凝土，也可采用预制钢筋混凝土板。

2. 找平层

一般采用 20 mm 厚 1∶3 水泥砂浆抹平。

3. 保温层（隔热层）

保温隔热屋面的类型和构造设计，应根据建筑物的使用要求、屋面的结构形式、环境气候条件、防水处理方法和施工条件等因素，经技术、经济比较确定。目前常用的保温隔热材料有聚苯板（EPS）和挤塑板（XPS）等。

保温层（隔热层）厚度设计应根据所在地区按现行建筑节能设计标准计算确定。当保温层（隔热层）设置在防水层下部时，为正置法，保温层（隔热层）的上面应做找平层；当保温层（隔热层）设置在防水层上部时，为倒置法，保温层（隔热层）的上面应做保护层。当屋面坡度较大时，保温层（隔热层）应采取防滑措施。屋面亦可采用架空间层通风、蓄水降温、屋面种植、反射降温等达到屋顶隔热降温目的。

4. 找坡层

当采用材料找坡时，可用轻质材料或保温层找坡，坡度宜为 2%。一般可采用 1∶8 水泥陶粒，最薄处 30 mm。当采用材料找坡时，可与保温层结合考虑。当采用刚性防水屋面或建筑物的跨度在 18 m 及以上时，应选用结构找坡。

5. 防水层

平屋顶防水层的可选材料很多，根据防水材料的不同，分为卷材防水屋面、刚性防水屋面和涂膜防水屋面。

6. 保护层

卷材防水层上应设保护层，可采用浅色涂料、铝箔、粒砂、块体材料、水泥砂浆、细石混凝土等材料。水泥砂浆、细石混凝土保护层应设分格缝。架空屋面、倒置式屋面的柔性防水层上可不做保护层。外表面采用浅色饰面，可以减少外表面对太阳辐射热的吸收量。例如，浅黄或浅绿色表面比深色表面要少吸收 30%左右的太阳辐射热。

（四）卷材防水屋面构造

1. 卷材防水屋面防水材料

卷材防水屋面适用于防水等级为Ⅰ～Ⅳ级的屋面防水。常用材料有高聚物改性沥青防水卷材、合成高分子防水卷材、沥青防水卷材。卷材厚度选用见表 5.1。

表 5.1 卷材材料防水层

屋面防水等级	设防道数	合成高分子防水卷材/mm	高聚物改性沥青防水卷材/mm	沥青防水卷材和沥青复合胎柔性防水卷材	自黏聚酯胎改性沥青防水卷材/mm	自黏橡胶沥青防水卷材/mm
Ⅰ级	三道或三道以上设防	≥1.5	≥3	—	≥2	≥1.5
Ⅱ级	二道设防	≥1.2	≥3	—	≥2	≥1.5
Ⅲ级	一道设防	≥1.2	≥4	三毡四油	≥3	≥2
Ⅳ级	一道设防	—	—	二毡三油	—	—

高聚物改性沥青防水卷材，包括 SBS 弹性体防水卷材、APP 塑性体防水卷材和优质氧化沥青防水卷材等。

合成高分子防水卷材包括合成橡胶类，如三元乙丙橡胶防水卷材（EPDM）、氯丁橡胶防水卷材（CR）；合成树脂类，如聚氯乙烯防水卷材（PVC）、氯化聚乙烯防水卷材（CPE）等；橡塑共混类，如氯化聚乙烯-橡胶共混卷材。

2. 卷材防水屋面构造

卷材防水屋面构造层次见图 5-12。

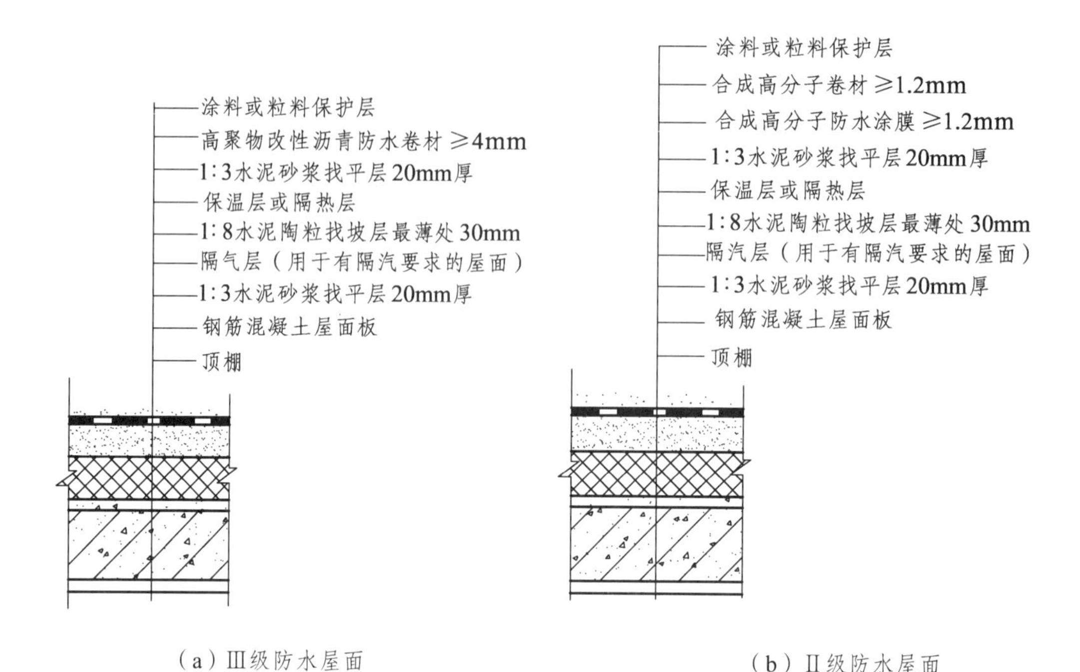

图 5-12　卷材防水屋面构造

3. 卷材防水屋面细部构造

（1）自由落水檐口。

自由落水排水檐口在 800 mm 范围内的卷材应采用满黏法，卷材收头应固定密封，檐口下端应做滴水处理（图 5-13）。

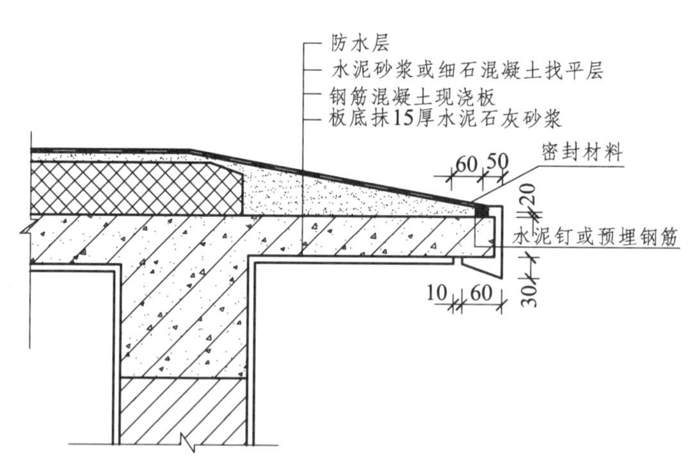

图 5-13　自由落水保温挑檐

（2）天沟、檐沟防水构造。

天沟、檐沟应增铺附加层。当采用沥青防水卷材时，应增铺一层卷材；当采用高聚物改性沥青防水卷材或合成高分子防水卷材时，宜设置防水涂膜附加层。

檐口、天沟、檐沟与屋面交接处的附加层宜空铺，空铺宽度不应小于 200 mm。天沟、檐沟卷材收头应固定密封（图 5-14）。

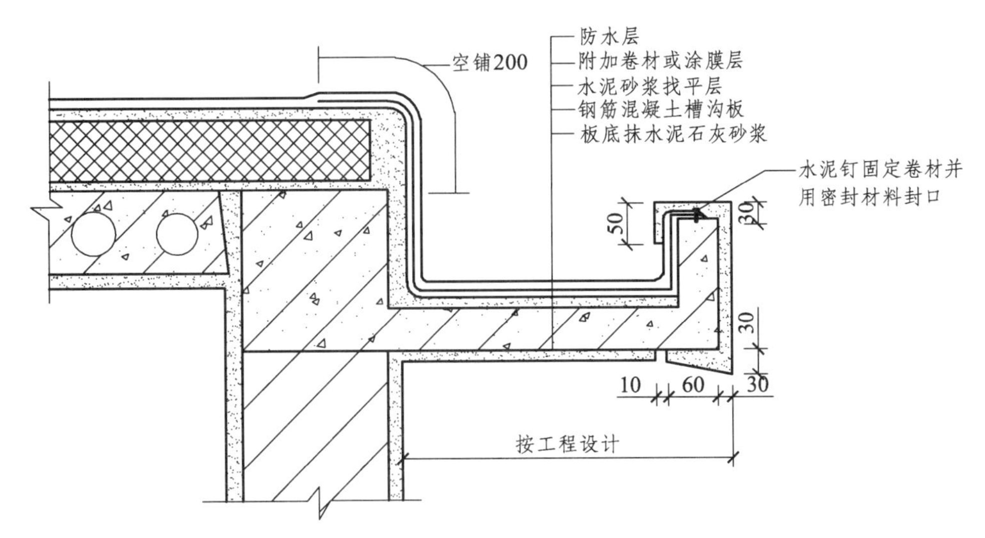

图 5-14　钢筋混凝土檐沟

（3）女儿墙压顶及泛水构造。

女儿墙的材料有钢筋混凝土（图 5-15）和块材（图 5-16）两种，墙顶部应做压顶，压顶宽度应超过墙厚，并做成内低、外高，坡向屋顶内部。压顶用细石混凝土浇注，沿墙长放 3Φ6 mm 钢筋，沿墙宽放 Φ 4@300 mm 钢筋，以保证其强度和整体性。

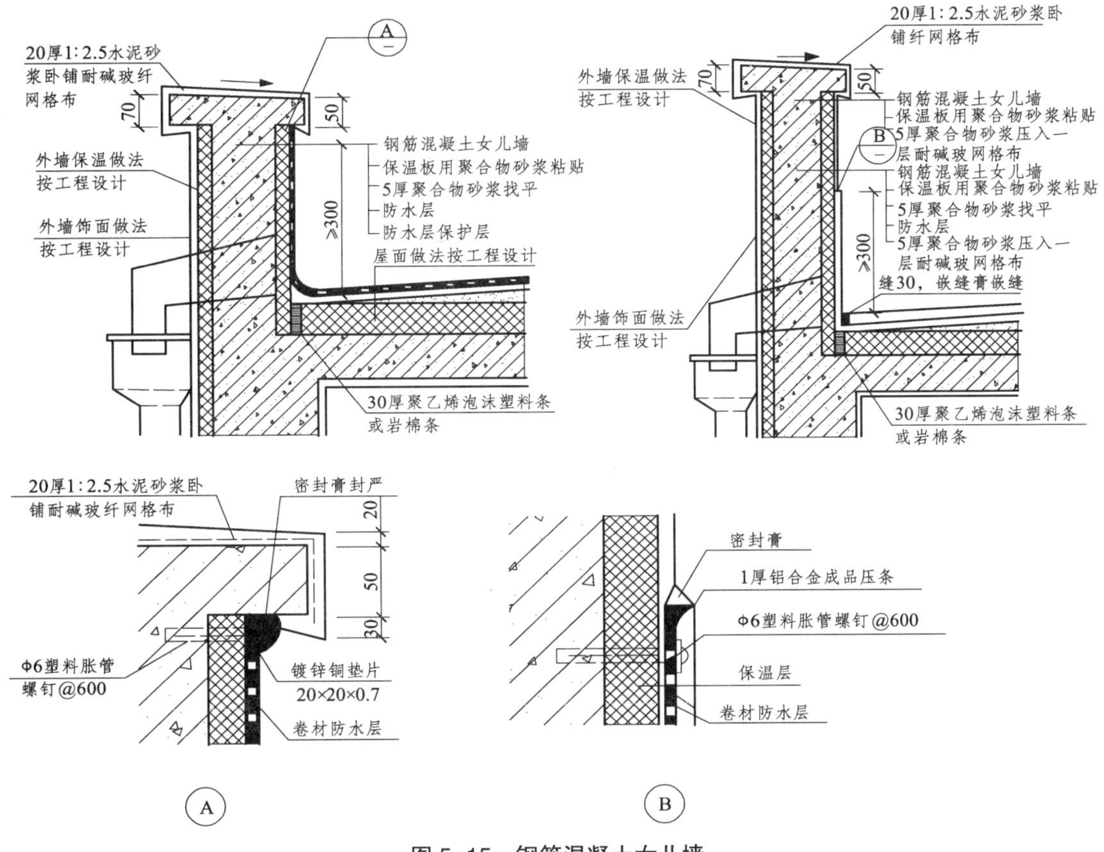

图 5-15　钢筋混凝土女儿墙

注：保温板材料、厚度由工程设计决定。

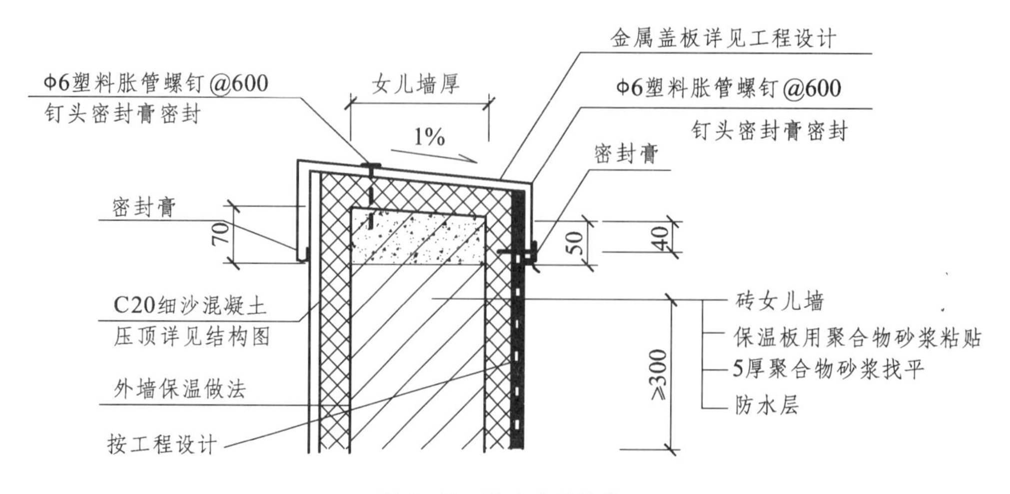

图 5-16　砖女儿墙构造

屋面泛水构造：屋面基层与突出屋面结构（女儿墙、立墙、天窗壁、变形缝、烟囱等）的交接处，应将卷材沿墙上卷形成泛水（图 5-17）。铺贴泛水处的卷材应采用满黏法。泛水收头应根据泛水高度和泛水墙体材料确定其密封形式。泛水高度不应低于 250 mm，泛水宜采取隔热防晒措施，可在泛水卷材面砌砖后抹水泥砂浆或浇筑细石混凝土保护，也可采用涂刷浅色涂料或粘贴铝箔保护。在基层的转角处（水落口、檐口、天沟、檐沟、屋脊等），均应做成圆弧，砂浆找平层应抹成圆弧形或 45°斜面，上刷卷材胶黏剂，使卷材铺贴牢实，避免卷材架空或折断，并加铺一层卷材。

（4）雨水口构造。

雨水口有女儿墙外排水的弯管式雨水口（图 5-18）和檐沟排水的直管式雨水口（图 5-19）两种。雨水口宜采用金属或塑料制品。雨水口埋设标高，应考虑雨水口设置时增加的附加层和柔性密封层的厚度及排水坡度加大的尺寸。雨水口周围直径 500 mm 范围内坡度不应小于 5%，并应用防水涂料涂封，其厚度不应小于 2 mm。雨水口与基层接触处应留宽 20 mm、深 20 mm 凹槽，嵌填密封材料。

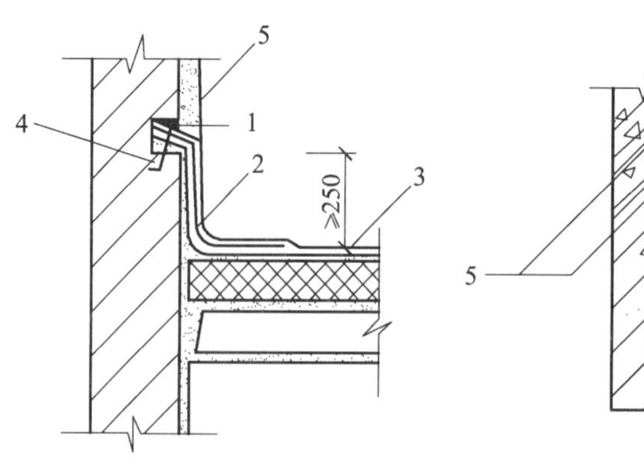

(a) 砖墙卷材泛水收头

1—密封材料；2—附加层；3—防水层；

4—水泥钉；5—防水处理

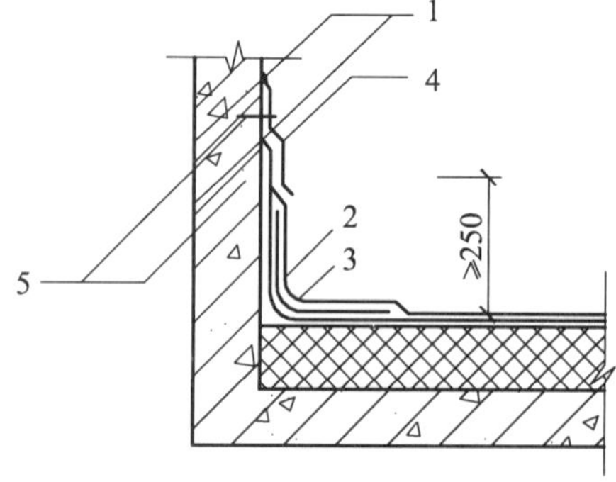

(b) 混凝土墙卷材泛水收头（单位：mm）

1—密封材料；2—附加层；3—防水层；

4—金属、合成高分子盖板；5—水泥钉

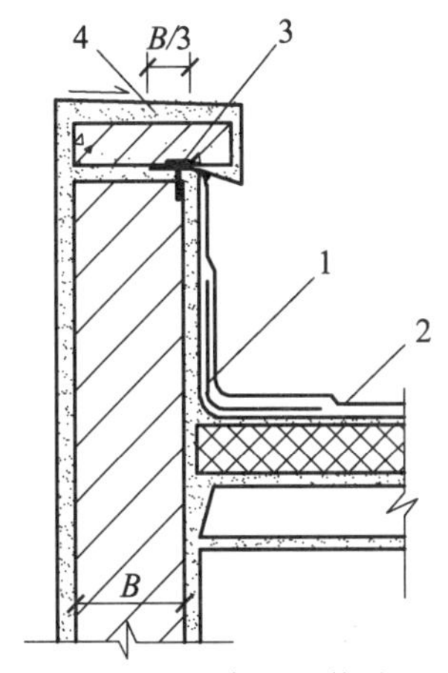

(c) 卷材防水女儿墙泛水构造

1—附加层；2—防水层；

3—压顶；4—防水处理

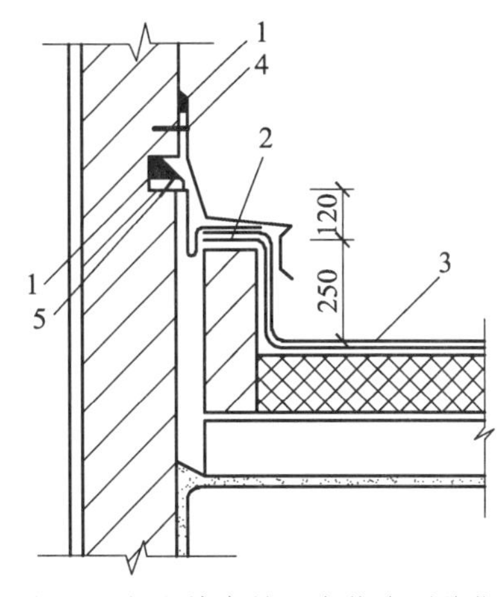

(d) 混凝土墙卷材泛水收头（单位：mm）

1—密封材料；2—金属或高分子盖板；

3—防水层；4—金属压条钉子固定；5—水泥钉

图 5-17 屋面泛水构造图

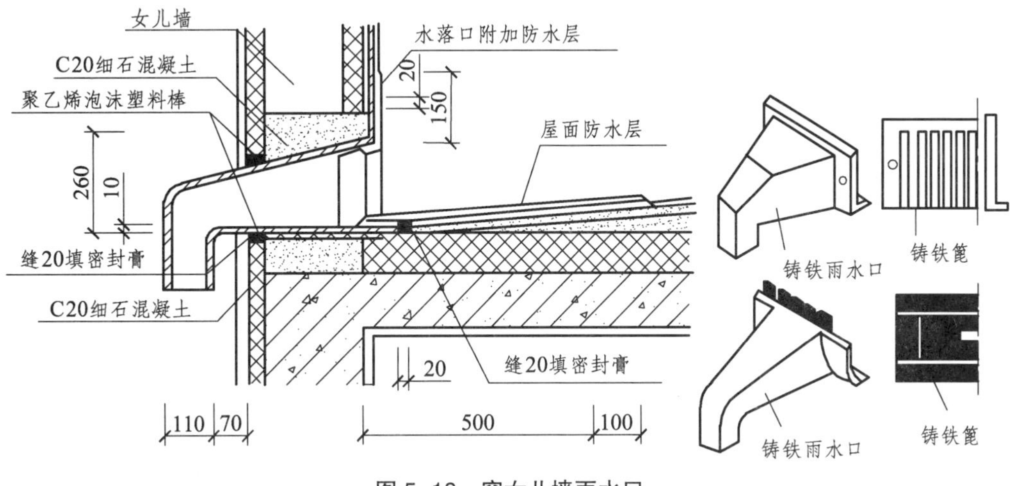

图 5-18 穿女儿墙雨水口

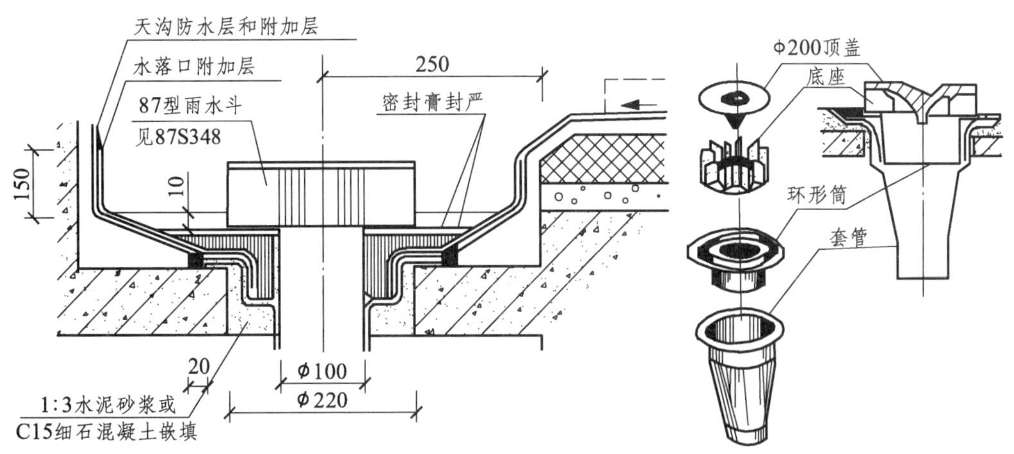

图 5-19 直管式雨水口

（5）屋面上人孔。

平屋顶上的上人孔是为了检修而设，开洞尺寸应不小于 700 mm×700 mm。为了防漏，应将板边上翻，亦做泛水，上盖木板，以遮挡风雨（图 5-20）。

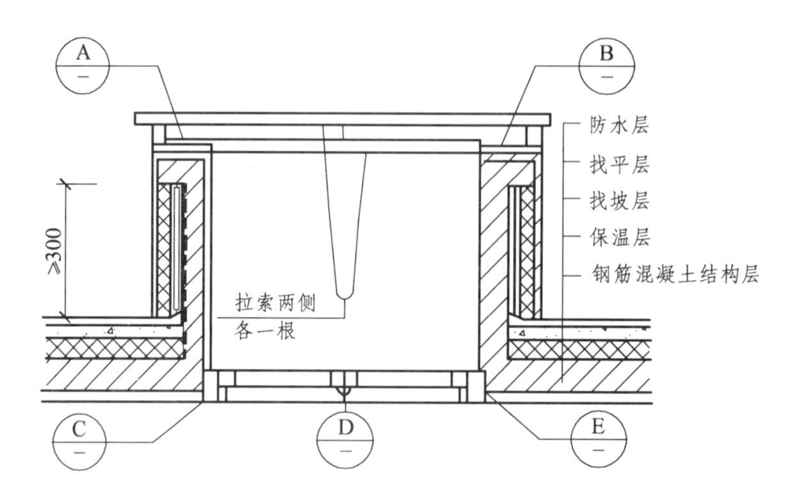

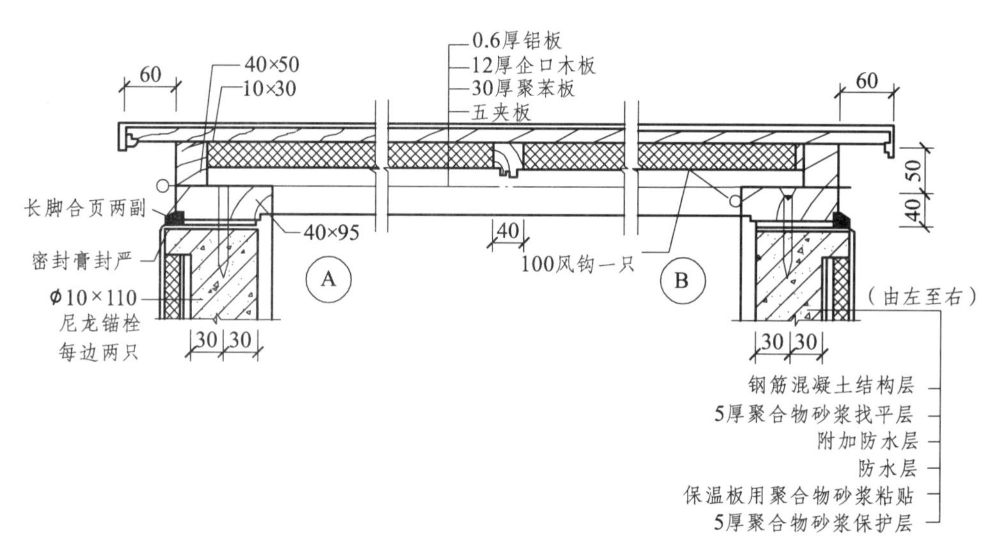

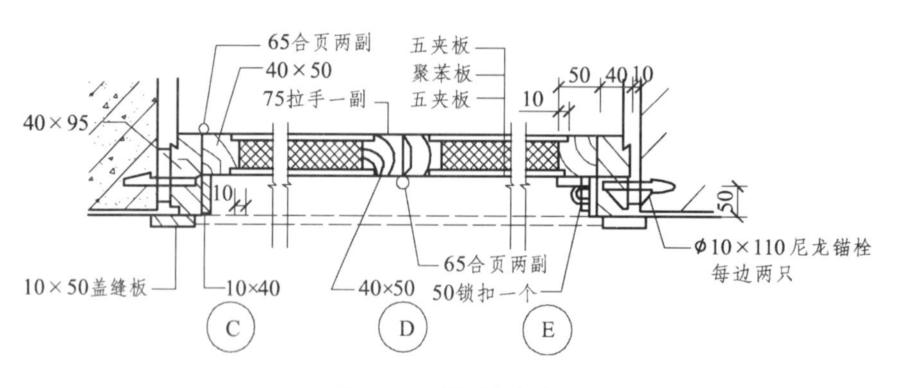

图 5-20 屋面上人孔

注：保温板材料、厚度由工程设计决定，外露木材表面刷油漆两遍。

（6）屋面出入口。

出屋面楼梯间一般须设屋面出入口，如不能保证顶层楼梯间的室内地坪高出室外，就要在出入口设挡水的门槛，屋面出入口处的构造类同于泛水构造，水平出入口防水层收头，应压在混凝土踏步下，防水层的泛水应设护墙（图 5-21）。

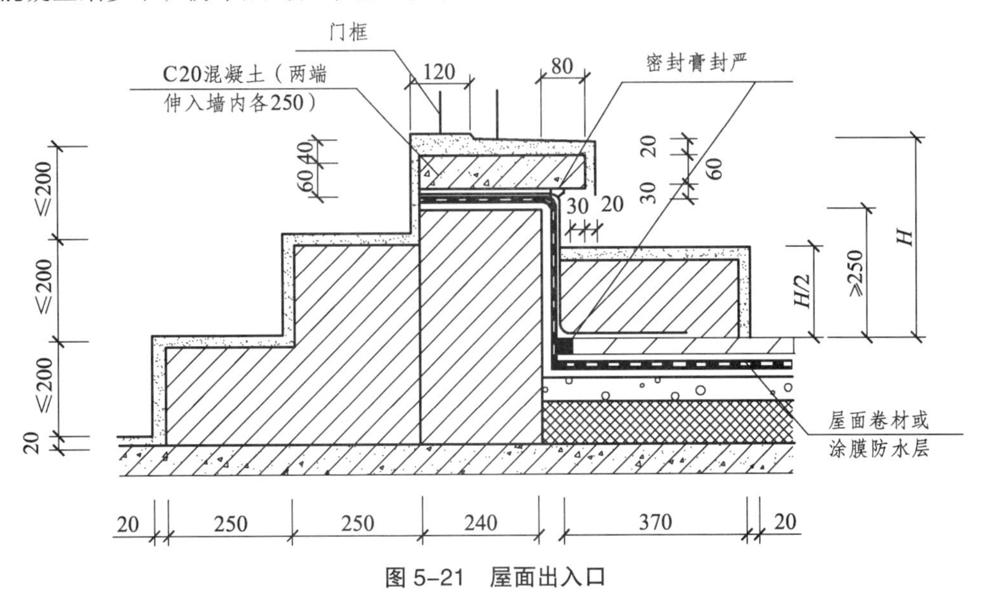

图 5-21　屋面出入口

（7）管道出屋面泛水。

伸出屋面管道周围的找平层应做成圆锥台，管道与找平层间应留凹槽，并嵌填密封材料；防水层收头处应用金属箍箍紧，并用密封材料填严，泛水高度以不低于 300 mm 为宜（图 5-22）。

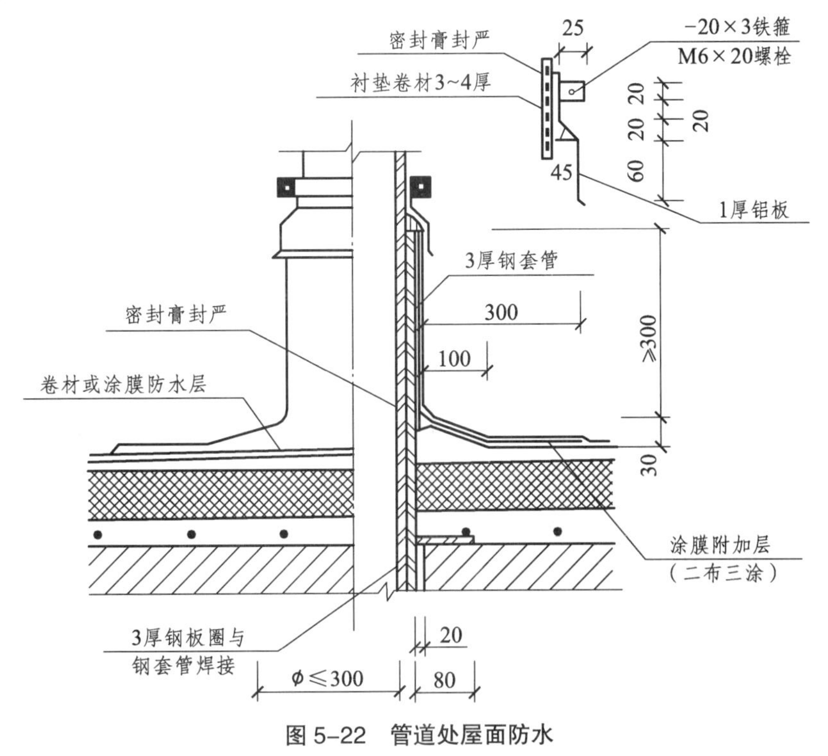

图 5-22　管道处屋面防水

（五）刚性防水屋面构造

刚性防水屋面，是以细石混凝土作防水层的屋面。刚性防水屋面主要适用于防水等级为Ⅲ级的屋面防水，也可用作Ⅰ、Ⅱ级屋面多道防水设防中的一道防水层。刚性防水屋面要求基层变形小，一般只适用于无保温层的屋面，因为保温层多采用轻质多孔材料，其上不宜进行浇筑混凝土的湿作业。此外，刚性防水屋面也不宜用于高温、有振动和基础有较大不均匀沉降的建筑。选择刚性防水设计方案时，应根据屋面防水设防要求、地区条件和建筑结构特点等因素，经技术、经济比较确定。

1. 刚性防水屋面构造层次

刚性防水屋面的构造一般有结构层、找平层、隔离层、防水层等（图 5-23）。刚性防水屋面应采用结构找坡，坡度宜为 2% ~ 3%。

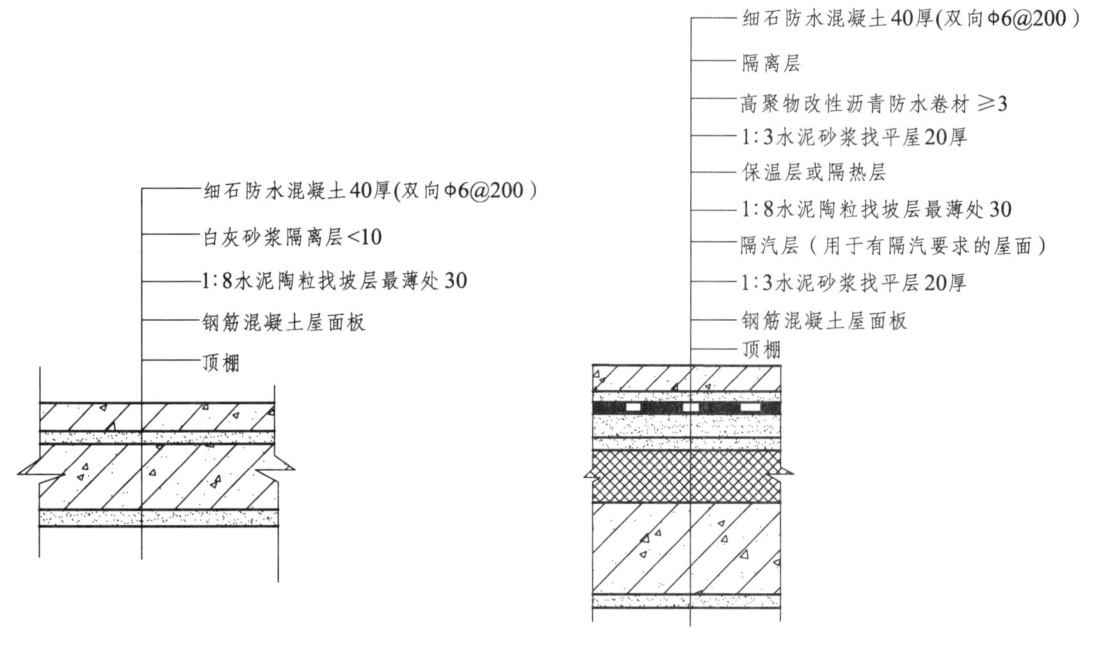

（a）屋面防水等级为Ⅲ级（无保温隔热层）　（b）屋面防水等级为Ⅱ级（上人屋面双防屋面）

图 5-23　刚性防水屋面构造

（1）结构层。一般采用预制或现浇的钢筋混凝土屋面板。

（2）找平层。当结构层为预制钢筋混凝土屋面板时，其上应用 1∶3 水泥砂浆做找平层，厚度为 20 mm；若屋面板为整体现浇混凝土结构时，则可不设找平层。

（3）隔离层。细石混凝土防水层与基层间宜设置隔离层，使上下分离以适应各自的变形，减少结构变形对防水层的不利影响。隔离层可采用干铺塑料膜、土工布或卷材，也可铺抹低强度等级的砂浆。

（4）防水层。采用不低于 C20 的细石混凝土整体现浇而成，其厚度不小于 40 mm。为防止混凝土开裂，可在防水层中配直径 4 ~ 6 mm、间距 100 ~ 200 mm 的双向钢筋网片，钢筋网片在分格缝处应断开，钢筋的保护层厚度不小于 10 mm。防水层的细石混凝土宜掺外加剂（膨胀剂、减水剂、防水剂）等，并应用机械搅拌和机械振捣。

2. 分格缝（分仓缝）

分格缝是防止屋面不规则裂缝以适应屋面变形而设置的人工缝。分格缝应设置在屋面年温差变形的许可范围内和结构变形敏感的部位。分格缝服务的面积宜控制在 15 ~ 25 m^2、间距控制在 3 ~ 6 m 为好，分格缝纵横边长比不宜超过 1∶1.5。对于以预制屋面板为基层的防水层，分格缝应设在屋面板的支承端、屋面转折处、防水层与突出屋面结构的交接处，并应与板缝对齐。对于长条形房屋，进深在 10 m 以下者，可在屋脊设纵向缝；进深大于 10 m 者，最好在坡中某一板缝上再设一道纵向分仓缝。

普通细石混凝土和补偿收缩混凝土防水层，分格缝的宽度宜为 5 ~ 30 mm，分格缝内应嵌填密封材料，上部应设置保护层。为了有利于伸缩，缝内一般用油膏嵌缝，厚度 20 ~ 30 mm（图 5-24）。

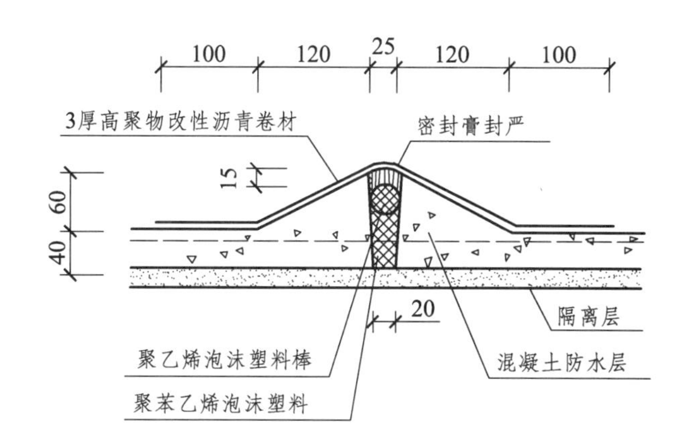

（a）平行于水流方向的缝

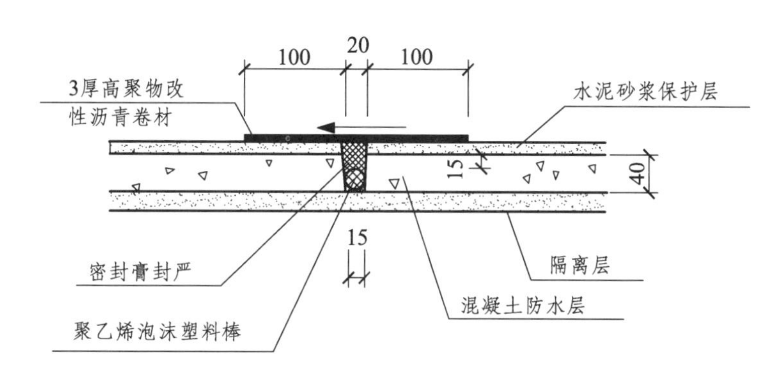

（b）垂直于水流方向的缝

图 5-24 屋面分格缝

3. 泛水构造

刚性防水层与屋面突出物（女儿墙、烟囱等）间须留分格缝，另铺贴附加卷材盖缝形成泛水（图 5-25）。刚性防水层与山墙、女儿墙交接处，应留宽度为 30 mm 的缝隙，并应用密封材料嵌填；泛水处应铺设卷材或涂膜附加层。卷材或涂膜的收头处理，应符合相应规定。

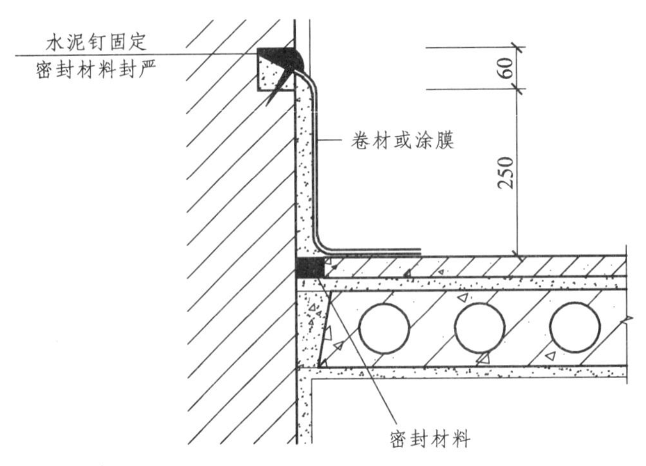

图 5-25　女儿墙压顶及泛水构造

4. 天沟、檐沟

天沟、檐沟应用水泥砂浆找坡，找坡厚度大于 20 mm 时宜采用细石混凝土。刚性防水层内严禁埋设管线。檐沟构造见图 5-26。

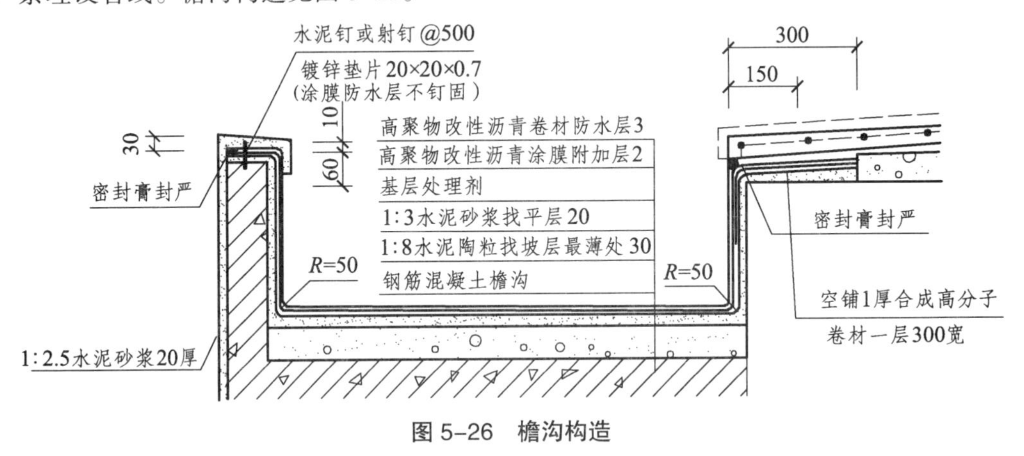

图 5-26　檐沟构造

5. 雨水口

刚性防水屋面雨水口的规格和类型与卷材防水屋面所用雨水口相同。一种是用于檐沟排水的直管式雨水口，另一种是用于女儿墙外排水的弯管式雨水口，具体构造见图 5-27。

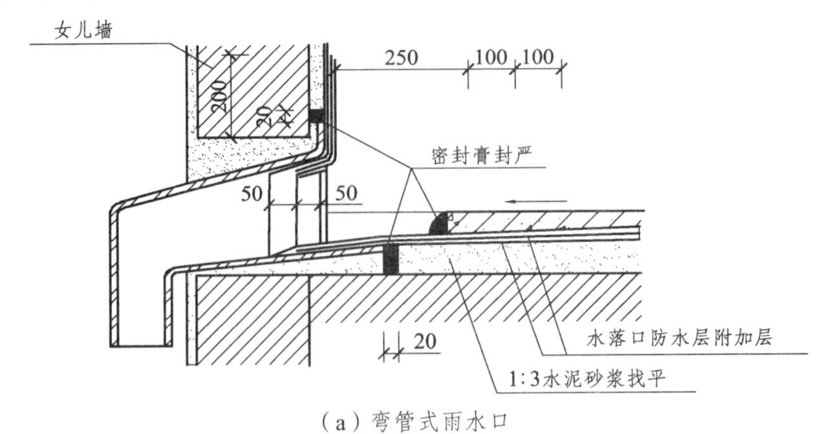

(a) 弯管式雨水口

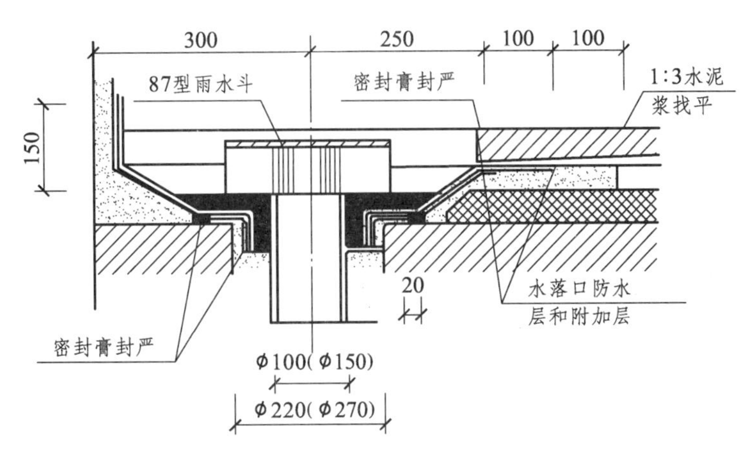

（b）直管式雨水口

图 5-27 雨水口构造

安装直管式雨水口注意防止雨水从套管与沟底接缝处渗漏，应在雨水口四周加防水卷材，卷材应铺入套管内壁，檐口内浇筑的混凝土防水层应盖在附加的卷材上。防水层与雨水口相接处用油膏嵌封。在女儿墙上安装弯管式雨水口时，作刚性防水层之前，在雨水口处加铺一层防水卷材，然后再浇屋面防水层，防水层与弯头交接处用油膏嵌缝。

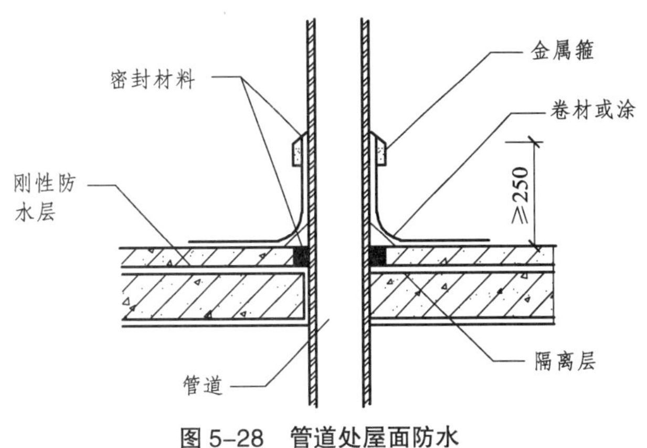

图 5-28 管道处屋面防水

6. 管道出屋面

伸出屋面的管道与刚性防水层交接处应留设缝隙，构造见图 5-28。

7. 屋面出入口

图 5-29 所示为屋面防水等级为Ⅱ级时，采用两道防水设防，上部防水材料为刚性防水的构造。

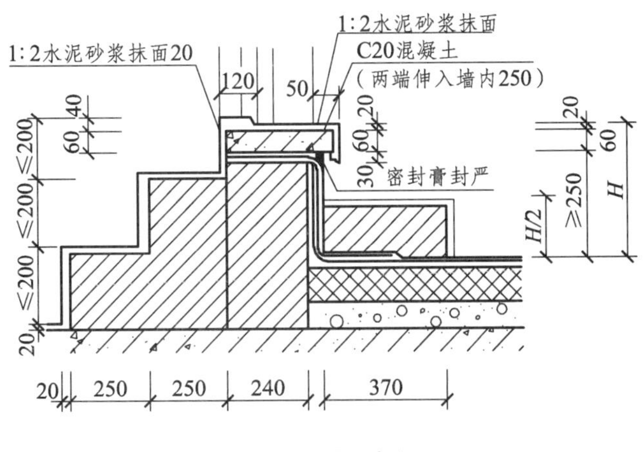

图 5-29 屋面出入口

（六）涂膜防水屋面构造

涂膜防水屋面主要适用于防水等级为Ⅲ级、Ⅳ级的屋面防水，也可用作Ⅰ级、Ⅱ级屋面多道防水设防中的一道防水层。所用防水材料有高聚物改性沥青防水涂料、合成高分子防水涂料、聚合物水泥防水涂料等。

高聚物改性沥青防水涂料包括溶剂型 SBS 改性沥青防水涂料、水乳型 SBS 改性沥青防水涂料等。

合成高分子防水涂料包括聚氨酯防水涂料、水乳型丙烯酸酯防水涂料、水乳型聚氯乙烯（PVC）防水涂料、水乳型高性能橡胶防水涂料等。

防水涂料一般应 > 3 mm 厚，至少涂刷五遍，或一布五、六涂，或二布六涂，二布六 ~ 八涂。用于Ⅲ级防水屋面复合使用时应≥1.5 mm 厚。

涂膜防水屋面构造见 99J201-1 国家建筑标准设计图集《平屋面建筑构造》(一)，含 2003 年局部修改版及《屋面节能建筑构造》(06J204)。

二、坡屋顶构造

屋面坡度大于 10%的屋顶叫坡屋顶。坡屋顶的坡度大，雨水容易排除，屋面防水问题比平屋顶容易解决，在隔热和保温方面，也有其优越性。

坡屋顶的构造包括两大部分：一部分是承重结构；另一部分是由保温隔热材料和防水材料等组成的屋面面层。坡屋顶的保温隔热材料选用同平屋顶。

（一）坡屋顶的承重结构

屋顶承重结构形式的选择应根据建筑物的结构形式、对跨度的要求、屋面材料、施工条件以及对建筑形式的要求等因素综合决定。屋顶按承重方式可分无檩体系和有檩体系两种，无檩体系屋顶构造同平屋顶，是将横向承重墙的上部按屋顶要求的坡度砌筑，上面直接铺钢筋混凝土屋面板，也可在屋架（或梁）上直接铺钢筋混凝土屋面板；有檩体系是在横墙（或屋面梁、屋架）上搭檩条（图 5-30），然后铺放屋面板。

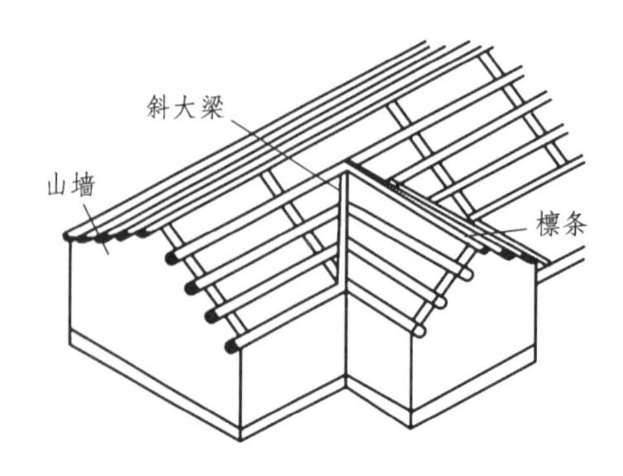

图 5-30　檩条搁置在横墙的布置

（二）坡屋顶的面材

常用坡屋顶面材有平瓦、油毡瓦、彩色压型钢板等。平瓦单独使用时，可用于防水等级为Ⅲ级、Ⅳ级的屋面防水；平瓦与防水卷材或防水涂膜复合使用时，可用于防水等级Ⅱ级、Ⅲ级的屋面防水。油毡瓦单独使用时，可用于防水等级为Ⅲ级的屋面防水；油毡瓦与防水卷材或防水涂膜复合使用时，可用于防水等级为Ⅱ级的屋面防水。金属板材屋面适用于防水等级为Ⅰ级、Ⅱ级、Ⅲ级的屋面防水。平瓦、油毡瓦可铺设在钢筋混凝土或木基层上，金属板材可直接铺设在檩条上。

1. 平　瓦

平瓦有陶瓦（颜色有青、红两种）、水泥瓦及彩色水泥瓦等（图 5-31）。

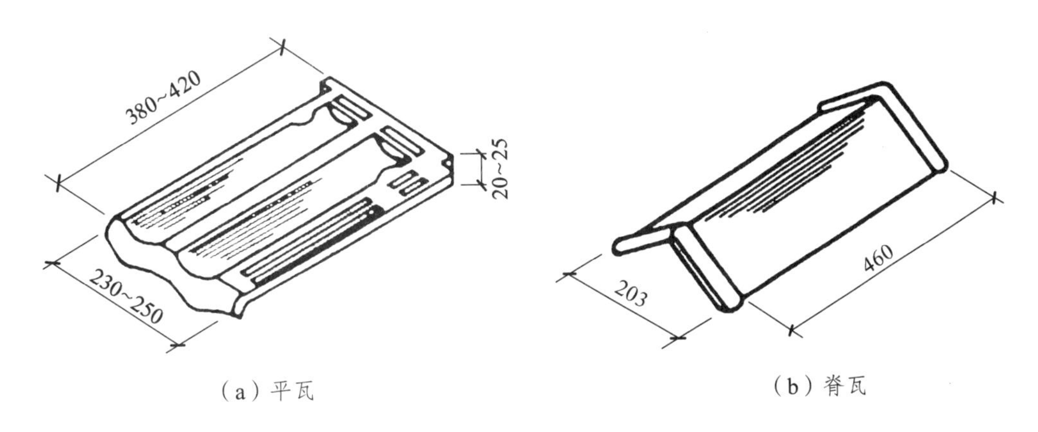

（a）平瓦　　（b）脊瓦

图 5-31　平瓦

青红陶瓦尺寸：宽 240 mm，长 380 mm，厚 20 mm；

脊瓦尺寸：宽 190 mm，长 445 mm，厚 20 mm；

水泥瓦尺寸：宽 235 mm，长 385 mm，厚 15 mm；

彩色水泥瓦尺寸：420 mm×330 mm，颜色有玛瑙红、素烧红、金橙黄、翠绿、孔雀蓝、古岩灰、仿珠黑等。

铺瓦时应由檐口向屋脊铺挂。上层瓦搭盖下层瓦的宽度不得小于 70 mm。最下一层瓦应伸出封檐板 80 mm。一般在檐口及屋脊处，用一道 20 号铅丝将瓦拴在挂瓦条上，在屋脊处用脊瓦铺 1∶3 水泥砂浆铺盖严。

2. 波形瓦

波形瓦有非金属波形瓦和金属波形瓦之分，非金属波形瓦有纤维水泥瓦、聚氯乙烯塑料纹波瓦、玻璃钢波瓦、石棉水泥瓦等。波形瓦种类繁多，性能价格各异，多用于标准较低的民用建筑、厂房、附属建筑、库房及临时性建筑的屋面。波形瓦的种类及规格如下：

大波瓦：宽 994 mm，长 2 800 mm，厚 8 mm。

中波瓦：宽 745 mm，长 2 400 mm、1 800 mm、1 200 mm，厚 6.5 mm。

小波瓦：宽 720 mm，长 1 800 mm，厚 6 mm。

脊瓦：230 mm×2，长 780 mm，厚 6 mm。

3. 彩色油毡瓦

彩色油毡瓦一般为 4 mm 厚，长 1 000 mm，宽 333 mm，用钉子固定。这种瓦适用于屋面坡度≥1/3 的屋面。当用于屋面坡度 1/5 ~ 1/3 时，油毡瓦的下面应增设有效的防水层；当屋面坡度 < 1/5 时，不宜采用油毡瓦。

4. 彩色压型钢板波形瓦

彩色压型钢板波形瓦用 0.5 ~ 0.8 mm 厚镀锌钢板冷压成仿水泥瓦外形的大瓦，横向搭接后中距 1 000 mm，纵向搭接后最大中距为 400 mm×6 mm，挂瓦条中距 400 mm。波形瓦采用自攻螺钉或拉铆钉固定于 Z 形挂瓦条上，中距 500 mm。

5. 压型钢板

压型钢板一般为 0.4 ~ 0.8 mm 彩色压型钢板制成，宽度为 750 ~ 900 mm，断面有 V 形、长平短波和高低波等多种断面。

除以上介绍的瓦材之外，建筑中也有用小青瓦、琉璃瓦等做屋面防水层的。

（三）坡屋顶屋面构造（采用钢筋混凝土板的无檩体系）

1. 块瓦屋面檐口

屋面檐口常用有挑出檐口（图 5-32）和挑檐沟檐口（图 5-33）两种。为加强檐沟处的防水，须在檐沟内附加卷材防水层。

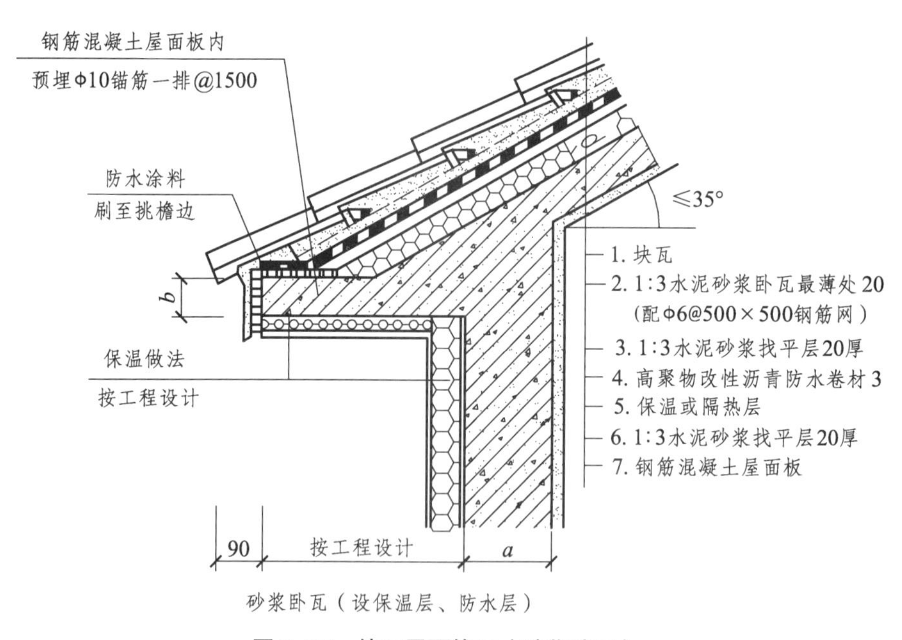

图 5-32 块瓦屋面檐口（砂浆卧瓦）

注：a、b 按工程设计。

2. 坡屋顶山墙

平瓦、油毡瓦屋面与山墙及突出屋面结构的交接处，均应做泛水处理（图 5-34）。

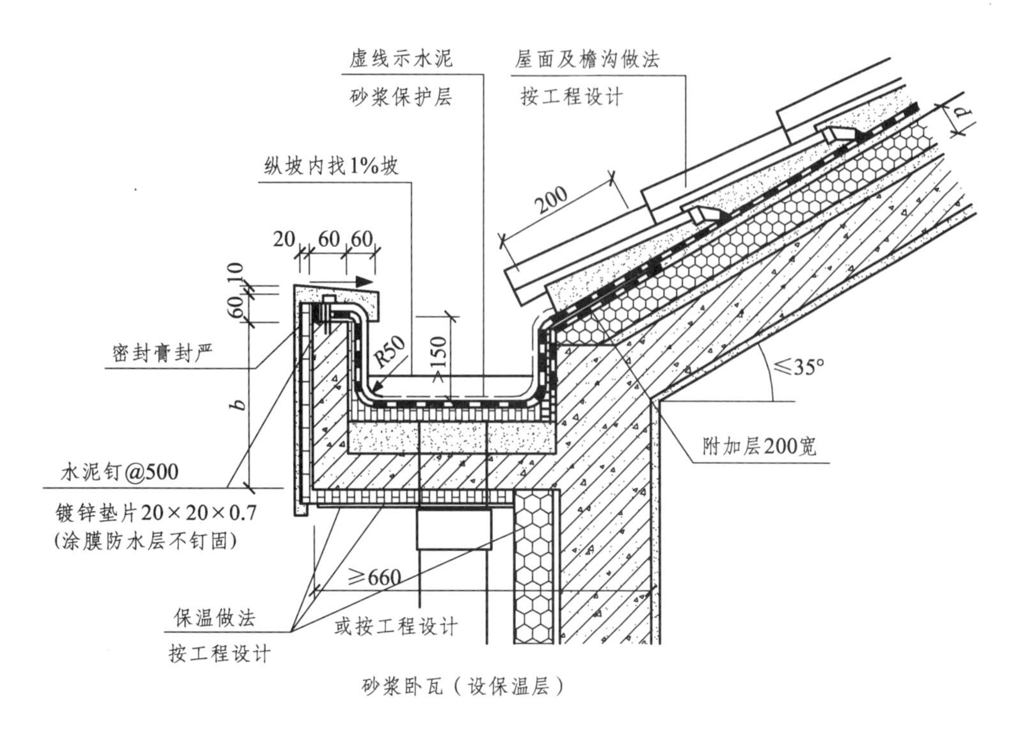

图 5-33　块瓦屋面檐沟（钢挂瓦条）

注：a、b、d 按工程设计。

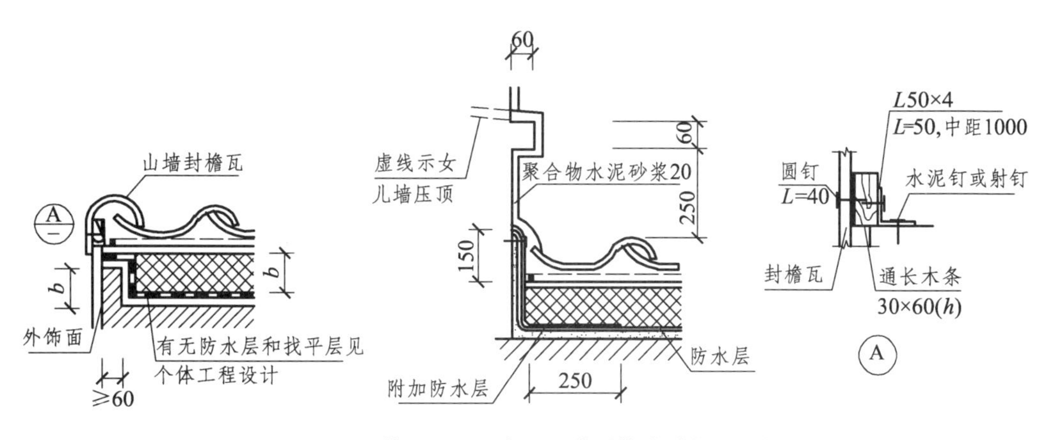

图 5-34　块瓦屋面泛水、山墙封檐（砂浆卧瓦）

注：防水层为卷材者，附加防水层采用 2 层厚高聚物改性硬沥青卷材；
　　防水层为涂膜者，附加防水层采用一布二抹。

3. 坡屋顶天沟

在两个坡屋面相交处或坡屋顶在檐口有女儿墙时即出现天沟。这里雨水集中，要特殊处理它的防水问题（图 5-35）。

4. 坡屋顶屋脊

坡屋顶屋脊构造如图 5-36 所示，图中脊瓦下端与坡面之间可用专用异形瓦封堵，也可用卧瓦砂浆封堵抹平（刷色同瓦），按瓦型配件确定。

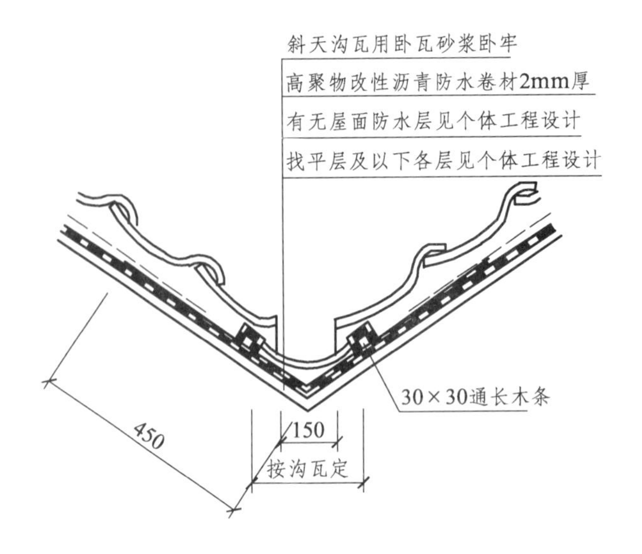

图 5-35　天沟构造图

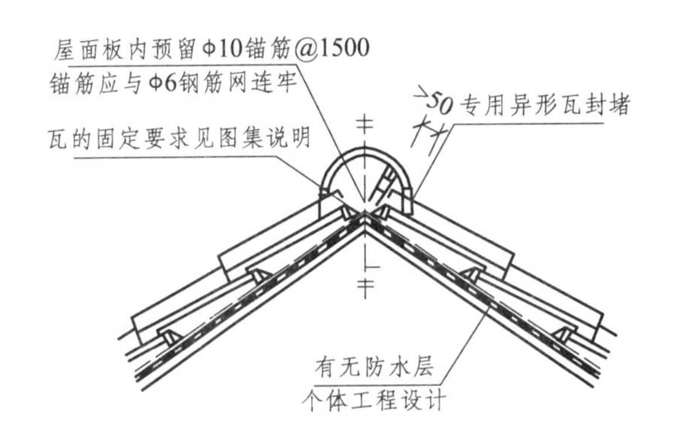

图 5-36 屋脊构造

有檩体系屋面建筑构造参见 01J22-2《坡屋面建筑构造》（有檩体系）。

项目六　楼梯认知

【知识目标】

（1）了解楼梯的组成及主要尺寸。
（2）了解钢筋混凝土楼梯构造。
（3）了解楼梯的细部构造。

【能力目标】

（1）能分清不同类型的楼梯。
（2）能描述楼梯的组成。
（3）能清楚楼梯各主要尺寸。
（4）能说出楼梯的细部构造。
（5）能够识读楼梯施工图及楼梯标准图集。

【项目任务】

序号	学习任务	任　务　驱　动
1	判断楼梯类型	（1）参观学校的教学楼、实验楼、学生宿舍、食堂、办公楼、图书馆楼等建筑物的楼梯 （2）根据使用性质、材料等对楼梯进行分类
2	钢筋混凝土楼梯构造认知	（1）通过对学校的教学楼及实验楼的楼梯参观，判别钢筋混凝土楼梯的类型 （2）识读楼梯施工图及楼梯标准图集
3	楼梯细部构造认知	（1）通过对学校的教学楼及实验楼的楼梯参观，能图示楼梯的细部构造 （2）知道台阶、坡道的作用及做法

任务一　判断楼梯类型

【任务描述】

通过本任务的学习，学生应能够分清楼梯类型，能够描述楼梯的组成，能知道楼梯的主要尺寸。

【知识链接】

一、楼梯概述

建筑物各个不同楼层之间的联系，需要有垂直交通设施，该项设施有楼梯、电梯、自动扶梯、台阶、坡道以及爬梯等。

楼梯作为垂直交通和人员紧急疏散的主要交通设施，使用最为广泛。

楼梯设计要求：坚固、耐久、安全、防火；做到上下通行方便，能搬运必要的家具物品，有足够的通行和疏散能力。另外，楼梯尚应有一定的美观要求。当楼梯坡度大于 45° 时，称爬梯，爬梯主要用于屋面及设备检修。

电梯用于层数较多或有特殊需要的建筑物中。即使以电梯或自动扶梯为主要交通设施的建筑物，也必须同时设置楼梯，以便紧急疏散时使用。

在建筑物入口处，因室内外地面的高差而设置的踏步段，称为台阶。为方便车辆和轮椅通行，也可增设坡道。坡道也可用于多层车库及医疗建筑中的无障碍交通设施。

二、楼梯的组成、类型及尺度

（一）楼梯的组成

楼梯一般由楼梯段、平台及栏杆（或栏板）三部分组成（图 6-1）。

1. 楼梯段

楼梯段又称楼梯跑，是楼梯的主要使用和承重部分。它由若干个踏步组成。为减少人们上下楼梯时的疲劳和适应人行的习惯，一个楼梯段的踏步数要求最多不超过 18 级，最少不少于 3 级。

2. 平　台

平台是指两楼梯段之间的水平板，有楼层平台、中间平台之分。其主要作用在于缓解疲劳，让人们在连续上楼时可在平台上稍加休息，故又称休息平台。同时，平台还是梯段之间转换方向的连接处。

3. 栏杆（或栏板）

栏杆是楼梯段的安全设施，一般设置在梯段的边缘和平台临空的一边，要求它必须坚固可靠，并保证有足够的安全高度。

（二）楼梯的类型

按位置不同分，楼梯有室内与室外两种。按使用性质分，室内有主要楼梯、辅助楼梯；室外有安全楼梯、防火楼梯等。按材料分，有木质、钢筋混凝土、钢质、混合式及金属楼梯。

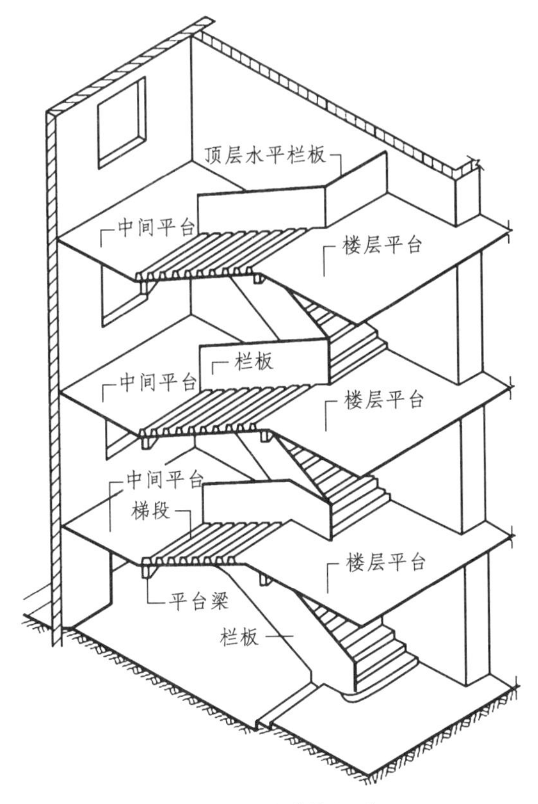

图 6-1　楼梯的组成

按楼梯的平面形式不同，则可将楼梯分为图 6-2 ~ 图 6-9 所示的多种，其中最简单的是直跑楼梯。直跑楼梯又分为单跑和多跑几种。楼梯中最常见的是双跑并列成对折关系的楼梯，称其为双跑平行楼梯或折角式楼梯。另外，剪刀式楼梯、圆弧形楼梯、内径较小的螺旋形楼梯、带扇步的楼梯以及各种坡度比较陡的爬梯也都是楼梯的常用形式。

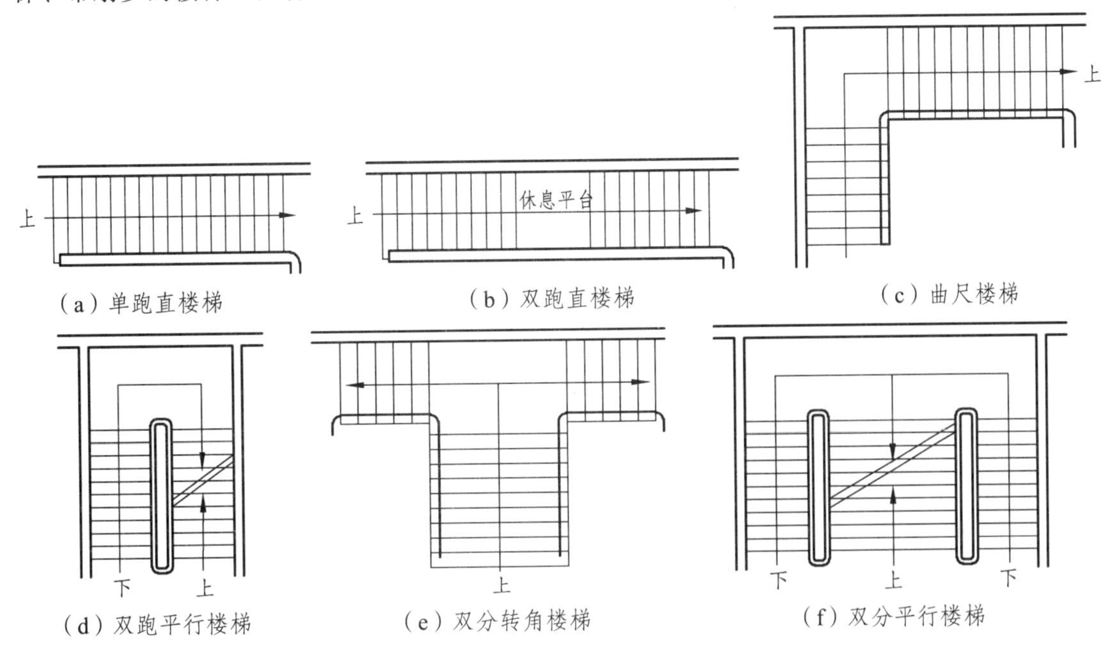

（a）单跑直楼梯　（b）双跑直楼梯　（c）曲尺楼梯

（d）双跑平行楼梯　（e）双分转角楼梯　（f）双分平行楼梯

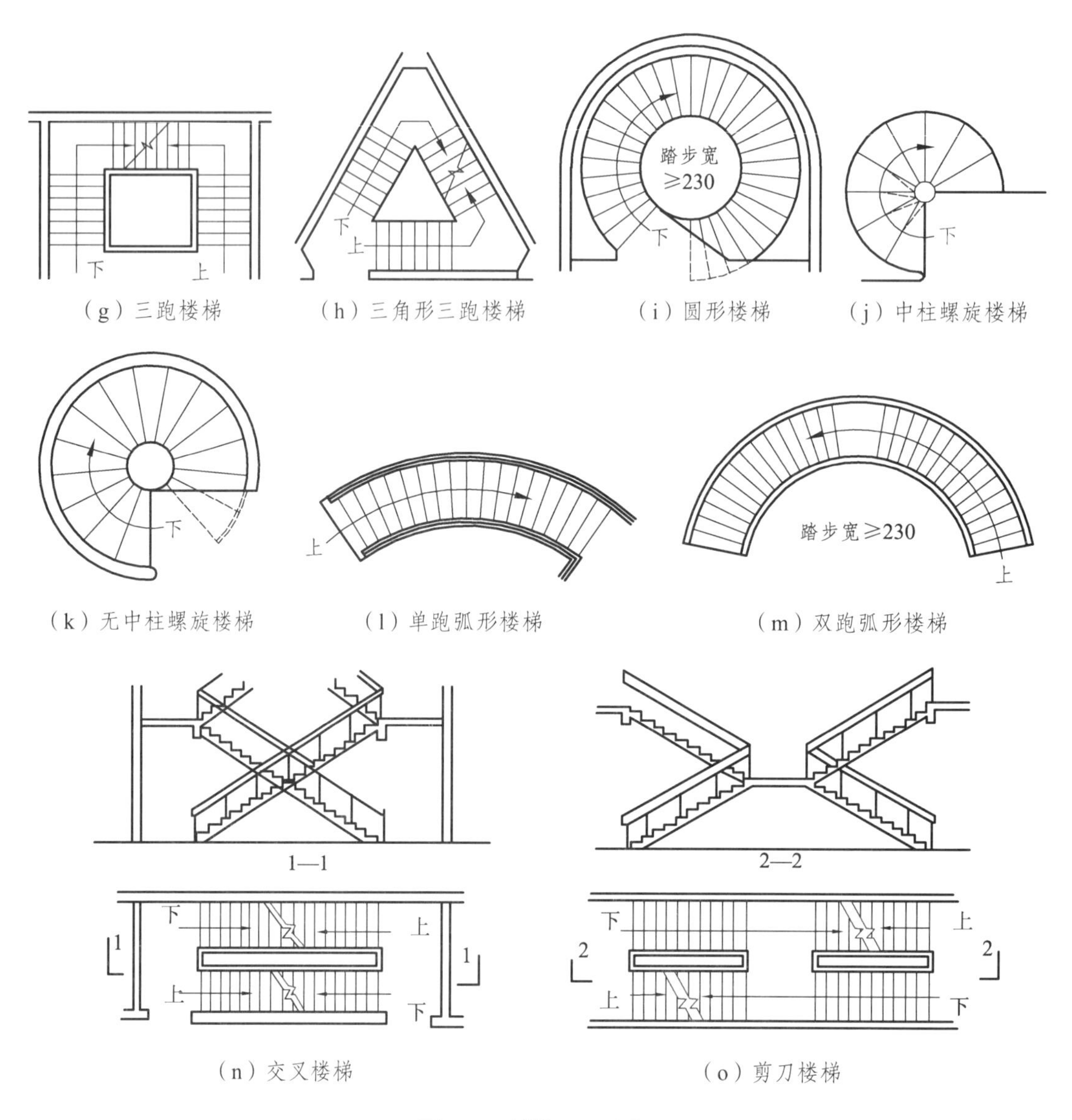

图 6-2 楼梯平面形式

图 6-3 单跑直楼梯

图 6-4 双分转角楼梯

图 6-5　三跑楼梯

图 6-6　双分平行楼梯

图 6-7　剪刀楼梯

图 6-8　中柱螺旋楼梯

图 6-9　无中柱螺旋楼梯

（三）楼梯的设计要求

（1）主要楼梯应与主要出入口邻近，且位置明显；同时还应避免垂直交通与水平交通在交接处拥挤、堵塞等问题的出现。

（2）必须满足防火要求，楼梯间除允许直接对外开窗采光外，不得向室内任何房间开窗；楼梯间四周墙壁必须为防火墙；对防火要求高的建筑物，特别是高层建筑，应设计成封闭式楼梯或防烟楼梯。

（3）楼梯间必须有良好的自然采光.

（四）楼梯的尺度

1. 楼梯的坡度与踏步尺寸

楼梯的坡度是指梯段中各级踏步前缘的假定连线与水平面形成的夹角。楼梯的坡度大小应适中，坡度过大，行走易疲劳；坡度过小，楼梯占用的建筑面积增加，不经济。楼梯的坡度范围在 25° ~ 45°，最适宜的坡度为 1∶2 左右。坡度较小时（小于 10°），可将楼梯改为坡道。坡度大于 45° 的为爬梯。楼梯、爬梯、坡道等的坡度范围见图 6–10。

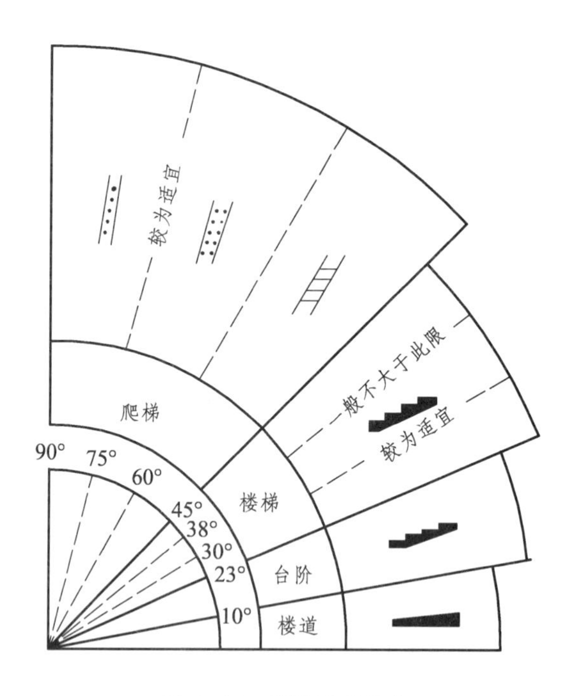

图 6–10　楼梯常用坡度

楼梯坡度应根据使用要求和行走舒适性等方面来确定。公共建筑的楼梯，一般人流较多，坡度应较平缓，常在 26°34′（1∶2）左右。住宅中的公用楼梯通常人流较少，坡度可稍陡些，多在 1∶2 ~ 1∶1.5，楼梯坡度一般不宜超过 38°。供少量人员通行的内部专用楼梯，其坡度可适当加大。用角度表示楼梯的坡度虽然准确、形象，但不宜在实际工程中操作。因此我们经常用踏步的尺寸来表述楼梯的坡度。

踏步由踏面和踢面组成（图 6-11）。踏面（踏步宽度）与成人的平均脚长相适应，一般不宜小于 260 mm。为了适应人们上下楼时脚的活动情况，踏面宜适当宽一些，常用 260 ~ 320 mm。在不改变梯段长度的情况下，为加宽踏面，可将踏步的前缘挑出，形成突缘，挑出长度一般为 20 ~ 30 mm［图 6-11（b）］。也可将踏面做成倾斜面［图 6-11（c）］。踏步高度一般宜在 140 ~ 175 mm，各级踏步高度均应相同。

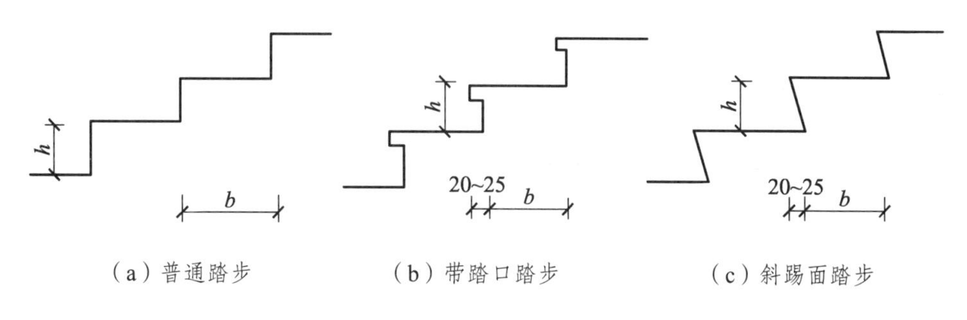

（a）普通踏步　　（b）带踏口踏步　　（c）斜踢面踏步

图 6-11　踏步形式

在通常情况下，踏步尺寸可根据经验公式求得：

$$b+2h=600 \sim 620\ \text{mm}$$

其中　b——踏步宽度；

h——踢面高度；

600 ~ 620 mm 为成人的平均步距。

常用踏步的最小宽度和最大高度见表 6.1 所示。

表 6.1　楼梯踏步最小宽度和最大高度

楼梯类别	最小宽度 b/mm	最大高度 h/mm
住宅公用楼梯	260	175
幼儿园、小学校楼梯	260	150
电影院、剧场、体育场、商场、医院、旅馆、大中学校等楼梯	280	160
其他建筑类别	260	170
专用疏散楼梯	250	180
服务楼梯、住宅套内楼梯	220	200

注：无中柱螺旋楼梯和弧形楼梯离内侧扶手中心 0.25 m 处的踏步宽度不应小于 0.22 m。

2. 梯段宽度

梯段尺度分为梯段宽度和梯段长度。梯段宽度根据紧急疏散时要求通过的人流股数多少确定。按每股人流为［0.55+（0 ~ 0.15）］m 的人流股数确定，并不应少于两股人流。同时还应满足各类建筑设计规范中对梯段宽度的限定。

3. 平台宽度

平台宽度分为中间平台宽度 D_1 和楼层平台宽度 D_2，对于平行和折行多跑等类型楼梯，其转向后的中间平台宽度应不小于梯段宽度，并应≥1 200 mm，以保证可通行与梯段同股数的人流。同时，应便于家具搬运，医院建筑还应保证担架在平台处能转向通行，其中间平台宽度应≥1 800 mm。对于直行多跑楼梯，其中间平台宽度可等于梯段宽。对于楼层平台宽度，则应比中间平台更宽松一点，以利人流分配和停留。

4. 梯井宽度

所谓梯井，系指梯段之间形成的空当，该空当从顶层到底层贯通。公共建筑的室内疏散楼梯两梯段扶手间的水平净距不宜小于 150 mm，超过 200 mm 应采取防护措施。

楼梯平面尺寸见图 6-12，其中 N 为梯段踢面数。

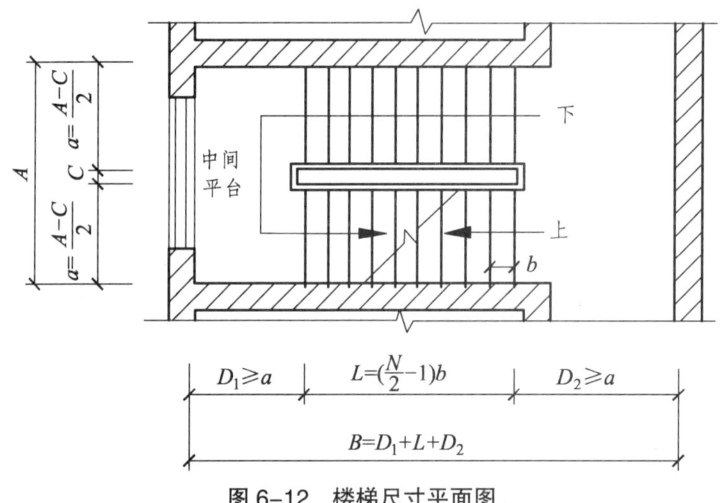

图 6-12　楼梯尺寸平面图

5. 栏杆扶手尺度

楼梯应至少于一侧设扶手，梯段净宽达三股人流时应两侧设扶手，达四股人流时宜加设中间扶手。室内楼梯扶手高度自踏步前缘线量起不宜小于 0.90 m（图 6-13）。靠楼梯井一侧水平扶手长度超过 0.50 m 时，其高度不应小于 1.05 m。供儿童使用的楼梯应在 500 ~ 600 mm 高度增设扶手。托儿所、幼儿园、中小学及少年儿童专用活动场所的楼梯，梯井净宽大于 0.20 m 时，必须采取防止少年儿童攀滑的措施，楼梯栏杆应采取不易攀登的构造，当采用垂直杆件做栏杆时，其杆件净距不应大于 0.11 m。

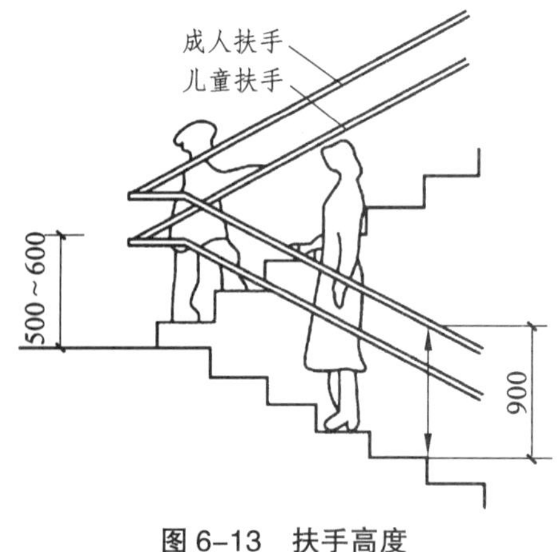

图 6-13　扶手高度

6. 楼梯的净空高度

梯段净高为自踏步前缘（包括最低和最高一级踏步前缘线以外 0.30 m 范围内）量至上方突出物下缘间的垂直高度。

楼梯各部位的净空高度应保证人流通行和家具搬运，楼梯平台上部及下部过道处的净高不应小于 2 m，梯段净高不宜小于 2.20 m（图 6-14）。

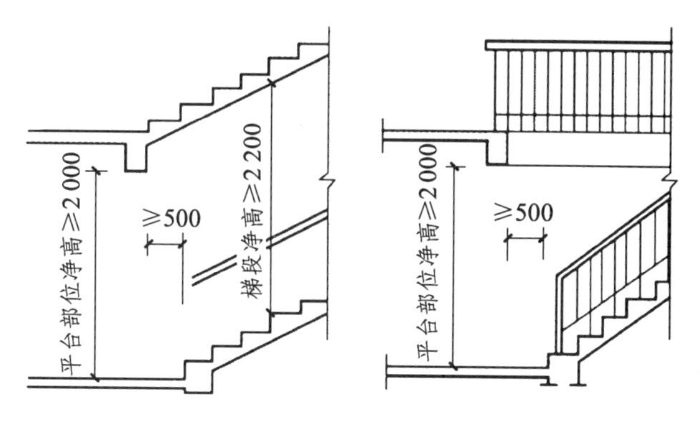

图 6-14 楼梯净空高

当在平行双跑楼梯底层中间平台下需设置通道时，为保证平台下净高满足通行要求（一般净高≥2000mm），可通过以下方式解决（图 6-15）：

（1）底层采用长短跑梯段。起步第一跑设为长跑，以提高中间平台标高。

（2）局部降低底层中间平台下地坪标高，使其低于底层室内地坪标高±0.000，以满足净空高度要求。

（3）综合以上两种方式，在采取长短梯段的同时，又降低底层中间平台下的地坪标高。

（4）底层用直行单跑或直行双跑梯段直接从室外到达 2 层。

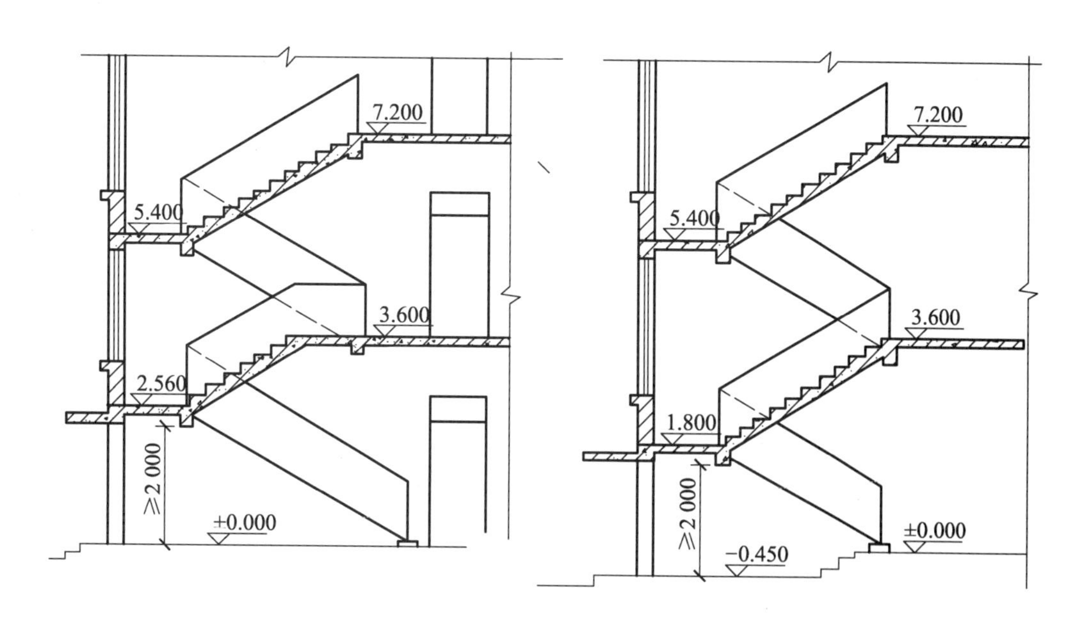

（a）底层长短跑楼梯　　（b）局部降低地坪

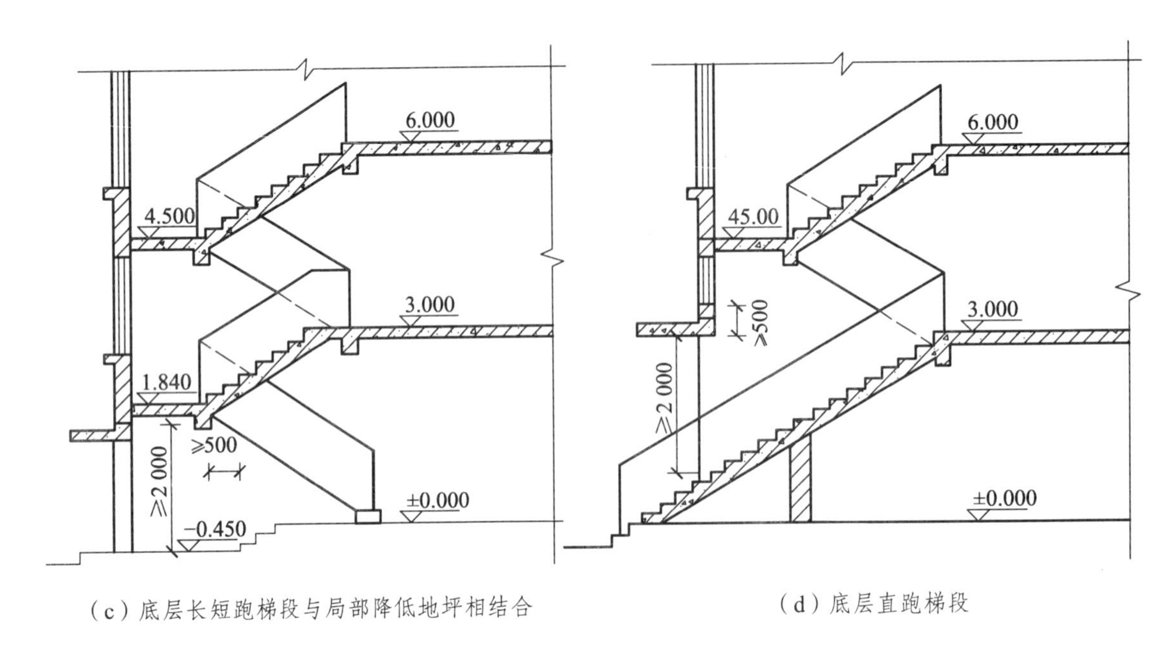

（c）底层长短跑梯段与局部降低地坪相结合

（d）底层直跑梯段

图 6-15　平台下作出入口时楼梯净高设计的几种方式

任务二　钢筋混凝土楼梯构造认知

【任务描述】

通过本任务的学习，学生应能够根据施工方法、受力形式等分清钢筋混凝土楼梯类型，能知道钢筋混凝土楼梯的构造特点。

【知识链接】

楼梯的材料可以采用木材、钢材、钢筋混凝土或多种材料混合制作。钢筋混凝土楼梯由于具有较好的结构刚度和强度，较理想的耐久、耐火性能，并且在施工、造型和造价等方面也有较多优势，故应用最为普遍。

钢筋混凝土楼梯按施工方式可分为现浇式和预制装配式两大类。

一、现浇钢筋混凝土楼梯

现浇钢筋混凝土楼梯的整体性能好、刚度大、有利于抗震，但模板耗费大、施工周期长，特别适用于抗震要求高及楼梯形式和尺寸变化多的建筑物。现浇楼梯根据梯段的传力方式不同有板式梯段和梁板式梯段两类。

（一）板式梯段

板式楼梯（图 6-16）通常由梯段板、平台梁和平台板组成。梯段板是一块带踏步的斜板，它承受着梯段的全部荷载，并通过平台梁将荷载传给墙体或柱子，如图 6-16（a）所示。必要时，也可取消梯段板一端或两端的平台梁，使平台板与梯段板联为一体，形成折线形的板，直接支承于墙或梁上，见图 6-16（b）。

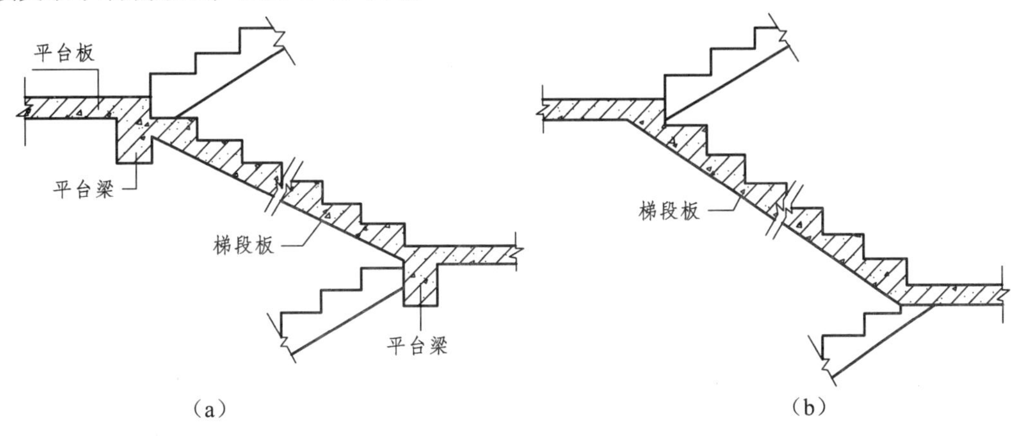

图 6-16　现浇钢筋混凝土板式梯段

近年来，在一些公共建筑和庭园建筑中，出现了一种悬臂板式楼梯。其特点是梯段和平台均无支承，完全靠上下楼梯段与平台组成的空间板式结构与上下层楼板结构共同来受力，且造型新颖，空间感好。

现浇钢筋混凝土弧形楼梯底面平顺、结构占用空间少、造型优美，但由于板跨大、受力复杂，因此结构设计和施工难度较大，钢筋和混凝土用量也较大。图 6-17 所示为现浇扭板式钢筋混凝土弧形楼梯，一般用于观感要求高的建筑，特别是公共建筑的大厅中。为了使梯段边缘线条轻盈，可在靠近边缘处局部减薄板厚进行出挑。

板式楼梯的梯段底面平整，外形简洁，便于支模施工。当梯段跨度不大时（一般不超过 3m）常采用；当梯段跨度较大时，梯段板厚度增加，自重较大，钢材和混凝土用量较多，经济性较差。

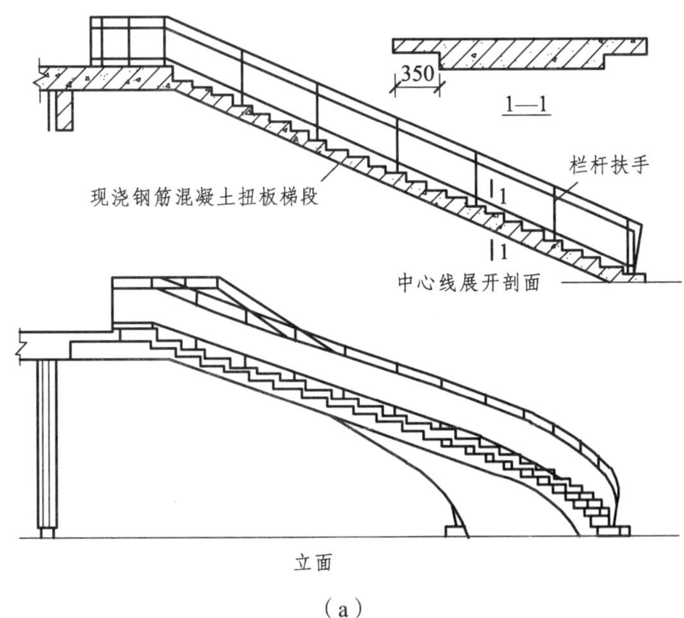

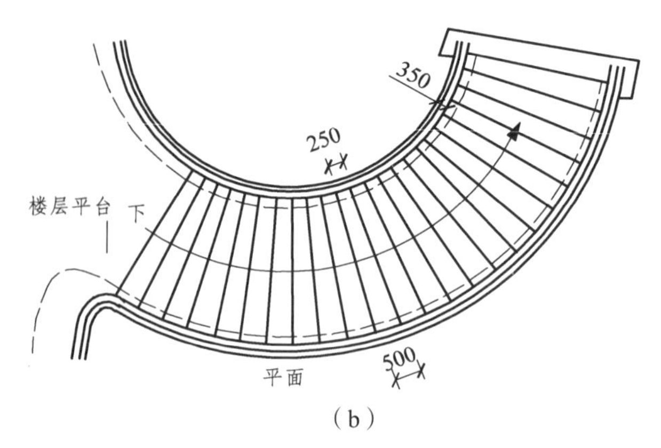

（b）

图 6–17　现浇钢筋混凝土扭板梯段

（二）梁板式梯段

当梯段较宽或楼梯荷载较大时，采用板式梯段往往不经济，须增加梯段斜梁（简称梯梁）以承受板的荷载，并将荷载传给平台梁，这种梯段称梁板式梯段。

梁板式梯段在结构布置上有双梁布置和单梁布置之分。梯梁在板下部的称为正梁式梯段，见图 6-18（a）；将梯梁反向上面的称为反梁式梯段，见图 6-18（b）。正梁式梯段踏步可以从侧面看到，称为“明步”；反梁式梯段踏步从侧面看不到，称为“暗步”。

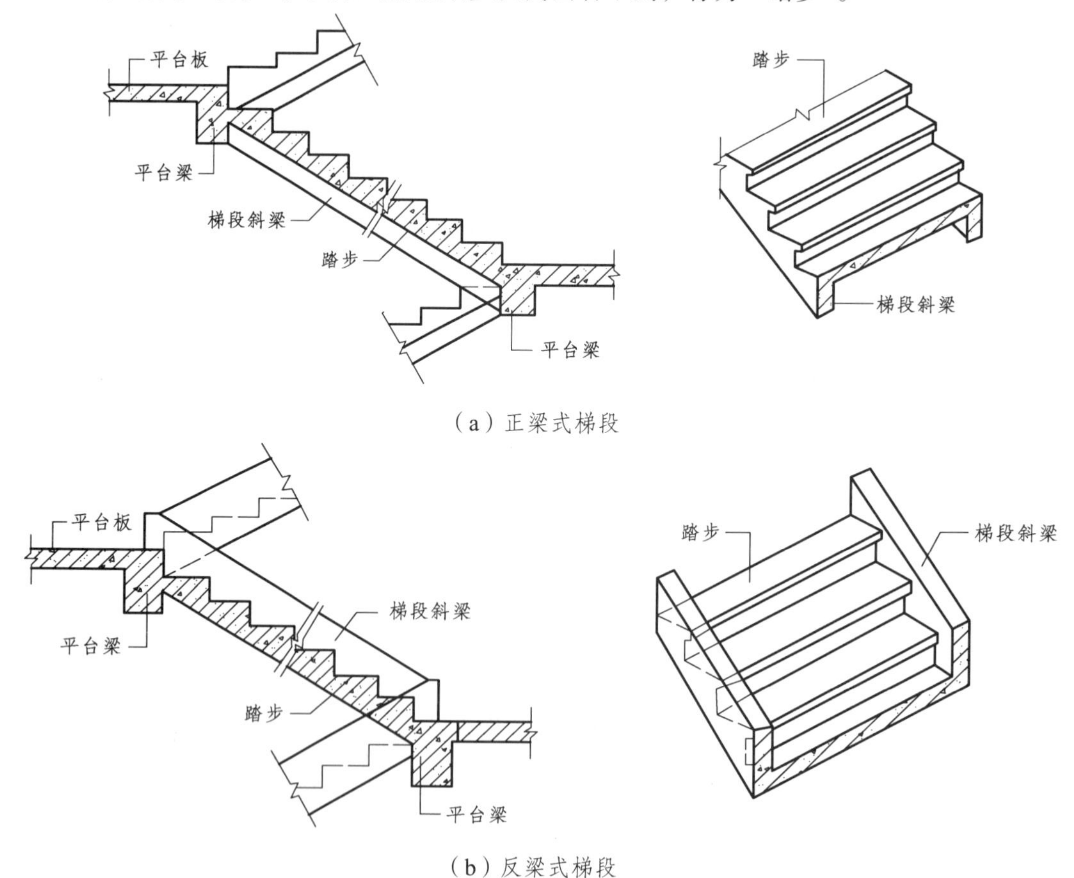

图 6–18　现浇钢筋混凝土梁板式梯段

在梁板式结构中，单梁式楼梯是近年来公共建筑中采用较多的一种结构形式。这种楼梯的每个梯段由一根梯梁支承踏步。梯梁布置有两种方式：一种是单梁悬臂式楼梯[图 6-19（a）]；另一种是单梁挑板式楼梯［图 6-19（b）]。单梁楼梯受力复杂，梯梁不仅受弯，而且受扭，但这种楼梯外形轻巧、美观，常为建筑空间造型所采用。

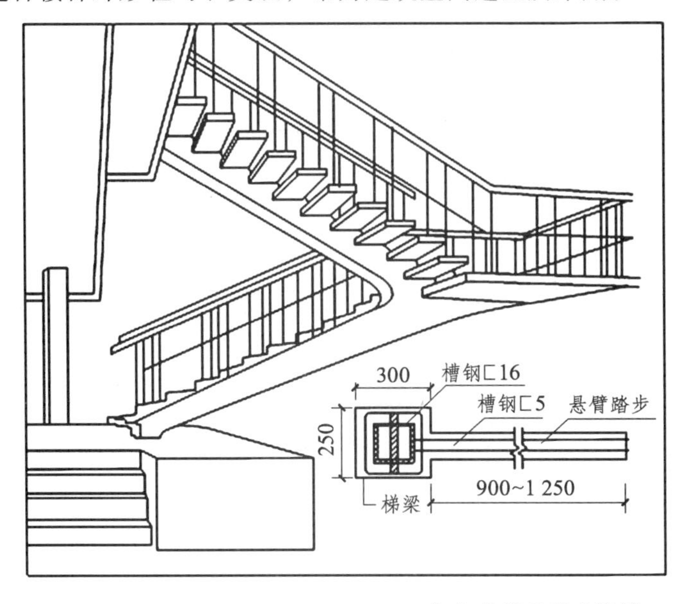

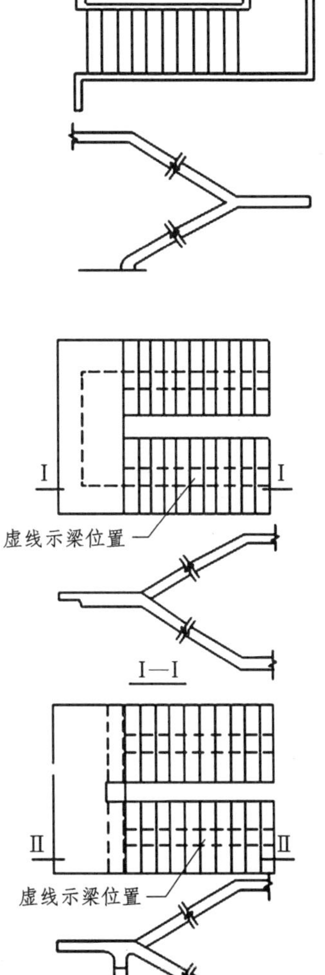

（a）单梁悬臂式楼梯

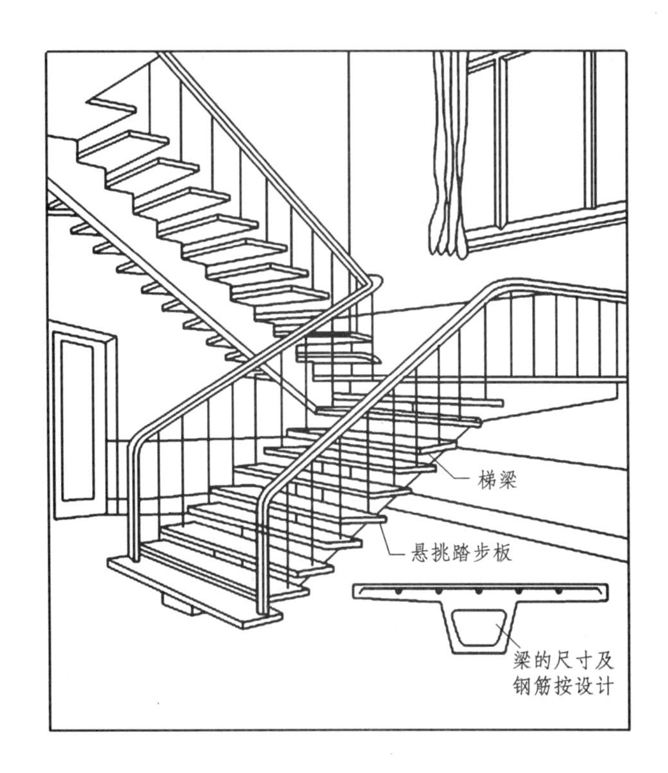

（b）单梁挑板式楼梯

图 6-19 单梁式楼梯

二、预制装配式楼梯

预制装配式钢筋混凝土楼梯按其构造方式可分为梁承式、墙承式和墙悬臂式等类型。

（一）预制装配梁承式钢筋混凝土楼梯

预制装配梁承式钢筋混凝土楼梯系指梯段由平台梁支承的楼梯构造方式。预制构件可按梯段（板式或梁板式梯段）、平台梁和平台板三部分进行划分（图 6-20）。

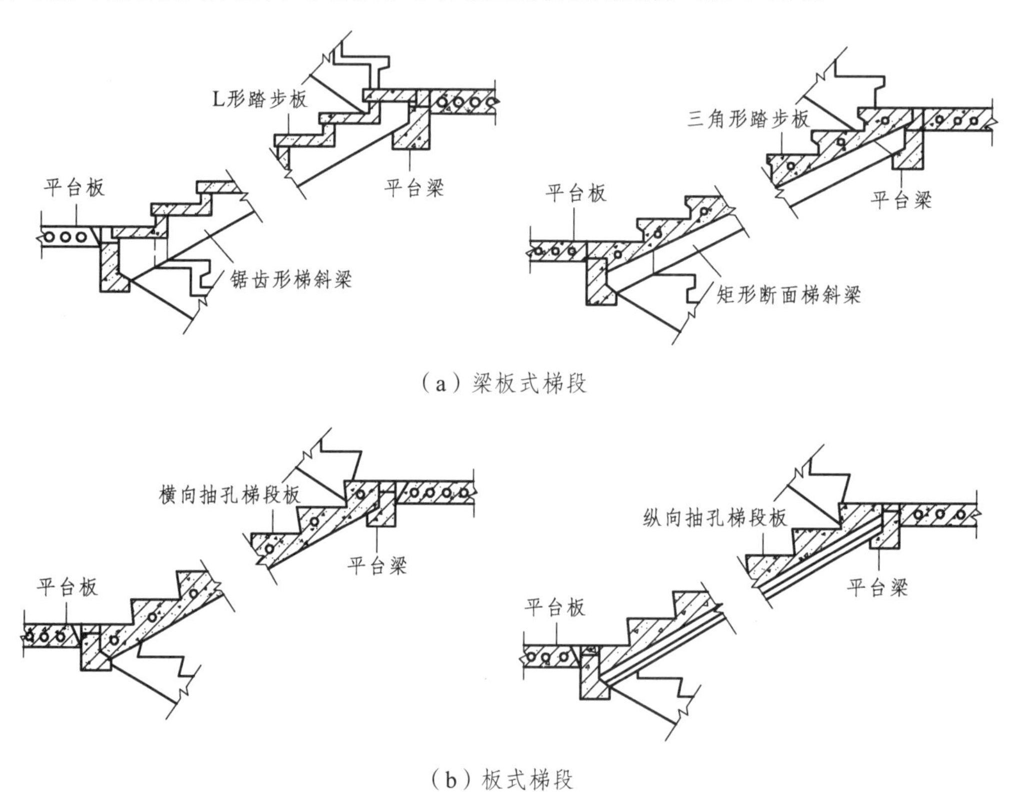

图 6-20　预制装配梁承式楼梯

1. 梯　段

（1）梁板式梯段。

梁板式梯段由梯斜梁和踏步板组成［图 6-21（a）］。一般在踏步板两端各设一根梯斜梁，踏步板支承在梯斜梁上。由于构件小型化，无须大型起重设备即可安装，故施工简便。

踏步板（图 6-21）断面形式有一字形、L 形、三角形等，厚度根据受力情况为 40 ~ 80 mm。一字形踏步板断面制作简单，踢面可镂空或用砖填充［图 6-21（a）］，但其受力不太合理，仅用于简易楼梯、室外楼梯等。L 形与倒 L 形断面踏步板为平板带肋形式构件，较一字形断面踏步板受力合理，用料省，自重轻；其缺点是底面呈折线形，不平整。三角形断面踏步板使梯段底面平整、简洁，解决了前几种踏步板底面不平整的问题。为了减轻自重，常将三角形断面踏步板抽孔，形成空心构件。

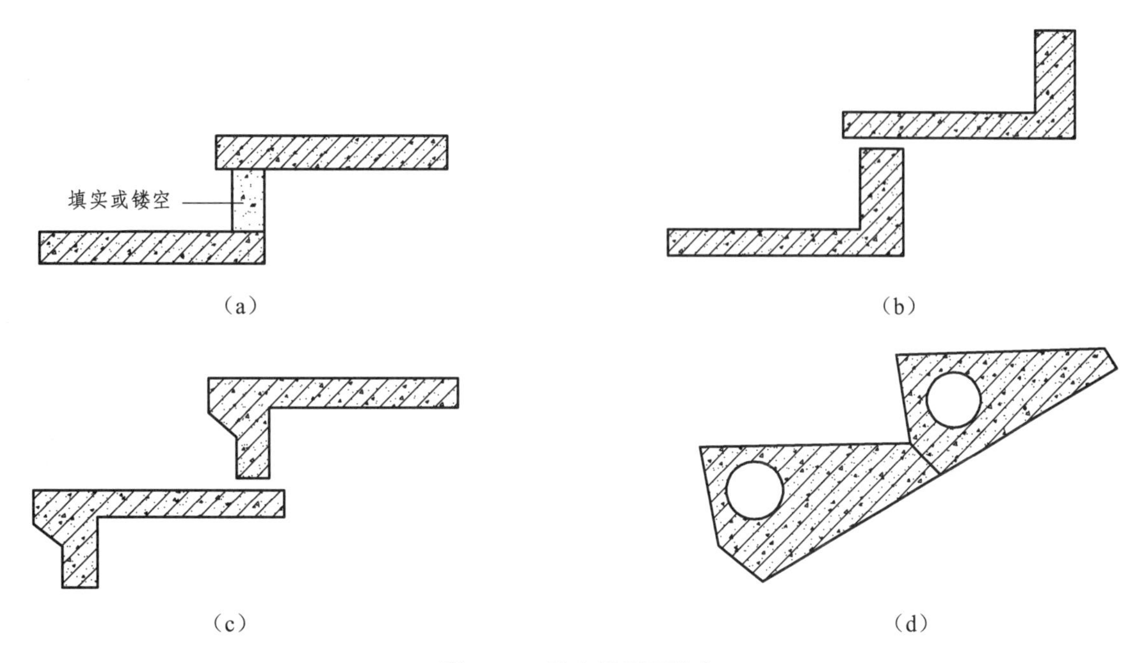

图 6-21　踏步板断面形式

梯斜梁用于搁置一字形、L 形断面踏步板，为锯齿形变截面构件，见图 6-22（a）。用于搁置三角形断面踏步板的梯斜梁为等断面构件，见图 6-22（b）。

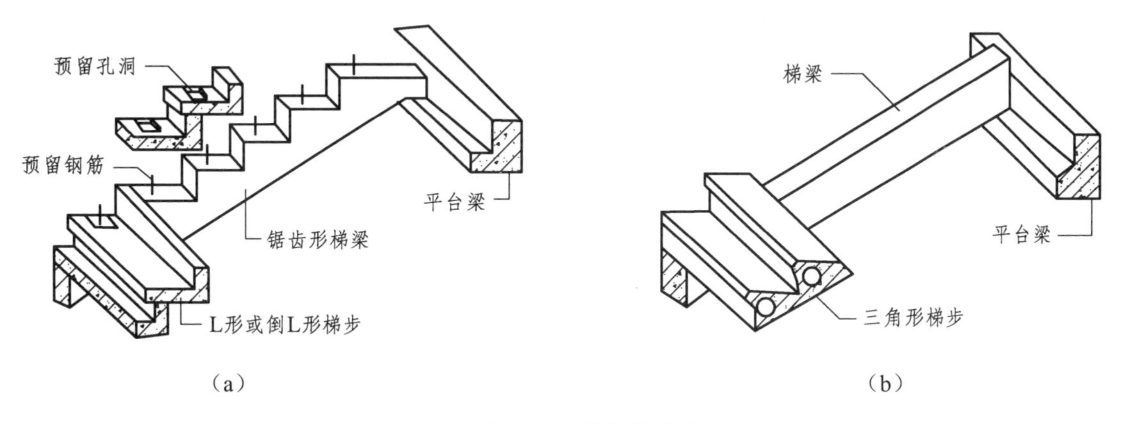

图 6-22　预制梯斜梁形式

（2）板式梯段。

板式梯段如图 6-20（b）所示。图 6-23 所示为带踏步的钢筋混凝土锯齿形板，其上下端直接支承在平台梁上。由于没有斜梁，梯段底面平整，梯段板厚度小且无斜梁，使平梁截面高度相应减小，从而增大了平台下净空高度。

为了减轻梯段板自重，也可将梯段板做成空心构件，有横向抽孔和纵向抽孔两种方式，横向抽孔较纵向抽孔合理、易行，较为常用。

2. 平台梁

为了便于支承梯斜梁或梯段板，以及平衡梯段水平分力并减少平台梁所占结构空间，一般将平台梁做成 L 形断面（图 6-24）。

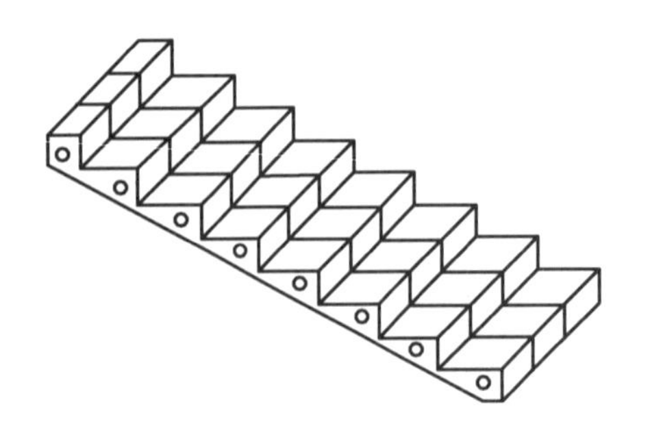

图 6-23 带踏步的板式楼梯

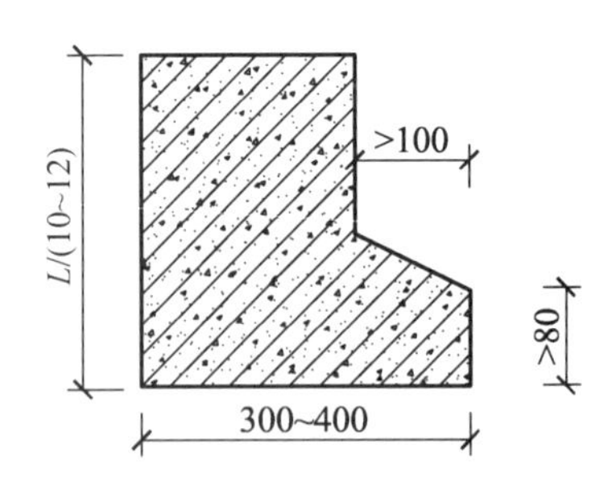

图 6-24 平台梁断面尺寸

3. 平台板

平台板可根据需要采用钢筋混凝土空心板、槽板或平板。需要注意的是，在平台上有管道井处，不宜布置空心板。平台板一般平行于平台梁布置，以利于加强楼梯间整体刚度，见图 6-25（a）。当垂直于平台梁布置时，常用小块平台板，见图 6-25（b）。

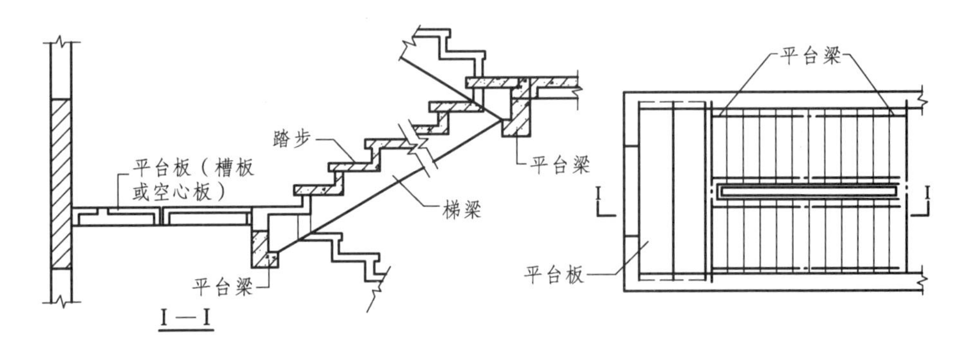

（a）平台板两端支承在楼梯间侧墙上，与平台梁平行布置

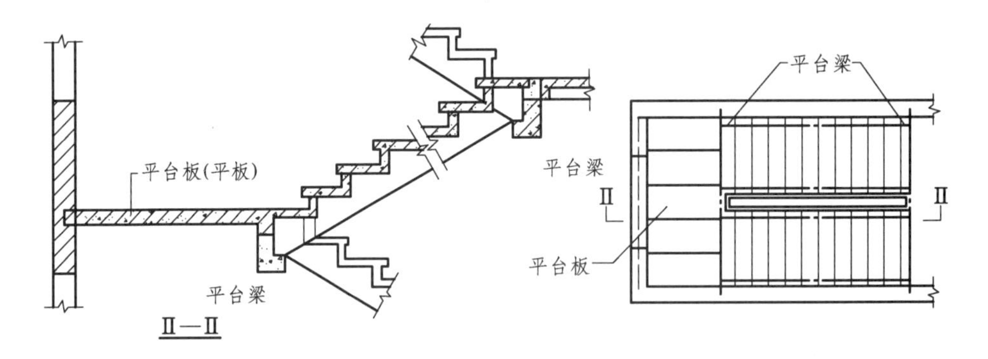

（b）平台板与平台梁垂直布置

图 6-25 梁承式梯段与平台的结构布置

4. 构件连接构造

（1）踏步板与梯斜梁连接。

一般在梯斜梁支撑踏步板处用水泥砂浆坐浆连接。如需加强，可在梯斜梁上预埋插筋，与踏步板支撑端预留孔插接，用高强度等级水泥砂浆填实［图 6-26（a）］。

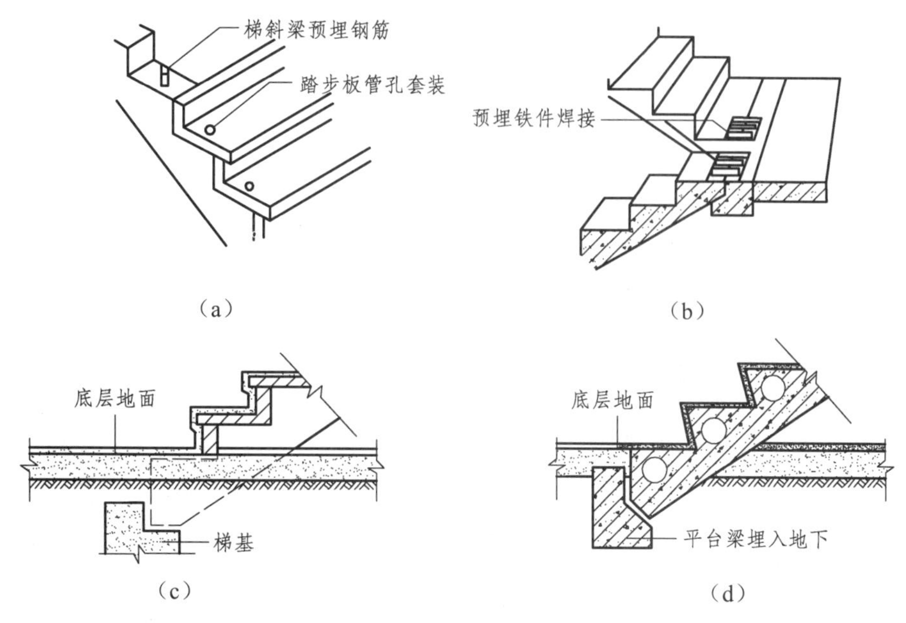

图 6-26　构件连接构造

（2）梯斜梁或梯段板与平台梁连接。

在支座处除了用水泥砂浆坐浆外，应在连接端预埋钢板进行焊接［图 6-26（b）］。

（3）梯斜梁或梯段板与梯基连接。

在楼梯底层起步处，梯斜梁或梯段板下应作梯基。梯基常用砖或混凝土制成，见图 6-26（c）；也可用平台梁代替梯基［图 6-26（d）］，但需注意该平台梁无梯段处与地坪的关系。

（二）预制装配墙承式钢筋混凝土楼梯

预制装配墙承式钢筋混凝土楼梯系指预制钢筋混凝土踏步板直接搁置在墙上的一种楼梯形式（图 6-27）。其踏步板一般采用一字形、L 形断面。

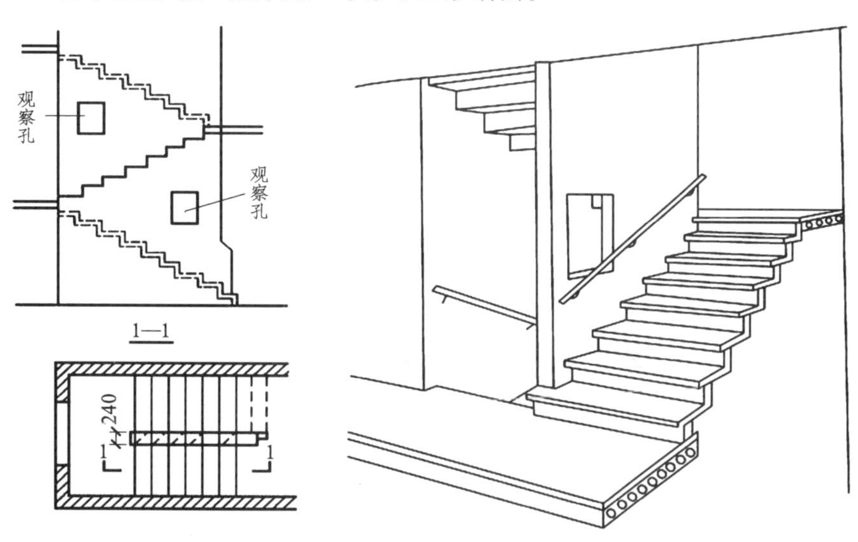

图 6-27　墙承式钢筋混凝土楼梯

墙承式钢筋混凝土楼梯由于在梯段之间有墙，搬运家具不方便，也阻挡视线，上下人流易相撞，通常在中间墙上开设观察口，以使上下人流视线流通。

（三）预制装配墙悬臂式钢筋混凝土楼梯

预制装配墙悬臂式钢筋混凝土楼梯系指预制钢筋混凝土踏步板一端嵌固于楼梯间侧墙上，另一端悬挑的楼梯形式，见图 6-28。

图 6-28　预制装配墙悬臂式楼梯

装配式楼梯按照构件划分有小型构件装配式楼梯和大中型构件装配式楼梯。以楼梯踏步板为主要装配构件，安装在梯段梁上，其构件尺寸一般较小，数量较多，故称之为小型构件装配式楼梯。小型构件装配式楼梯在选材上可采用单一材料，如上述的钢筋混凝土梯段梁上安装混凝土踏步板，或者钢梁上安装钢踏步板等；亦可使用混合材料，例如在钢梁上安装混凝土、玻璃或各种天然及复合的木踏步板等，一般均结合楼梯造型与建筑饰面统一考虑。其构件的连接方式可根据选用材料的特点，采用焊接、套接、栓接等。

大中型构件装配式楼梯主要是钢筋混凝土楼梯和重型钢楼梯。其中大型构件主要是以整个梯段以及整个平台为单独的构件单元，在工厂预制好后运到现场安装。中型构件主要是沿着平行于梯段或平台跨度方向将构件划分成几块，以减少对大型运输和起吊设备的要求。钢构件在现场一般是采用焊接的工艺拼装，钢筋混凝土构件在现场可以通过预埋件焊接，也可以通过构件上的预埋件和预埋孔相互套接。

任务三　楼梯细部构造认知

【任务描述】

通过本任务的学习，学生应能够知道楼梯的细部构造，如踏步面层的材料及防滑处理、栏杆与扶手的连接；能够知道台阶与坡道的构造。

【知识链接】

一、楼梯的踏步面层及栏杆扶手的构造

（一）踏步的面层

楼梯踏面面层的构造做法大致与楼板面层相同，面层常采用水泥砂浆、水磨石等，亦可采用铺缸砖、铺釉面砖或铺大理石板。前两种多用于一般工业与民用建筑中，后几种多用于有特殊要求或较高级的公共建筑中。但楼梯作为垂直交通工具，在火灾等灾害发生时往往是疏散人流的唯一通道，所以踏步面层一定要防滑。防滑措施与饰面材料有关。例如水磨石面层以及其他表面光滑的面层，常在踏步的踏口处用不同于面层的材料做出略高于踏面的防滑条；或用带有槽口的陶土块或金属板包住踏面口（图 6-29）。

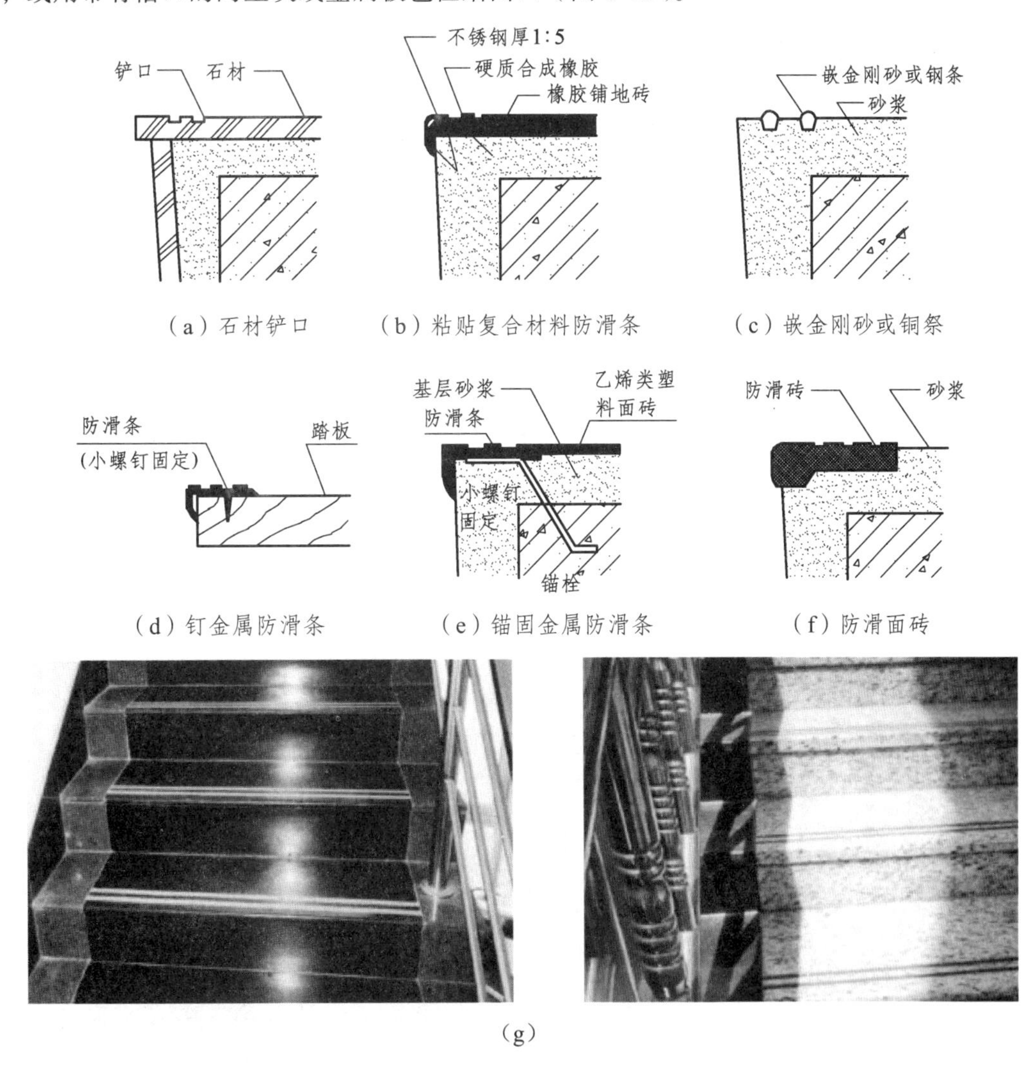

（a）石材铲口　（b）粘贴复合材料防滑条　（c）嵌金刚砂或铜条

（d）钉金属防滑条　（e）锚固金属防滑条　（f）防滑面砖

（g）

图 6-29　楼梯防滑处理

（二）栏杆、栏板与扶手

栏杆和栏板位于梯段或平台临空一侧，是重要的安全设施，也是装饰性较强的构件。栏杆和扶手组合后应有一定的强度，能够经受住一定的冲击力。

1. 栏　杆

栏杆多采用方钢、圆钢、钢管或扁钢等材料，并可焊接或铆接成各种图案，既起防护作用，又起装饰作用。

图 6-30 所示为栏杆示例，在构造设计中应保证其竖杆具有足够的强度，以抵抗侧向冲击力，最好将竖杆与水平杆及斜杆连为一体共同工作。其杆件形成的空花尺寸不宜过大，通常为 110 mm，不应采用易于攀登的花饰，特别是供少年儿童使用的楼梯尤应注意。当竖杆间距较密时，其杆件断面可小一些；反之则应大一些。常用的钢竖杆断面为圆形和方形，并分为实心和空心两种。

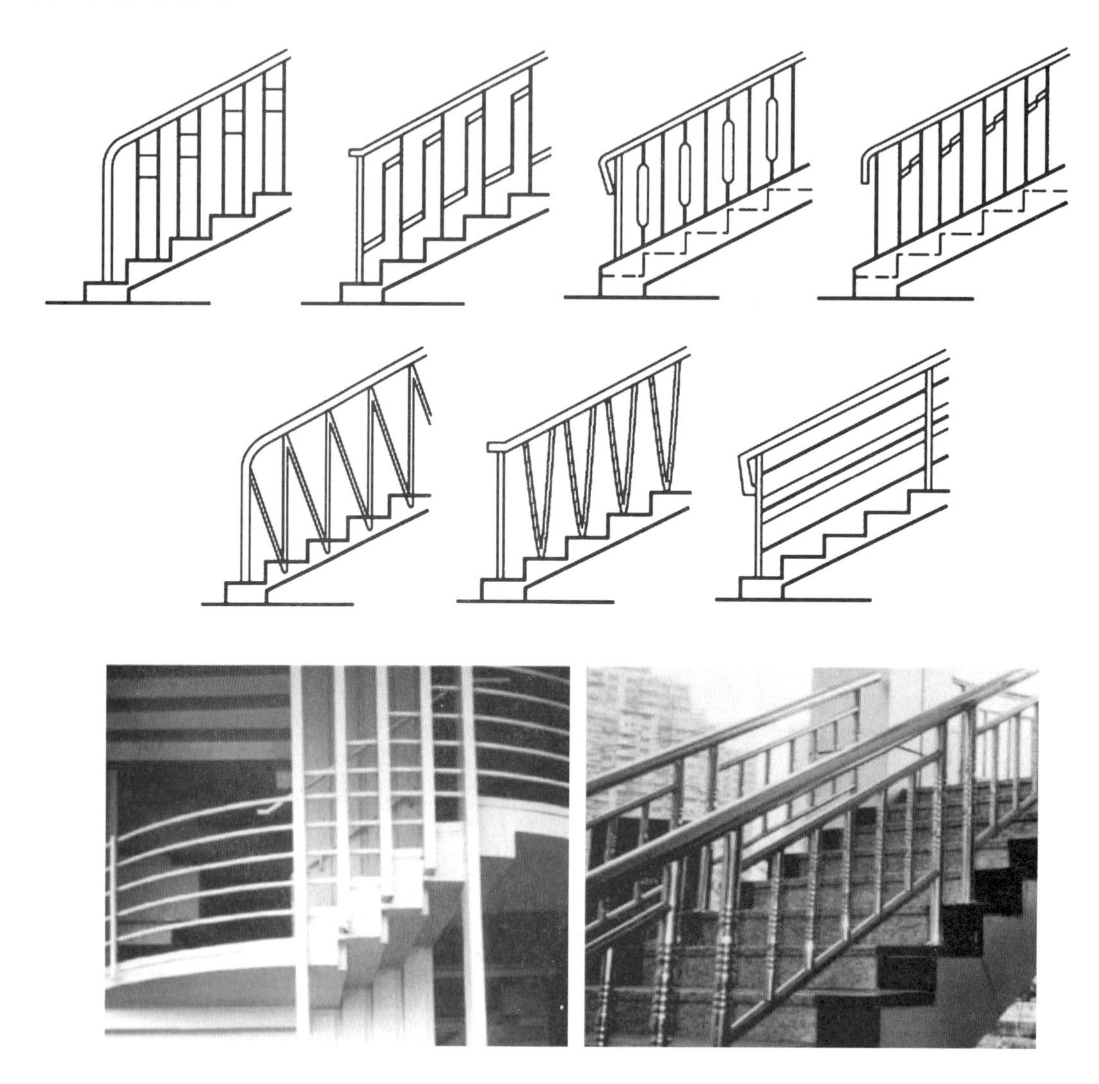

图 6-30　栏杆

栏杆与踏步的连接方式有锚接、焊接和栓接三种（图 6-31）。锚接是在踏步上预留孔洞，然后将端部做成开脚或倒刺的栏杆插入楼梯预留孔洞内，洞内浇注水泥砂浆或细石混凝土嵌固。焊接则是在浇注楼梯踏步时，在需要设置栏杆的部位，沿踏面预埋钢板，然后将栏杆立杆焊接在预埋钢板上。栓接系指利用螺栓将栏杆固定在踏步上，方式可有多种。

2. 栏 板

栏板式栏杆取消了杆件，免去了栏杆的不安全因素，节约钢材，无锈蚀问题，但板式构件应能承受侧向推力。栏板材料常采用砖、钢丝网水泥抹灰、钢筋混凝土等。图 6-32 所示为多用于室外楼梯或受到材料经济限制、采用栏板的室内楼梯。

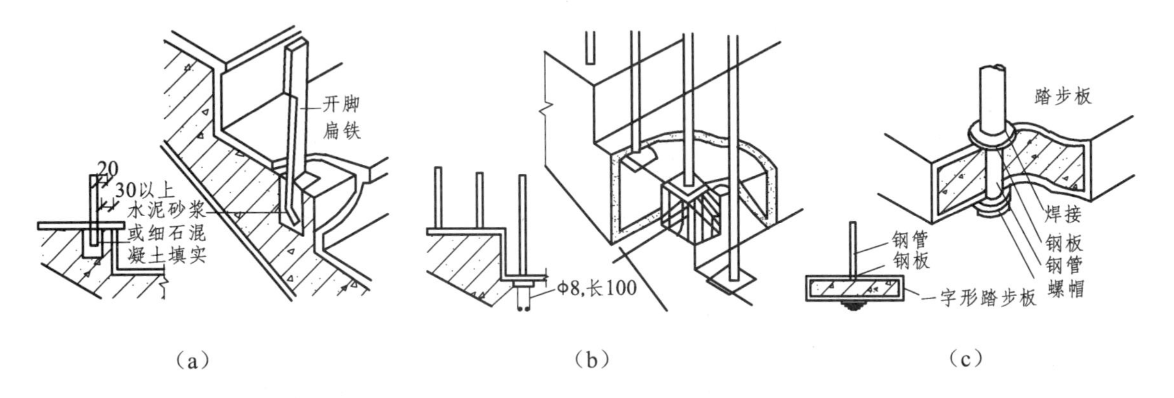

图 6-31 栏杆与踏步的连接方式

图 6-32 楼梯栏板

3. 组合式栏杆

组合式栏杆是将栏杆与栏板组合而成的一种栏杆形式（图 6-33、图 6-34）。在这种形式中，栏杆竖杆作为主要抗侧力构件，栏板则作为防护和美观装饰构件，其栏杆竖杆常采用钢材或不锈钢等材料，其栏板部分常采用轻质美观材料制作，如木板、塑料贴面板、铝板、有机玻璃板和钢化玻璃板等。

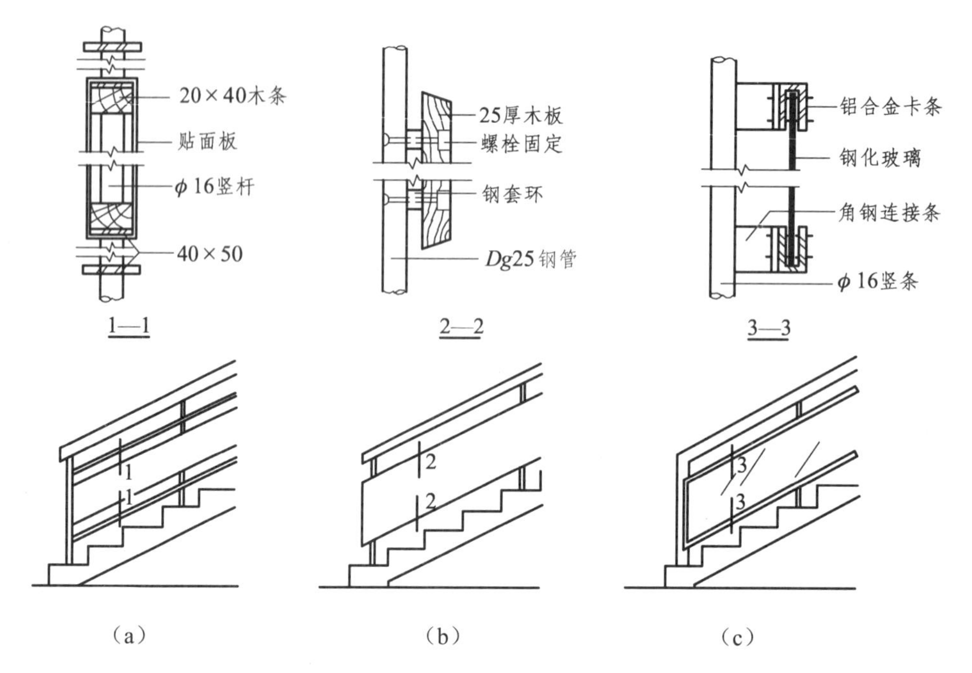

图 6-33 组合式栏杆构造

图 6-34 组合式栏杆实例

4. 扶 手

楼梯扶手按材料分有木扶手、金属扶手、塑料扶手等，以构造分有镂空栏杆扶手、栏板扶手和靠墙扶手等。木扶手、塑料扶手用木螺丝通过扁铁与镂空栏杆连接；金属扶手则通过焊接或螺钉连接；靠墙扶手则由带预埋铁脚的扁钢用木螺丝来固定；栏板扶手多采用抹水泥砂浆或水磨石粉面的处理方式，见图 6-35。

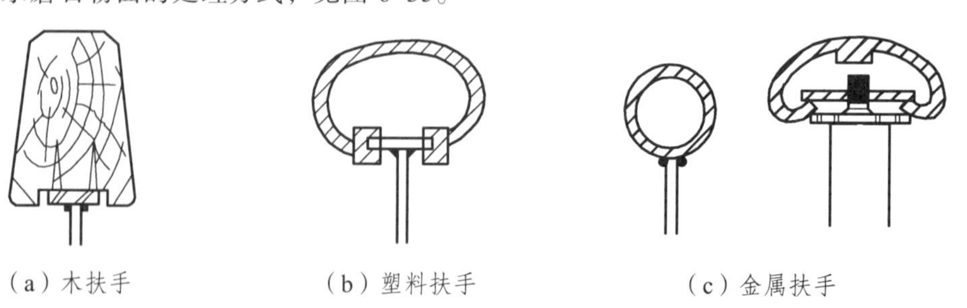

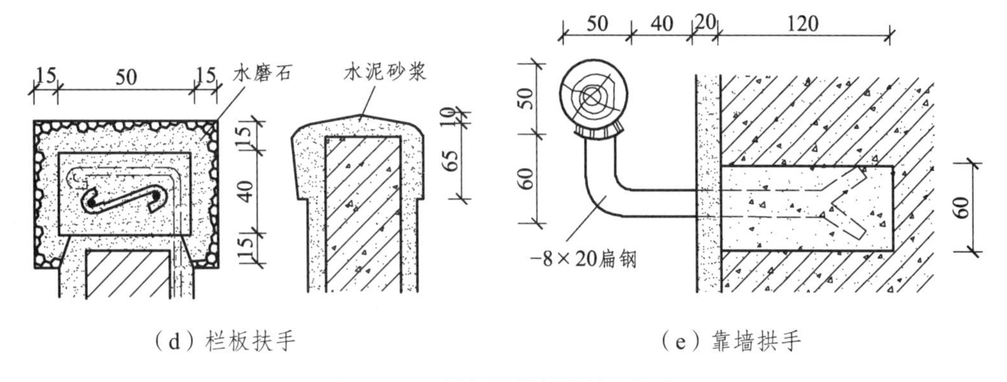

（d）栏板扶手　　（e）靠墙拱手

图 6-35　栏杆及栏板的扶手构造

在底层第一跑梯段起步处，为增强栏杆刚度和美观，可以对第一级踏步和栏杆扶手进行特殊处理（图 6-36）。

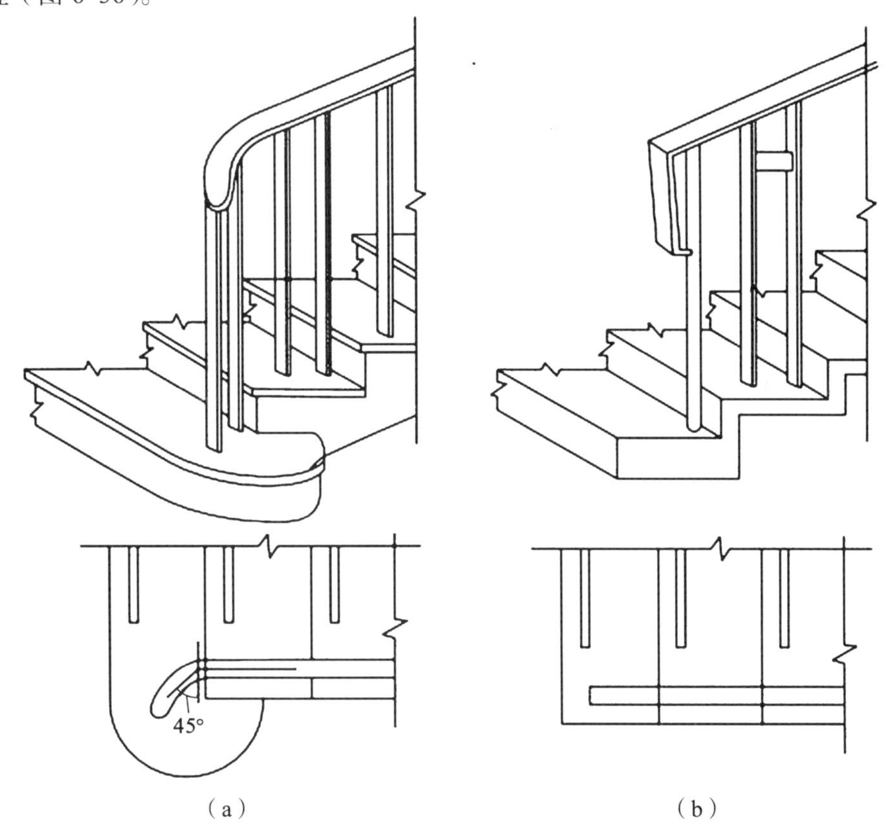

（a）　　（b）

图 6-36　楼梯起步处理

在梯段转折处，由于梯段间的高差关系，为了保持栏杆高度一致和扶手的连续，应根据不同情况进行处理（图 6-37）。当上下梯段齐步时，上下扶手在转折处同时向平台延伸半步，使两扶手高度相等，连接自然，但这样做缩小了平台的有效深度；如扶手在转折处不伸入平台，下跑梯段扶手在转折处须上弯形成鹤颈扶手，因鹤颈扶手制作较麻烦，也可改用直线转折的硬接方式；当上下梯段错一步时，扶手在转折处不需向平台延伸即可自然连接，当长短跑梯段错开几步时，将出现一段水平栏杆。

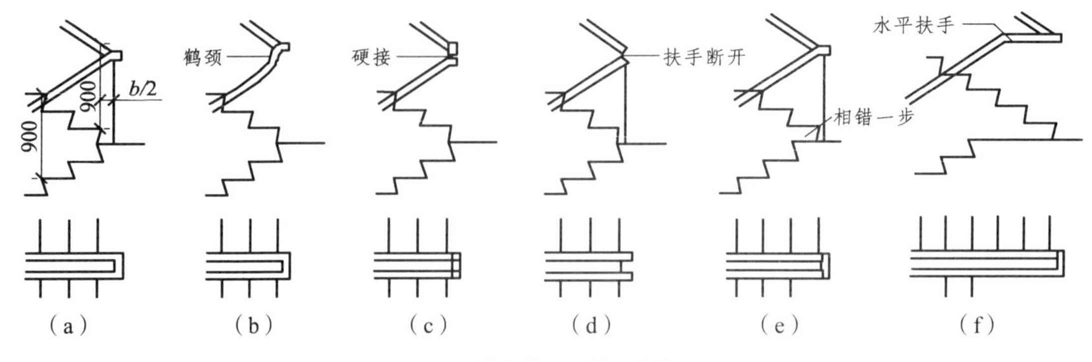

图 6-37　梯段转折处扶手栏杆处理

二、台阶与坡道

（一）台阶与坡道的形式

室外台阶是建筑出入口处室内外高差之间的交通联系部件。通常情况下，除了大型公共建筑像体育馆、影剧院及一些纪念性建筑外，所需联系的室内外高差都不大。坡道作为室外工程，因为坡度的限制所以可能很长，占地会较多。近些年，随着地下空间的开发与利用，特别是多高层建筑的地下室被设计成停车场，坡道在其中是必不可少的。台阶由踏步和平台组成，如图 6-38、图 6-39 所示。其形式有三面踏步式［图 6-38（a）］和单面踏步式［图 6-38（b）］。台阶坡度较楼梯平缓，每级踏步高为 100 ~ 150 mm，踏面宽为 300 ~ 400 mm。人流密集的场所台阶高度超过 0.70 m 并侧面临空时，应有防护设施。

在台阶和出入口之间设置平台可作为缓冲之用，平台表面应向外倾斜 1% ~ 4%的坡度以利排水。坡道多为单面坡形式［图 6-38（c）］，极少有三面坡的。坡道坡度应以有利车辆通行为佳，一般为 1∶12 ~1∶6。坡度大于 1∶10 的坡道应设防滑措施，锯齿形坡道坡度可加大到 1∶4。

有些大型公共建筑，为考虑汽车能在大门入口处通行，常采用台阶与坡道相结合的形式［图 6-38（d）］。

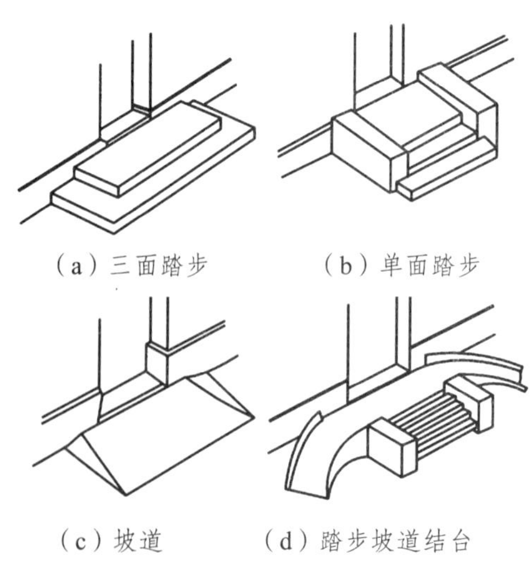

（a）三面踏步　（b）单面踏步

（c）坡道　（d）踏步坡道结台

图 6-38　台阶与坡道的形式

图 6-39 台阶与坡道实例

（二）台阶与坡道的构造

台阶（图 6-40）与坡道（图 6-41）在构造上的要点是对变形的处理。由于房屋主体沉降、热胀冷缩、冰冻等因素，都有可能造成台阶与坡道的变形。常见的情况有平台向房屋主体方向倾斜，造成倒泛水；台阶与坡道的某些部位开裂等。解决方法有两种：一是加强房屋主体与台阶及坡道之间的联系，以形成整体沉降；二是将二者完全断开，加强节点处理，一般预留 20 mm 宽变形缝，在缝内填油膏或沥青砂浆。在严寒地区，实铺的台阶与坡道可以采用换土法将冰冻线以下至所需标高的土换成保水性差的混砂垫层，以减小冰冻的影响。此外，配筋对防止开裂也很有效，大面积的平台还应设置分仓缝。

台阶与坡道应采用耐久、耐磨、抗冻性好的材料，如混凝土、天然石材、缸砖等。

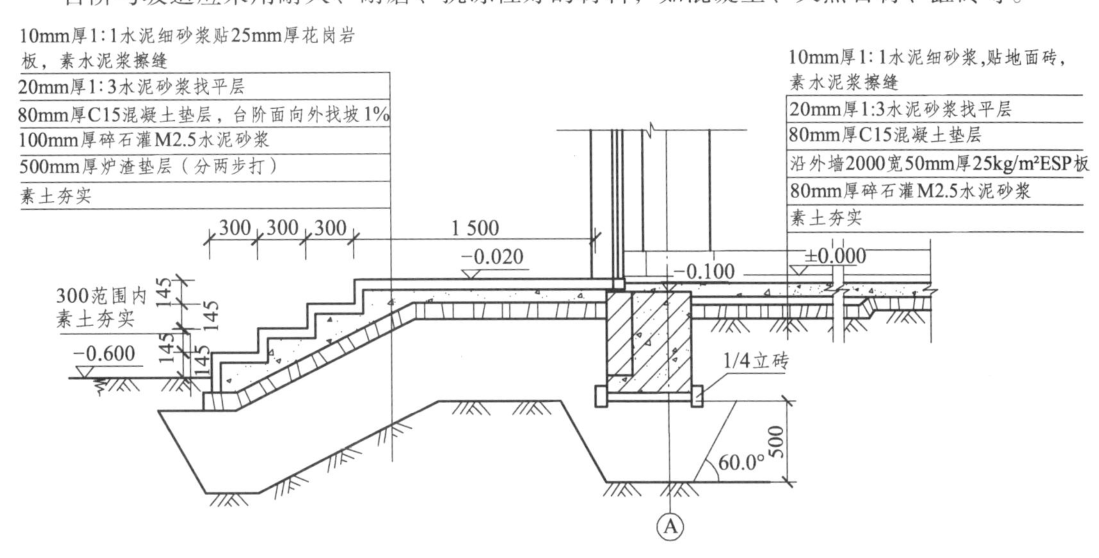

图 6-40 台阶构造

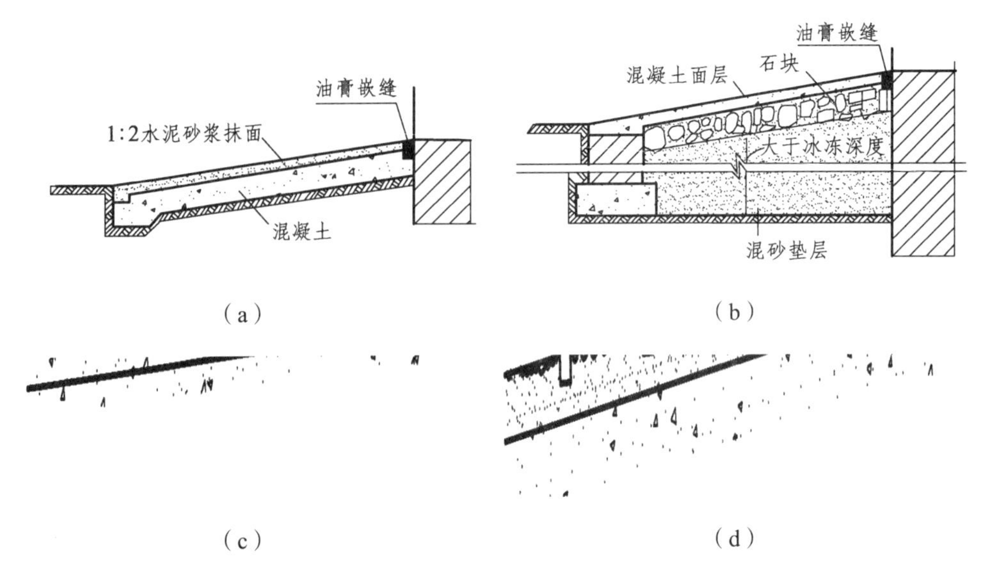

图 6-41　坡道构造

【知识拓展】

电梯与自动扶梯

一、电　梯

在多层和高层建筑以及某些工厂、医院中，为了上下行的方便、快速和实际需要，常设有电梯。

（一）电梯的分类

1. 按使用性质分

（1）客梯：主要用于人们在建筑物中的垂直联系。

（2）货梯：主要用于运送货物及设备。

（3）消防电梯：在发生火灾、爆炸等紧急情况下作安全疏散人员和消防人员紧急救援使用。

2. 按电梯行驶速度分

（1）高速电梯：速度大于 2 m/s，梯速随层数增加而提高，消防电梯常用高速。

（2）中速电梯：速度在 2 m/s 之内，一般货梯按中速考虑。

（3）低速电梯：运送食物电梯常用低速，速度在 1.5 m/s 以内。

除此以外，还有按单台、双台分，按交流电梯、直流电梯分，按轿厢容量分，按电梯门开启方向分，以及观光电梯等。

（二）、电梯的组成

1. 建筑部分

（1）电梯井道。

电梯井道是电梯运行的通道，井道内包括出入口、电梯轿厢、导轨、导轨撑架、平衡锤及缓冲器等。不同用途的电梯，井道的平面形式也不同（图 6-42）。

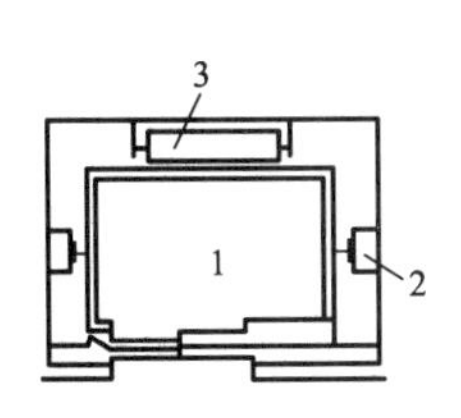

（a）客梯（双扇推拉门）

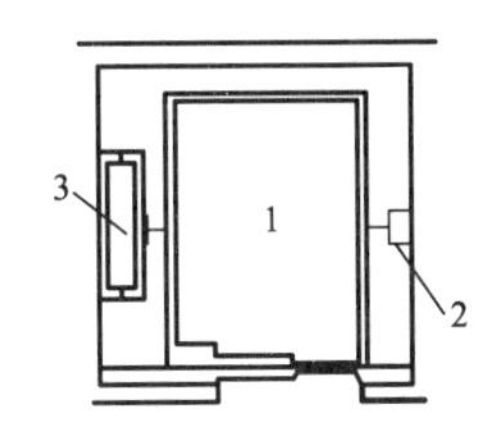

（b）病床梯（双扇推拉门）

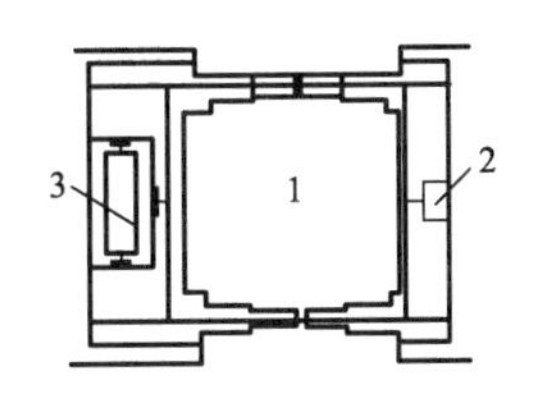

（c）货梯（中分双扇推拉门）

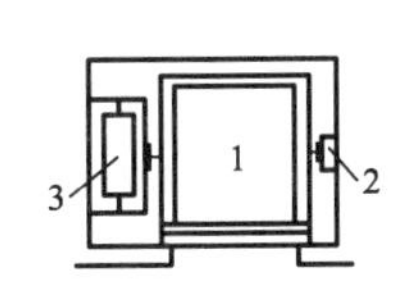

（d）小型杂物货梯

1—电梯厢；2—导轨及撑架；3—平衡锤

图 6-42　电梯分类及井道平面

（2）电梯机房。

电梯机房一般设在井道的顶部。机房和井道的平面相对位置允许机房任意向一个或两个相邻方向伸出，并满足机房有关设备安装的要求。机房楼板应按机器设备要求的部位预留孔洞。

（3）井道地坑。

井道地坑在最底层平面标高 1.4 m 以下，是考虑电梯停靠时的冲力，作为轿厢下降时所需的缓冲器的安装空间。

2. 设备部分

（1）轿厢：直接载人、运货的厢体。电梯轿厢应造型美观，经久耐用。当今轿厢通常都采用金属框架结构，内部用光洁有色钢板壁面或有色有孔钢板壁面，花格钢板地面，荧光灯局部照明以及不锈钢操纵板等；入口处则采用钢材或坚硬铝材制成的电梯门槛。

（2）井壁导轨和导轨支架：支承、固定轿厢上下升降的轨道。

（3）辅助部件：牵引轮及其钢支架、钢丝绳、平衡锤、轿厢开关门、检修起重吊钩等。

（4）有关电器部件：包括交流电动机、直流电动机、控制柜、继电器、选层器、动力、照明、电源开关、厅外层数指示灯和厅外上下召唤盒开关等。

轿厢由专业公司安装，井道和机房的设计应根据电梯厂商提供的资料确定。

（三）电梯井道构造要求

1. 井道的防火

井道是建筑中的垂直通道，极易引起火灾的蔓延，因此井道四周应为防火结构。井道壁一般采用现浇钢筋混凝土或框架填充墙井壁。同时，当井道内超过两部电梯时，需用防火围护结构予以隔开。

2. 井道的隔振与隔声

电梯运行时产生振动和噪声，一般在机房机座下设弹性垫层隔振（图 6-43），在机房与井道间设高 1.5 m 左右的隔声层隔声。

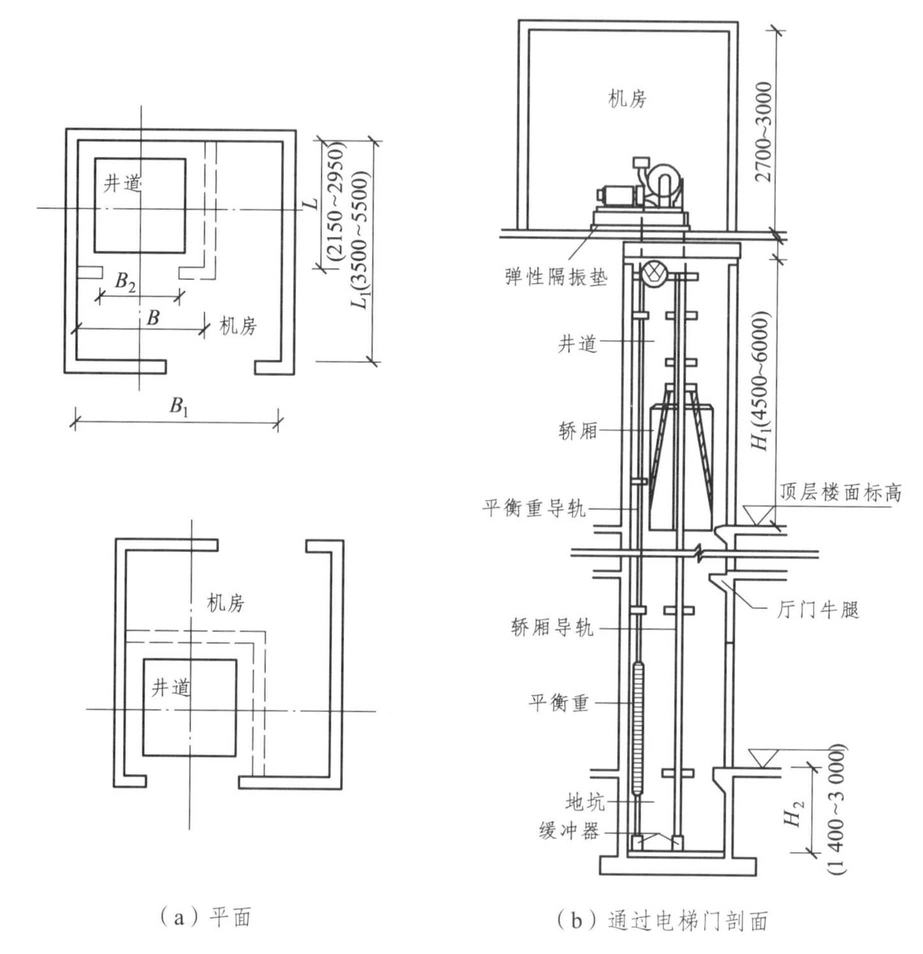

（a）平面　　（b）通过电梯门剖面

图 6-43　电梯构造示意

3. 井道的通风

为使井道内空气流通，火警时能迅速排除烟和热气，应在井道肩部和中部适当位置（高层时）及地坑等处设置不小于 300 mm×600 mm 的通风口，上部可以和排烟口结合。排烟口面积不少于井道面积的 3.5 %。通风口总面积的 1/3 应经常开启。通风管道可在井道顶板上或井道壁上直接通往室外。

4. 其　他

地坑应注意防水、防潮处理，坑壁应设爬梯和检修灯槽。

二、自动扶梯

自动扶梯适用于有大量人流上下的公共场所，如车站、超市、商场、地铁车站等。自动扶梯运行中栏板不动，踏步与扶手同步，可正、逆两个方向运行，可作提升及下降使用，机器停转时可作普通楼梯使用。

自动扶梯运行时电动机械牵动梯段踏步连同扶手一起运转，机房悬挂在楼板下面（图6-44）。

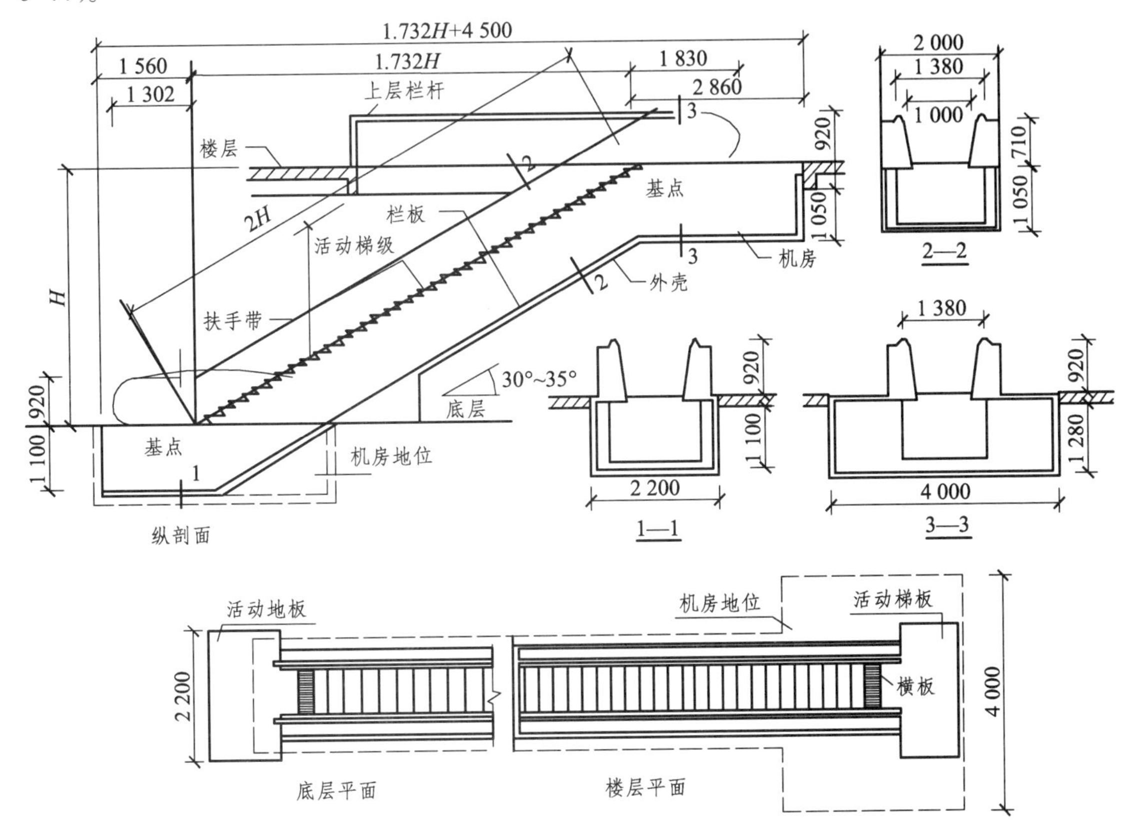

图 6-44　自动扶梯的构造示意图

自动扶梯的竖向布置常有平行排列、交叉排列和连续排列三种布置方式。自动扶梯的坡道比较平缓，一般采用 30°，运行速度为 0.5 ~ 0.7 m/s，宽度按输送能力有单人和双人两种。其型号规格如表 6.2 所示。

表 6.2　自动扶梯型号规格

梯形	输送能力/（人/h）	提升高度 H/m	速度/（m/s）	扶梯宽度	
				净宽 B/mm	外宽 B_1/mm
单人梯	5 000	3 ~ 10	0.5	600	1 350
双人梯	8 000	3 ~ 8.5	0.5	1 000	1 750

项目七　门与窗认知

【知识目标】

（1）了解门窗的形式与尺度确定。
（2）熟悉常用门窗构造特点。

【能力目标】

（1）能分清木门窗、金属门窗、塑钢门窗构造的一般做法。
（2）能描述门窗有关尺寸的确定和一般构造。
（3）能识读门窗构造详图。

【项目任务】

序号	学习任务	任　务　驱　动
1	门的构造认知	（1）观察各种门的构造形式 （2）参观建材市场、建筑工地，了解门的尺寸 （3）试描述门的构造形式与尺度
2	窗的构造认知	（1）观察各种窗的构造形式 （2）参观建材市场、建筑工地，了解各种窗的尺寸 （3）试描述窗的构造形式与尺度

任务一　门的构造认知

【任务描述】

通过本任务的学习，学生应具有分清不同门的构造形式的能力；能根据选用的门，说出门的构造做法。

【知识链接】

门是房屋的重要组成部分。门的主要功能是交通联系，它是建筑的围护构件。

一、门的类型

按门在建筑物中所处的位置分：内门和外门。

按门的使用功能分：一般门和特殊门。

按门的框料材质分：木门、铝合金门、塑钢门、彩板门、玻璃钢门、钢门等。

按门扇的开启方式分：平开门、弹簧门、推拉门、折叠门、转门、卷帘门、升降门等。

1. 平开门

平开门是水平开启的门，有单扇、双扇，内开和外开之分，它的铰链装于门扇的一侧与门框相连，使门扇围绕铰链轴转动。平开门的特点是构造简单，开启灵活，制作安装和维修方便［图 7-1（a)]。

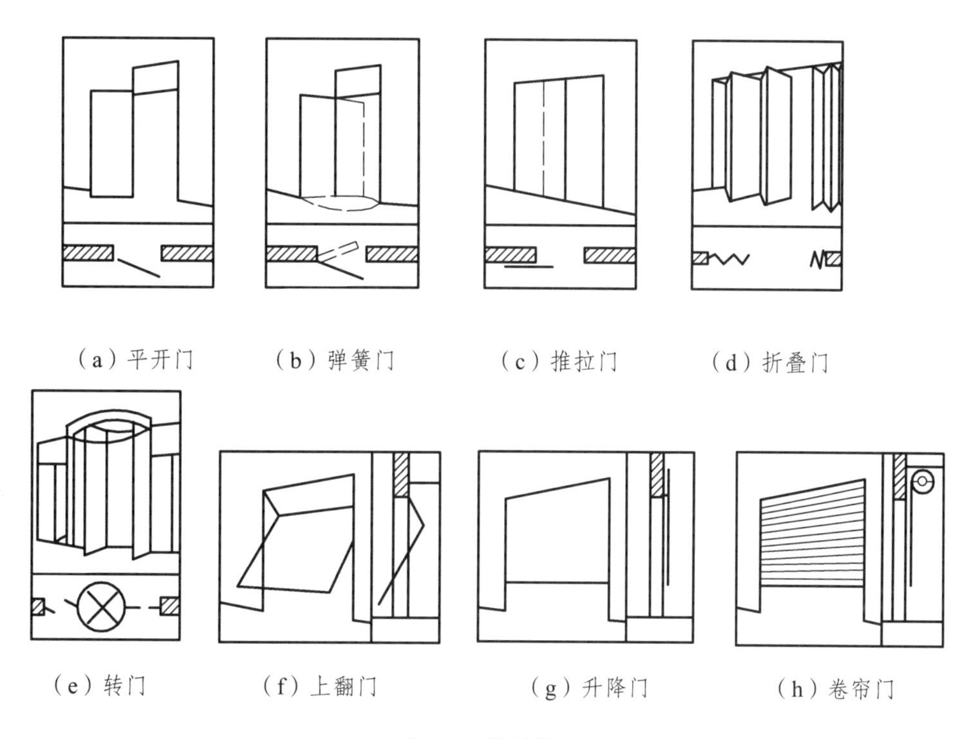

（a）平开门　（b）弹簧门　（c）推拉门　（d）折叠门

（e）转门　（f）上翻门　（g）升降门　（h）卷帘门

图 7-1　门的类型

2. 弹簧门

弹簧门的开启方式与普通平开门相同，所不同的是弹簧铰链代替了普通铰链，借助弹簧的力量使门扇能向内、向外开启并经常保持关闭。弹簧门制作简单，开启灵活，适用于人流出入较频繁或有自动关闭要求的场所［图 7-1（b)]。

3. 推拉门

推拉门是门扇通过上下轨道，左右推拉滑行进行开关的门，有单扇和双扇之分。推拉门的支承方式分为上挂式和下滑式两种。当门扇高度小于 4 m 时用上挂式，即门扇通过滑轮挂在门框上方的导轨上。当门扇高度大于 4 m 时多用下滑式，在门洞上下均设导轨，门扇沿上下导轨推拉，下面的导轨承受门扇的重力。推拉门位于墙外时，需在门上方设置雨篷。推拉门的优点是制作简单，开启时所占空间较少，但五金零件较复杂，开关灵活性取决于五金的质量和安装的好坏，适用于各种大小洞口的民用及工业建筑［图 7-1（c)]。

4. 折叠门

折叠门可分为侧挂式和推拉式两种，由多扇门构成，每扇门宽度为 500 ~ 1 000 mm，一般以 600 mm 为宜，适用于宽度较大的洞口。侧挂式折叠门与普通平开门相似，只是门扇之间用铰链相连而成。当用普通铰链时，一般只能挂两扇门，不适用于宽大洞口。如侧挂门扇超过两扇时，则需使用特制铰链。

推拉式折叠门与推拉门构造相似，在门顶或门底装滑轮及导向装置，每扇门之间连以铰链，开启时门扇通过滑轮沿着导向装置移动［图 7-1（d）］。

折叠门开启时占空间少，但构造较复杂，一般在商业建筑或公共建筑中作灵活分隔空间用。

5. 转　门

转门一般为四扇门连成风车形，在两个固定弧形门套内旋转的门。其对防止内外空气的对流有一定的作用，可作为公共建筑及有空气调节房屋的外门［图 7-1（e）］。

6. 上翻门

上翻门的特点是充分利用上部空间，门扇不占用面积，五金及安装要求高。它适用于不经常开关的门，如车库大门等［图 7-1（f）］。

7. 升降门

特点是开启时门扇沿轨道上升，它不占使用面积，常用于空间较高的民用与工业建筑，如图 7-1（g）所示是单扇升降门。

8. 卷帘门

卷帘门是由很多金属页片连接而成的门，开启时，门洞上部的转轴将页片向上卷起。它的特点是开启时不占使用面积，但加工复杂，造价高，常用于不经常开关的商业建筑的大门［图 7-1（h）］。

二、平开木门的构造

（一）木门的尺寸

门的尺寸主要根据通行、疏散以及立面造型的需要设计，并应符合国家颁布的门窗洞口尺寸系列标准。在一般的民用建筑中，门的宽度为：单扇门 800 ~ 1 000 mm；双扇门 1 200 ~ 1 800 mm，次要的房间门如厨房、卫生间等可以为 650 ~ 850 mm。门扇的高度一般为 1 900 ~ 2 100 mm。个别的门如储藏、管井维修的门可根据实际情况减小。亮窗的高度的一般为 300 ~ 600 mm。对于有特殊需要的门，则应根据实际需要扩大尺寸设计。

（二）平开门构造

门主要由门框、门扇、亮子、五金零件及其附件组成（图 7-2）。五金零件一般有铰链、插销、门锁、拉手、门碰头等，附件有贴脸板、筒子板等。

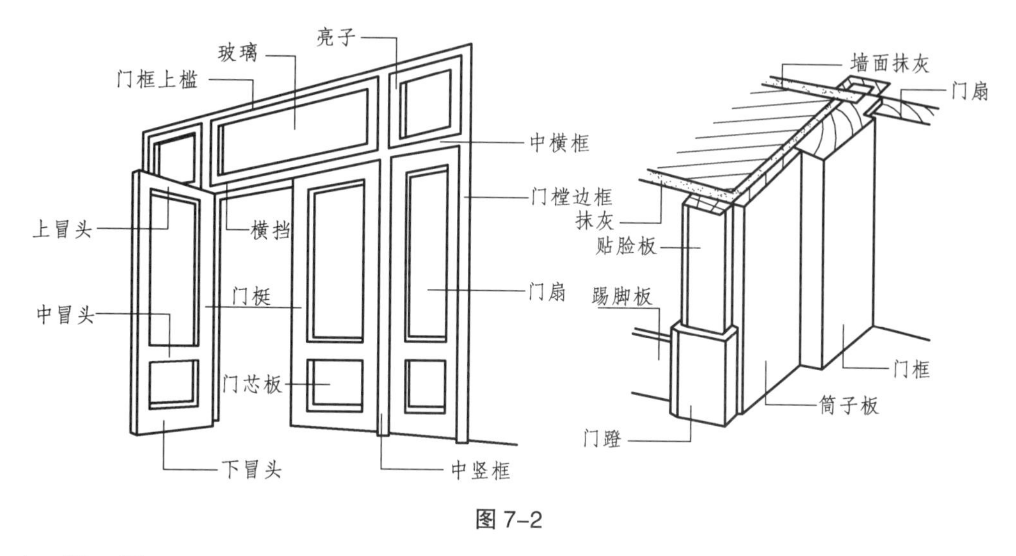

图 7-2

1. 门　框

门框又称门樘，一般由上框和边框组成；如果门上设有亮窗，则应设中横框；当门扇较多时，需设中竖框；外门及特种需要的门有些还设有下槛，可作防风、防尘、防水以及保温、隔声之用（图 7-3）。

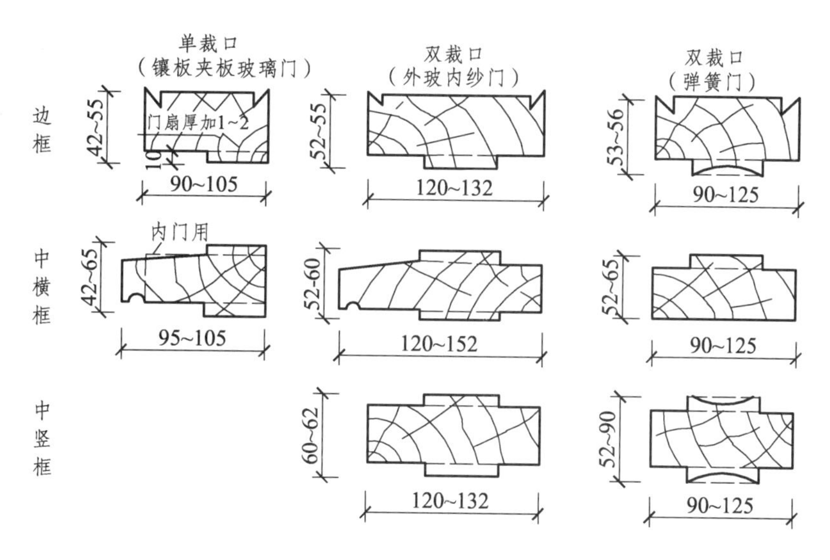

图 7-3　门框的断面形式与尺寸

（1）门框断面。

门框的断面形状与门的类型、层数有关，同时应利于门的安装，并具有一定的密封性（图 7-3）。门框的断面尺寸主要考虑接榫牢固与门的类型，还要考虑制作时刨光损耗。所以门框的毛料尺寸：单裁口的木门厚度×宽度为（50 ~ 70）mm×（100 ~ 120）mm，双裁口的木门为（60 ~ 70）mm×（130 ~ 150）mm。

为了便于门扇密封，门框上要有裁口（或铲口）。根据门扇数与开启方式的不同，裁口的形式分为单裁口与双裁口两种。单裁口用于单扇门，双裁口用于双层门。裁口的宽度要比门扇的宽度大 1 ~ 2 mm，以利于安装和门扇开启。裁口深度一般为 8 ~ 10 mm。

（2）门框安装。

门框的安装根据施工方式分后塞口和先立口两种（图 7-4）。

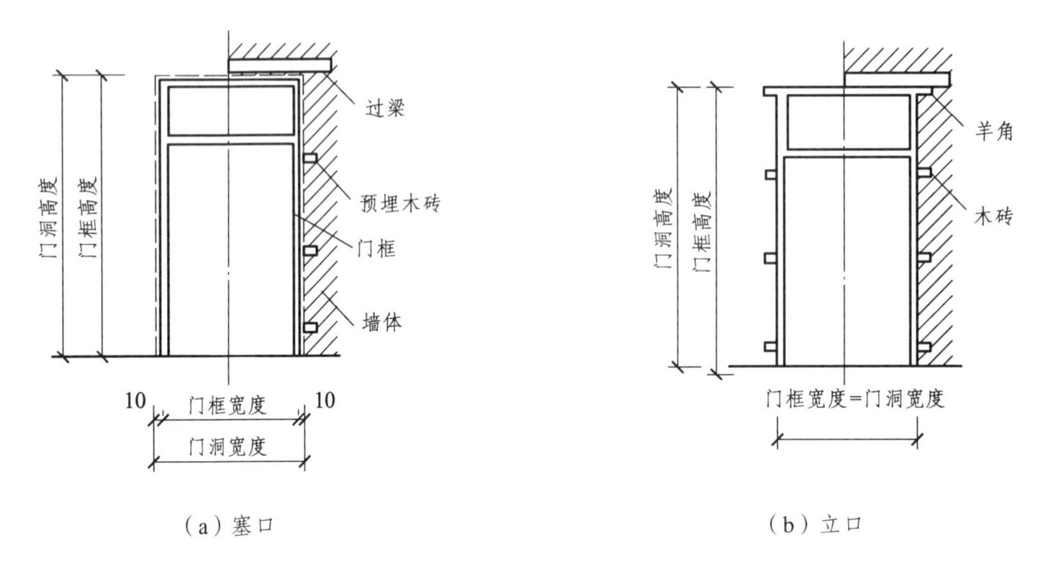

（a）塞口　　（b）立口

图 7-4　门框的安装位置

立口（又称立樘子），是在砌墙前即用支撑先立门框然后砌墙的安装方式。框与墙结合紧密，但是立樘与砌墙工序交叉，施工不便。

塞口（又称塞樘子），是在墙砌好后再安装门框的方法。采用此法，洞口的宽度应比门框大 20 ~ 30 mm，高度比门框大 10 ~ 20 mm。门洞两侧砖墙上每隔 500 ~ 600 mm 预埋木砖或预留缺口，以便用圆钉或水泥砂浆将门框固定。框与墙间的缝隙需用沥青麻丝嵌填（图 7-5）。

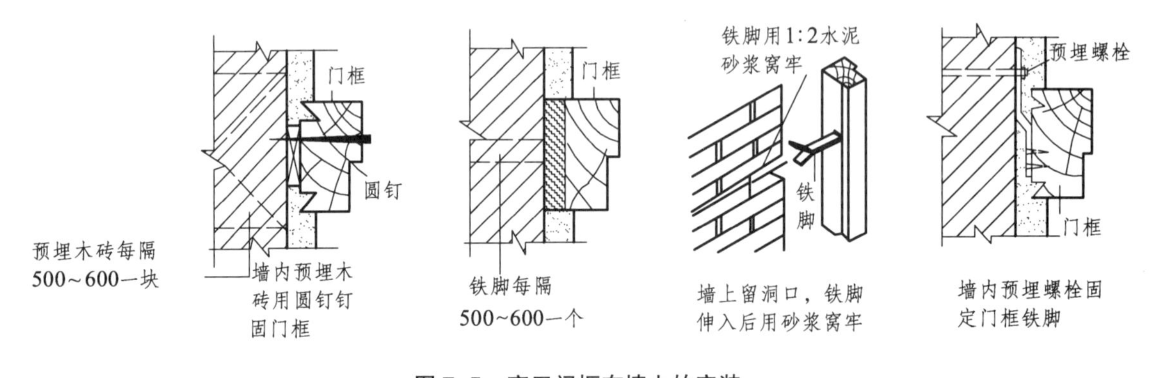

图 7-5　塞口门框在墙上的安装

门框靠墙一面易受潮变形，故常在该面开 1 ~ 2 道背槽，以免产生翘曲变形，同时也利于门框的嵌固。背槽的形状可为矩形或三角形，深度为 8 ~ 10 mm，宽 12 ~ 20 mm。

（3）门框在墙中的位置。

门框在墙中的位置，可在墙的中间或与墙的一边平齐（图 7-6）。一般多与开启方向一侧平齐，尽量使门扇开启时贴近墙面。门框四周阳角处的抹灰极易开裂脱落，因此在门框与墙结合处应做贴脸板和木压条盖缝，贴脸板一般为 15 ~ 20 mm 厚、30 ~ 75 mm 宽。木压条厚与宽为 10 ~ 15 mm，装修标准高的，还可在门洞两侧和上方设筒子板［图 7-6（a）］。

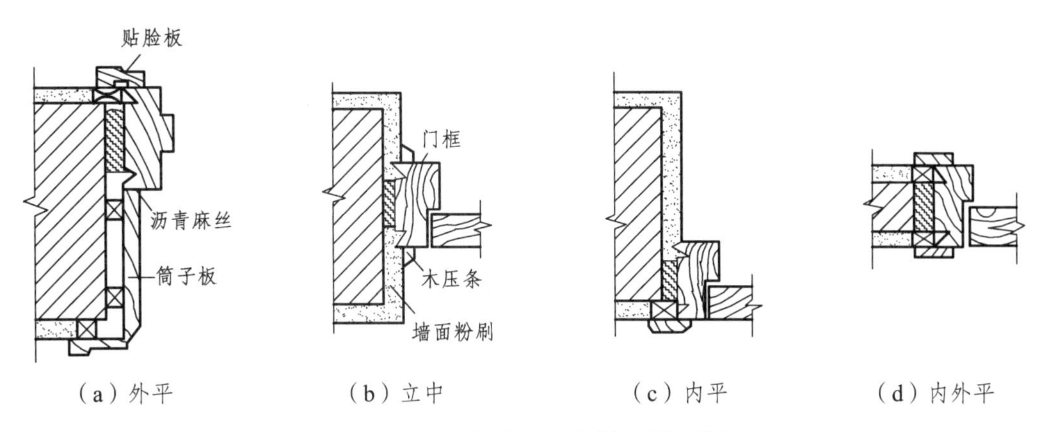

图 7-6　门框位置、门贴脸板及筒子板

2. 门　扇

常用的木门门扇有镶板门、夹板门等。

（1）镶板门。

门扇由边梃、上冒头、中冒头（可作数根）和下冒头组成骨架，内装门芯板而构成（图 7-7）。其构造简单，加工制作方便，适于一般民用建筑做内门和外门。

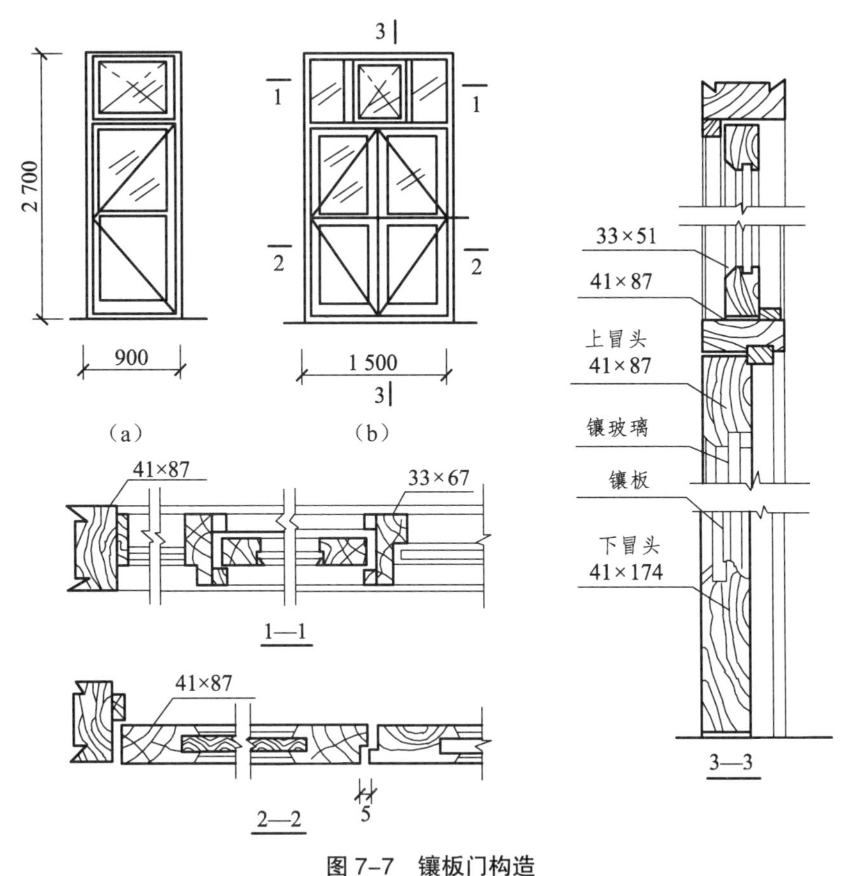

图 7-7　镶板门构造

门扇的边梃与上、中冒头的断面尺寸一般相同，厚度为 40 ~ 45 mm，宽度为 100 ~ 120 mm。为了减少门扇的变形，下冒头的宽度一般加大至 160 ~ 250 mm，并与边梃采用双榫结合。

门芯板一般采用 10 ~ 12 mm 厚的木板拼成，也可采用胶合板、硬质纤维板、塑料板、玻璃和塑料纱等。当采用玻璃时，即为玻璃门，可以是半玻门或全玻门。若门芯板换成塑料纱（或铁纱），即为纱门。

（2）夹板门。

夹板门是用断面较小的方木做成骨架，两面粘贴面板而成（图 7–8）。门扇面板可用胶合板、塑料面板和硬质纤维板，面板不再是骨架的负担，而是与骨架形成一个整体，共同抵抗变形。夹板门的形式可以是全夹板门、带玻璃或带百叶夹板门。

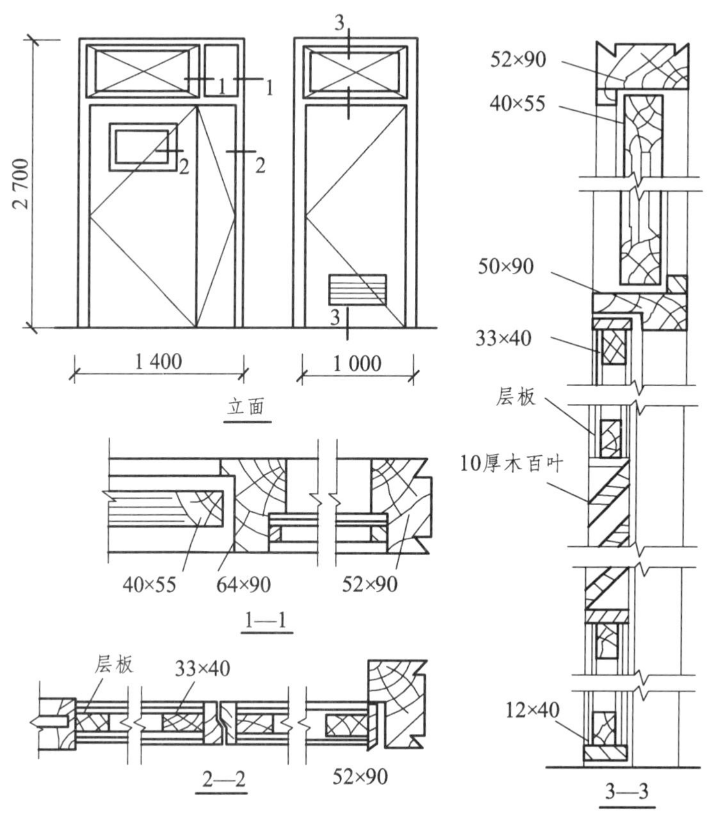

图 7–8　夹板门构造

夹板门的骨架一般用厚约 30 mm、宽 30 ~ 60 mm 的木料做边框，中间的肋条用厚约 30 mm、宽 10 ~ 25 mm 的木条，可以是单向排列、双向排列或密肋形式，间距一般为 200 ~ 400 mm，安门锁处需另加上锁木。为使门扇内通风干燥，避免因内外温、湿度差产生变形，在骨架上需设通气孔。为节约木材，也有用蜂窝形浸塑纸来代替肋条的。

由于夹板门构造简单，可利用小料、短料，其自重轻，外形简洁，便于工业化生产，故在一般民用建筑中广泛用作建筑的内门。

（3）弹簧门。

弹簧门是用普通镶板门或夹板门改用弹簧合页或地弹簧，开启后能自动关闭。弹簧门使用的合页有单向弹簧、双向弹簧和地弹簧之分。单向弹簧门常用于需有温度调节及气味要遮挡的房间如厨房、卫生间等。双向弹簧或地弹簧的门常用于公共建筑的门厅、过厅以及出入人流较多、使用较频繁的房间门。弹簧门不适于幼儿园、中小学出入口处。为避免人流出入时碰撞，弹簧门上需安装玻璃门。

弹簧的开关较频繁，受力也较大，因而门梃断面的尺寸也比一般镶板门大。通常上梃及边梃的宽度为 100 ~ 120 mm，下梃宽 200 ~ 300 mm，门扇厚度 40 ~ 60 mm。弹簧门的门边框与门的边梃应做成弧形断面，其圆弧半径为门厚的 1 ~ 1.2 倍，门扇边也应将边梃做成弧形，半径可以适当放大。为防止开关时碰撞，弹簧门边梃之间应留有一定缝隙，但缝隙太大又会造成漏风、保温不好等不利因素，寒冷地区在门边梃上钉橡胶等弹性材料以满足保温要求，弹簧门构造如图 7-9 所示。

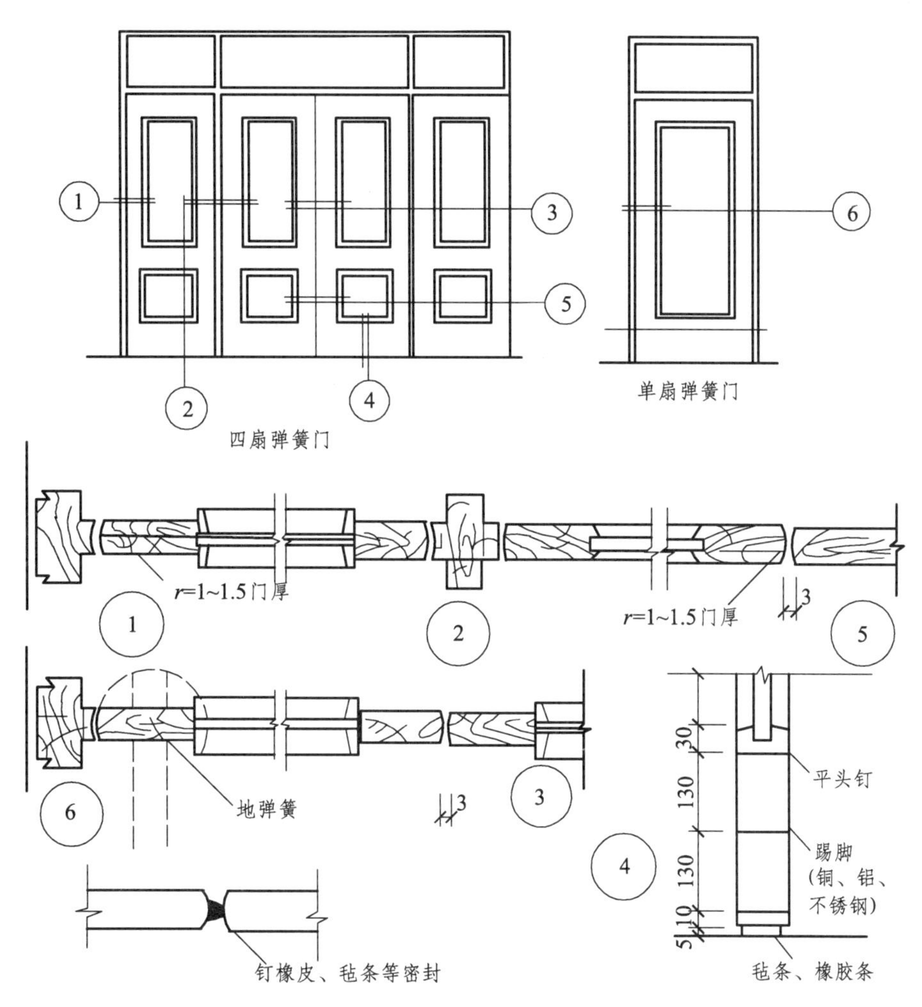

图 7-9 弹簧门构造

3. 门口装饰构造

门的组成部件中还有一部分属于装饰性附件如贴脸板、筒子板等，这些装饰性附件在许多建筑中都是与门一同设计、施工的。

（1）贴脸板。

贴脸板是在门洞四周所钉的木板，其作用是掩盖门框与墙的接缝（图 7-10），贴脸板常用 20 mm 厚，宽 30 ~ 100 mm 的木板。为节省木材，现在也采用胶合板、刨花板等，或多层板、硬木饰面板替代木板。

（2）筒子板。

当门框的一侧或两侧均不靠墙边时，除将抹灰嵌入门框边的铲口内或者用压缝条盖住与墙的接缝外，也往往包钉木板（称为筒子板），如图 7-10 所示。贴脸板、筒子板、门框之间应连接可靠。

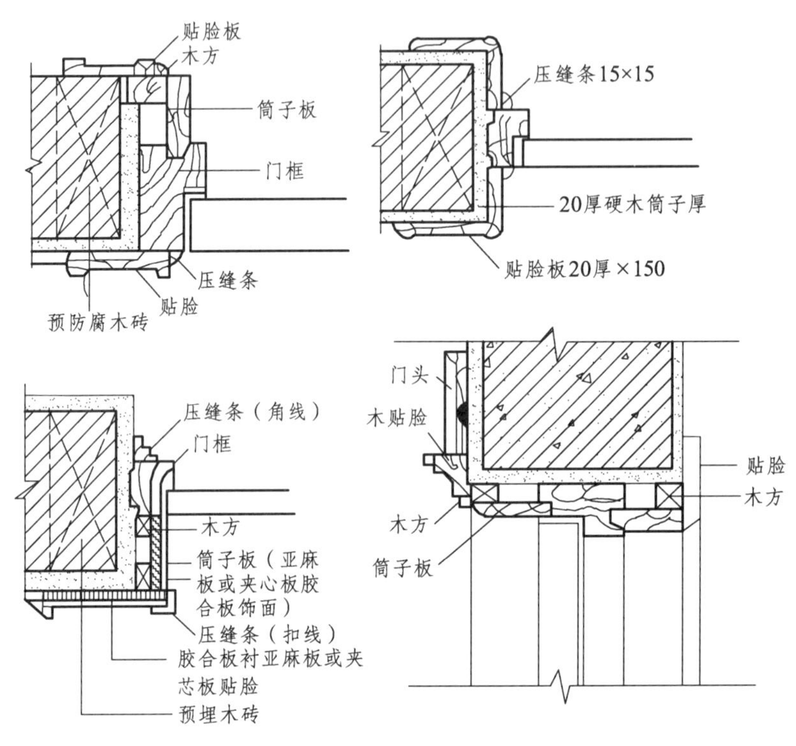

图 7-10　门口装饰构造

任务二　窗的构造认知

【任务描述】

通过本任务的学习，学生应具有分清不同窗的构造形式的能力；能根据选用的窗，说出窗的构造做法。

【知识链接】

窗是房屋的重要组成部分。窗的主要功能是采光、通风和观望，它是建筑的围护构件。

一、窗的类型

窗的形式一般按开启方式定。而窗的开启方式主要取决于窗扇铰链安装的位置和转动方式。通常窗的开启方式有以下几种：

1. 固定窗

无窗扇、不能开启的窗为固定窗。固定窗的玻璃直接嵌固在窗框上，可供采光和眺望之用，不能通风，构造简单、密闭性好，多与门亮子和开启窗配合使用［图 7-11（a）］。

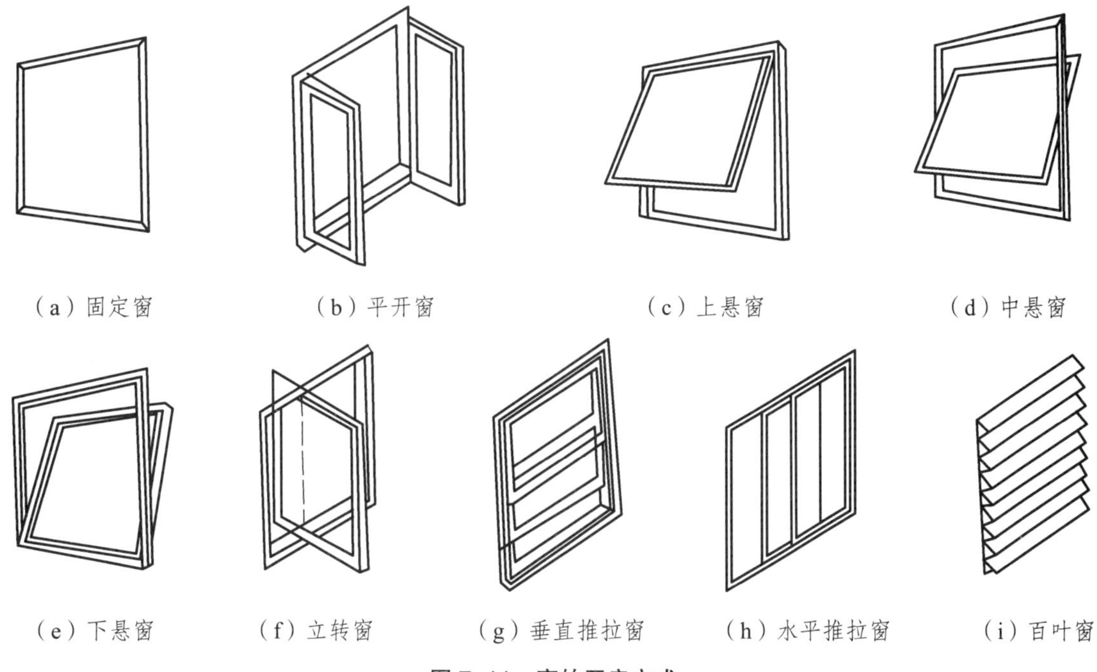

图 7-11　窗的开启方式

2. 平开窗

铰链安装在窗扇一侧与窗框相连，向外或向内水平开启，有单扇、双扇、多扇，有向内开与向外开之分。其构造简单，开启灵活，制作维修均方便，是民用建筑中采用最广泛的窗［图 7-11（b）］。

3. 悬　窗

根据铰链和转轴的位置不同，可分为上悬窗、中悬窗和下悬窗。

上悬窗铰链安装在窗扇的上边，一般向外开，防雨好，多用作外门和窗上的亮子［图 7-11（c）］。

中悬窗是在窗扇两边中部装水平转轴，窗扇可绕水平轴旋转，开启时窗扇上部向内，下部向外，方便挡雨、通风，开启容易机械化，常用作大空间建筑的高侧窗［图 7-11（d）］。

下悬窗铰链安装在窗扇的下边，一般向内开，通风较好，但不防雨，一般用作内门上的亮子［图 7-11（e）］。

4. 立转窗

引导风进入室内效果较好，防雨及密封性较差，多用于单层厂房的低侧窗。因密闭性较差，不宜用于寒冷和多风沙的地区［图 7-11（f）］。

5. 推拉窗

分垂直推拉窗图［7-11（g）］和水平推拉窗［图 7-11（h）］两种。它们不多占使用空间，窗扇受力状态较好，适宜安装较大玻璃，但通风面积受到限制。

6. 百叶窗

主要用于遮阳、防雨及通风，但采光差［图 7-11（i）］。百叶窗可用金属、木材、钢筋混凝土等制作，有固定式和活动式两种形式。工业建筑中多用固定式百叶窗，叶片常做成 45°或 60°。

二、窗的尺度

窗的尺度应综合考虑以下几方面因素：

（1）采光：从采光要求来看，窗的面积与房间面积有一定的比例关系，即窗地比。

（2）使用：窗的自身尺寸以及窗台高度取决于人的行为和尺度。

（3）节能：在《民用建筑节能设计标准（采暖居住建筑部分）》中，明确规定了寒冷地区及其以北地区各朝向窗墙面积比。该标准规定，按地区不同，北向、东西向以及南向的窗墙面积比，应分别控制在 20%、30%、35%左右。窗墙面积比是窗户洞口面积与房间的立面单元面积（及建筑层高与开间定位轴线围成的面积）之比。

（4）符合窗洞口尺寸系列：为了使窗的设计满足建筑标准化的要求，国家颁布了《建筑门窗洞口尺寸系列》这一标准。窗洞口的高度和宽度（指标志尺寸）规定为 3 M 的倍数。但考虑到某些建筑，如住宅建筑的层高不大，以 3 M 作为窗洞高度的模数，尺寸变化过大，所以增加 1 400 mm、1 600 mm 作为窗洞高的辅助尺寸。

（5）结构：窗的高宽尺寸受到层高、承重体系以及窗过梁高度的制约。

（6）美观：窗是建筑物造型的重要组成部分，窗的尺寸和比例关系对建筑立面影响极大。

三、平开木窗的构造

（一）平开木窗的组成及构造

木窗主要是由窗框、窗扇、五金件及附件组成，窗五金零件有铰链、风钩、插销等，附件有贴脸板、筒子板、木压条等（图 7-12）。

1. 窗　框

最简单的窗框是由边框及上下框所组成。当窗尺度较大时，应增加中横框或中竖框：通常在垂直方向有两个以上窗扇时应增加中横框；在水平方向有三个以上的窗扇时，应增加中竖框。

（1）窗框的断面形式。

窗框断面尺才应考虑接榫牢固，一般单层窗的窗框断面厚 40 ~ 60 mm，宽 70 ~ 95 mm（净尺寸），中横框和中竖框因两面有裁口，并且横框常有披水（披水是为防止雨水流入室内而设），断面尺寸应相应增大。双层窗窗框的断面宽度应比单层窗宽 20 ~ 30 mm。

窗框与门框一样，在构造上应有裁口及背槽处理，裁口也有单裁口与双裁口之分（图 7-13）。

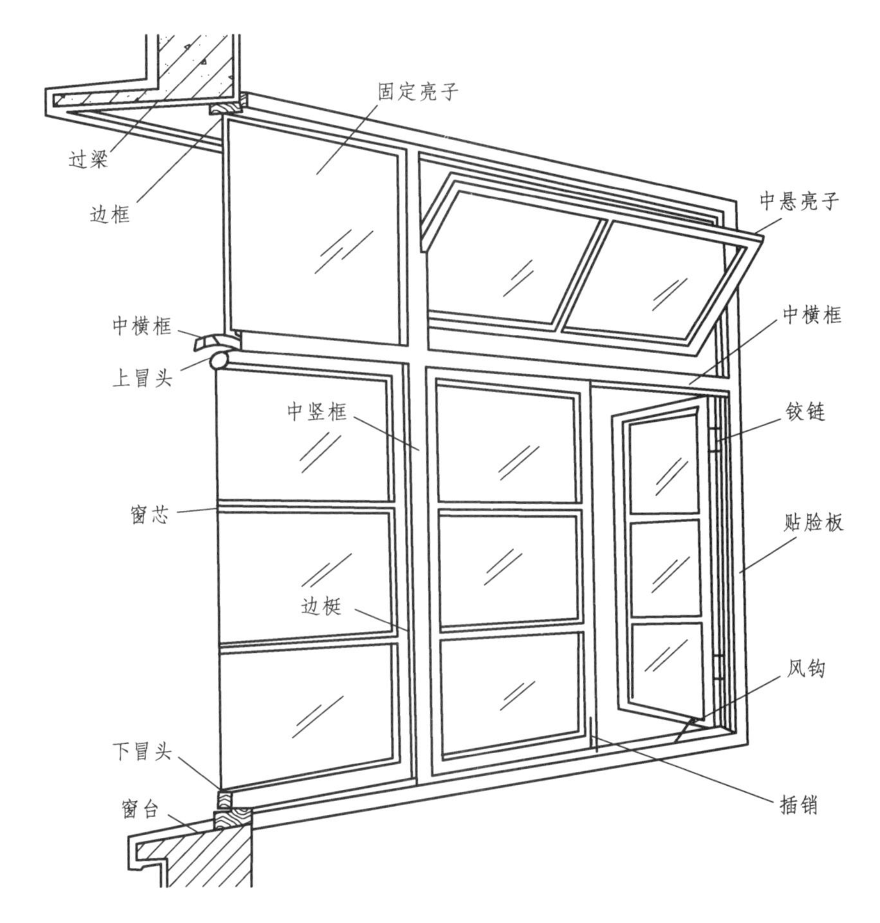

图 7–12　平开窗的组成

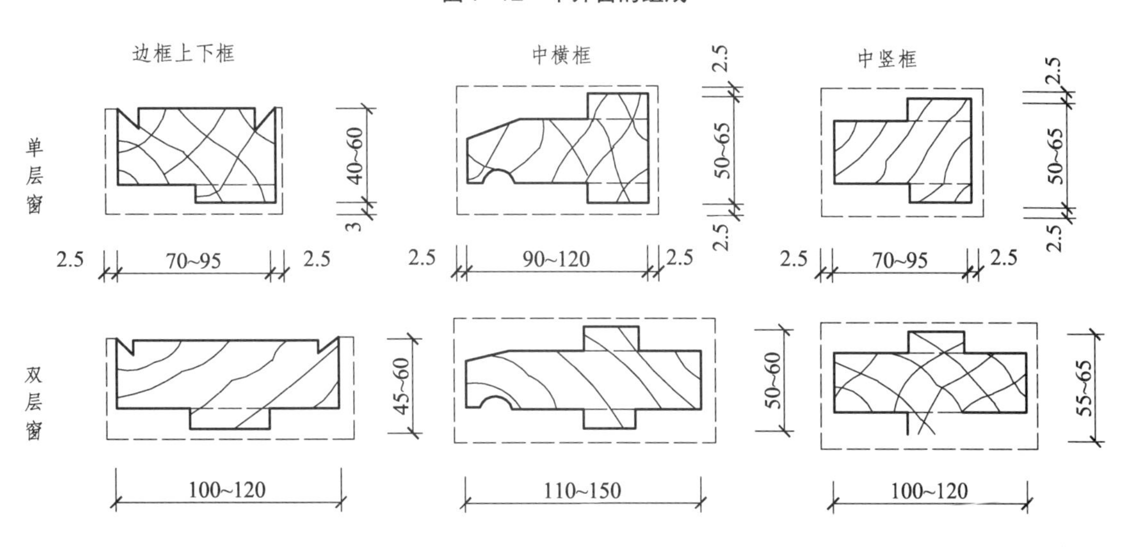

图 7–13　平开木窗窗框断面形式及尺寸

（2）窗框的安装。

窗框的安装与门框一样，分塞口与立口两种。塞口时洞口的高、宽尺寸应比窗框尺寸大 10 ~ 20 mm。

（3）窗框与墙体的相对位置。

窗框在墙中的位置，一般是与墙内表面平齐，安装时窗框突出砖面 20 mm，以便墙面粉刷后与抹灰面平齐。框与抹灰面交接处，应用贴脸板搭盖，以阻止由于抹灰干缩形成缝隙后风透入室内，同时可增加美观。贴脸板的形状及尺寸与门的贴脸板相同。

当窗框立于墙中时，应内设窗台板，外设窗台。窗框外平时，靠室内一面设窗台板。窗台板可用木板，也可用预制水磨石板（图 7-14）。

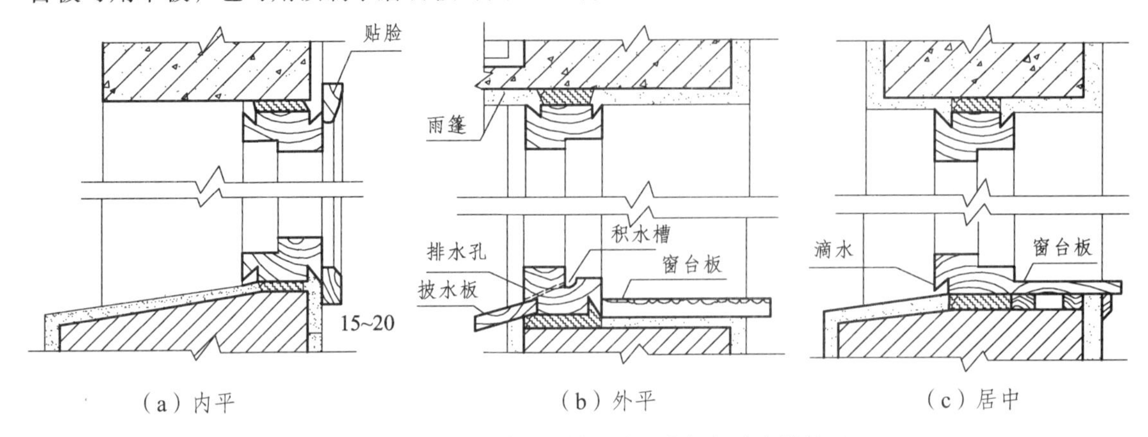

图 7-14　木窗框在墙洞中的位置及窗框与防水的处理

2. 窗　扇

常见的木窗扇有玻璃扇、纱窗扇、百叶扇等。窗扇由上、下冒头和边梃榫接而成，有的还用窗芯（又称为窗棂）分格（图 7-15）。

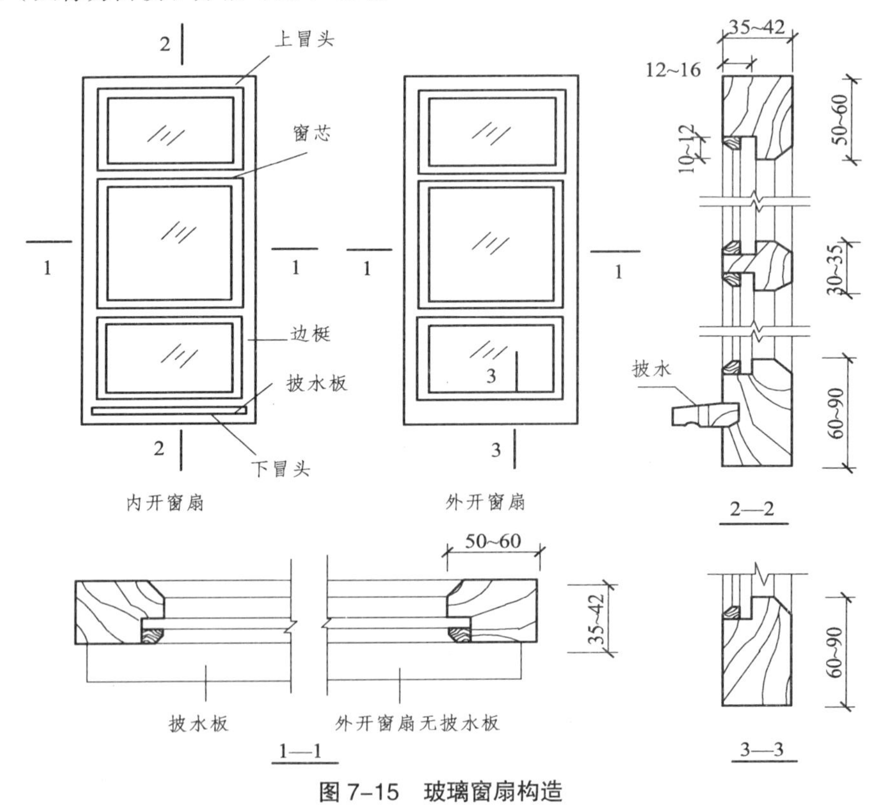

图 7-15　玻璃窗扇构造

（1）断面形式与尺寸。

窗扇的上下冒头、边梃和窗芯均设有裁口，以便安装玻璃或窗纱。裁口深度约 10 mm，一般设在外侧。用于玻璃窗的边梃及上冒头，断面厚×宽为（35 ~ 40）mm×（50 ~ 60）mm，下冒头由于要承受窗扇重力，可适当加大（图 7-15）。

（2）玻璃的选择与安装。

建筑用玻璃按其性能有：普通平板玻璃、磨砂玻璃、压花玻璃、中空玻璃、钢化玻璃、夹层玻璃等。平板玻璃价格最便宜，在民用建筑中大量使用。磨砂玻璃或压花玻璃还可以遮挡视线。对其他几种玻璃，则多用于有特殊要求的建筑中。

玻璃的安装一般用油灰或木压条嵌固。为使玻璃牢固地装于窗扇上，应先用小钉将玻璃卡住，再用油灰嵌固。对于不会受雨水侵蚀的窗扇玻璃嵌固，也可用小木压条镶嵌（图 7-16）。

3. 窗扇与窗框的关系

窗扇经常开、关，是渗漏风雨的主要部位。扇、框间缝隙的密闭做法除了在框上做深 10 ~ 12 mm 的铲口外，在铲口内可设回风槽，以减小风压和渗风量（图 7-17）。也可以在扇框接触面处窗扇一侧做斜面，以保证扇、框外表面接口处缝隙最小。

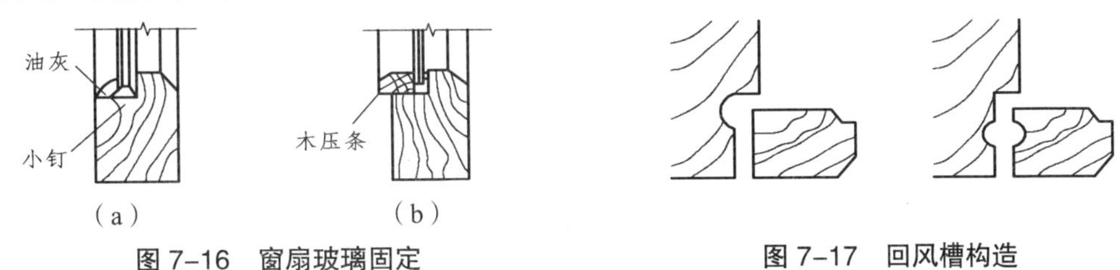

图 7-16　窗扇玻璃固定

图 7-17　回风槽构造

4. 窗用五金配件

平开木窗常用五金附件有：合页（铰链）、插销、撑钩、拉手和铁三角等。采用品种根据窗的大小和装修要求而定。

5. 木窗的附件

（1）披水板。为防止雨水流入室内，在内开窗下冒头和外开窗中横框处附加一条披水板，下边框设积水槽和排水孔，有时外开窗下冒头也做披水板和滴水槽。

（2）贴脸板。为防止墙面与窗框接缝处渗入雨水和美观要求，将用料 20 mm×45 mm 木板条内侧开槽，可刨成各种断面的线脚以掩盖缝隙。

（3）压缝条。两扇窗接缝处，为防止渗透风雨，除做高低缝盖口外，常在一面或两面加钉压缝条。一般采用 10 ~ 15 mm 见方的小木条，有时也用于填补窗框与墙体之间的缝隙，以防止热量的散失。

（4）筒子板。室内装修标准较高时，往往在窗洞口的上面和两侧墙面均用木板镶嵌，与窗台板结合使用。

（5）窗台板。在窗的下框内侧设窗台板，木板的两端挑出墙面 30 ~ 40 mm，板厚 30 mm。当窗框位于墙中时，窗台板也可以用预制水磨石板或大理石板。

（6）窗帘盒。在窗的内侧悬挂窗帘时，为遮盖窗帘棍和窗帘上部的拴环而设窗帘盒。窗帘盒三面采用 25 mm×（100 ~ 150）mm 的木板镶成，窗帘棍一般为开启灵活的金属导轨，采用角钢或钢板支撑并与墙体连接。现在用得最多的是铝合金或塑钢窗帘盒，美观牢固、构造简单。

（二）常用平开木窗的形式

1. 外开窗

窗扇向室外开启，窗框裁口在外侧，窗扇开启时不占空间，不影响室内活动，利于家具布置，防水性较好。但擦窗及维修不便，开启扇常受日光、雨雪侵蚀。外开窗的窗扇与窗框关系如图 7-18 所示。为了利于防水，中横框常加做披水。

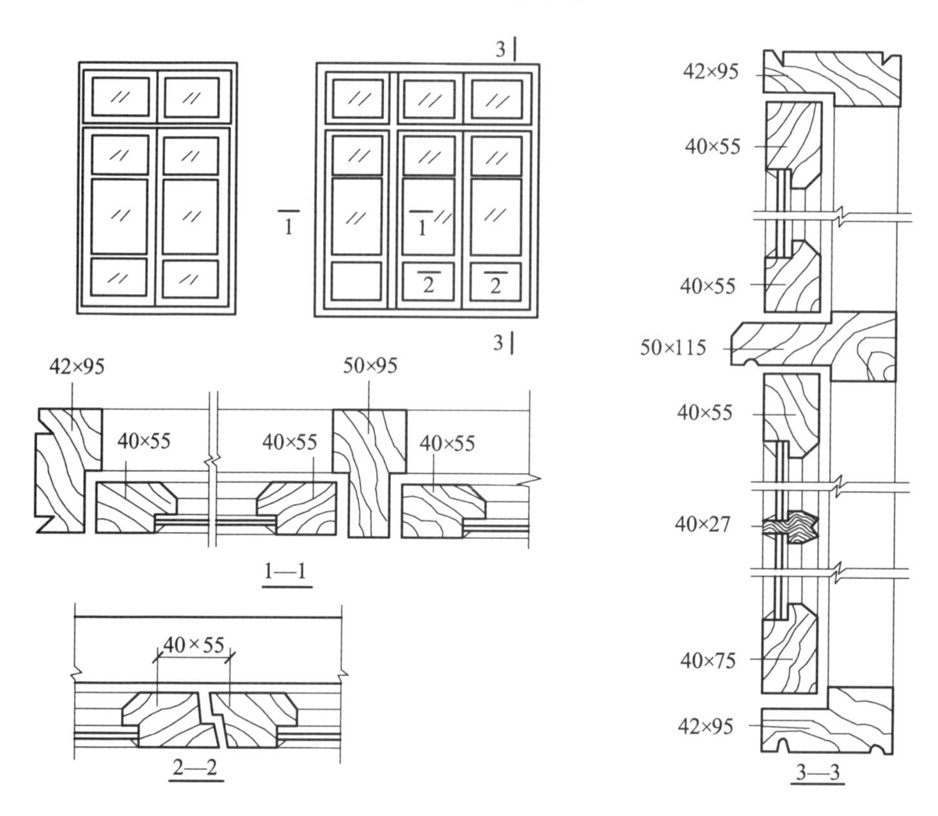

图 7-18　外开窗构造

2. 内开窗

窗框裁口在内侧，窗扇向室内开启。擦窗安全、方便，窗扇受气候影响小，但开启时占据室内空间，影响家具布置和使用，同时内开窗防水性差。因此需在窗扇的下冒头上作披水、窗框的下框设排水孔等特殊构造处理（图 7-19）。

3. 双层窗

为适应保温、隔声、洁净等要求，双层窗广泛用于各类建筑中，常用的双层窗有内外开窗、双层内开窗等。

（1）内外开窗。

内外开窗的窗框在内侧与外侧均做铲口，内层向内开启，外层向外开启，构造安装合理[图 7-20（a）]。这种窗内外窗基本相同，开启方便，如果需要，可将内层窗取下，换成纱窗，也称为共樘式双层扇。

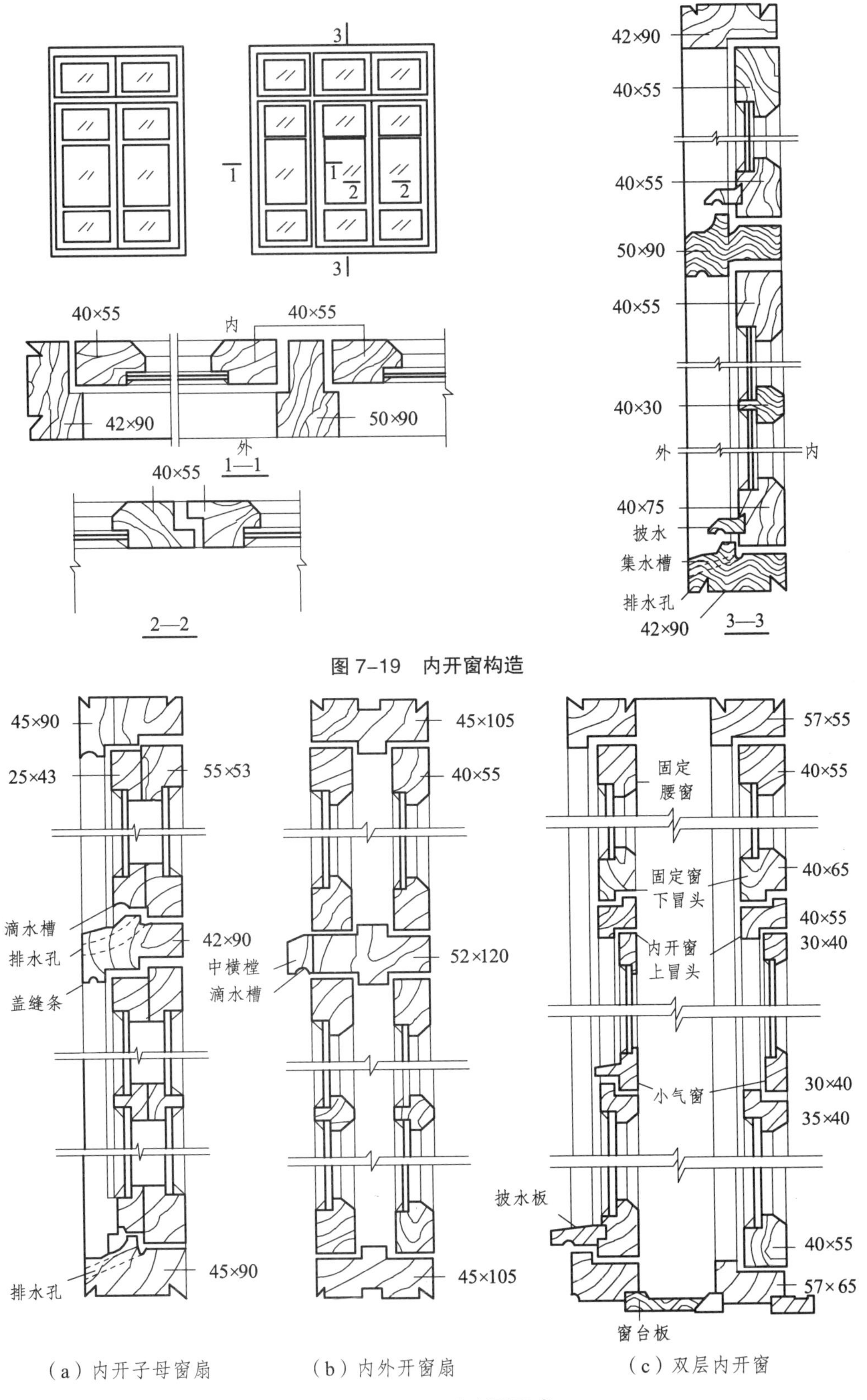

图 7-19　内开窗构造

（a）内开子母窗扇　　（b）内外开窗扇　　（c）双层内开窗

图 7-20　双层窗断面形式

（2）双内开窗。

双内开窗的两层窗扇同时向内开启，外层窗扇较小，以便通过内层窗框。双层内开窗的窗框可以是一个，也可分开为两个，单窗框的双内开窗窗框用料大，以便于铲成高、低双口，或采用拼合木框以减少木材的损耗；双窗框的窗，外框各边可均比内框小一点，窗框之间的间距一般在 60 mm 以上。为了防止雨水渗入，外层窗的窗下冒头要加设披水板［图 7-20（c）］。双层双内开窗的特点是开启方便、安全，有利于保护窗扇免受风袭击，便于擦窗，但构造复杂，结构所占面积较大，采光净面积有所减少。这种窗在我国严寒地区仍广泛应用。

【知识拓展】

金属门窗构造

随着建筑的发展，传统木门窗已不能满足现代化建筑对门窗越来越高的要求，钢门窗、铝合金门窗、塑料门窗相继出现。铝合金门窗、塑料门窗以其用料省、质量轻、密闭性好、耐腐蚀、坚固耐用、色泽美观、维修费低而得到广泛应用。

一、铝合金门窗构造

（一）铝合金门窗的特点

（1）自重轻。铝合金门窗用料省、自重轻，比钢门窗轻 50%左右。

（2）性能好。密封性好，气密性、水密性、隔声性、隔热性都较钢、木门窗有显著的提高。

（3）耐腐蚀、坚固耐用。铝合金门窗不需要涂涂料，氧化层不褪色、不脱落，表面不需要维修。铝合金门窗强度高、刚性好、坚固耐用、开闭轻便灵活、无噪声，安装速度快。

（4）色泽美观。铝合金门窗框料型材表面经过氧化着色处理后，既可保持铝材的银白色，又可以制成各种柔和的颜色或带色的花纹，如古铜色、暗红色、黑色等。

（二）铝合金门窗的设计要求

（1）应根据使用和安全要求确定铝合金门窗的风压强度性能、雨水渗漏性能、空气渗透性能综合指标。

（2）组合门窗设计宜采用定型产品门窗作为组合单元。非定型产品的设计应考虑洞口最大尺寸和开启扇最大尺寸的选择和控制。

（3）外墙门窗的安装高度应有限制。

（三）铝合金门窗料型

铝合金门窗料型是以铝合金门窗框的厚度构造尺寸来区别各种铝合金门窗的称谓，如平开门门框厚度构造尺寸为 50 mm 宽，即称为 50 系列铝合金平开门，如推拉窗窗框厚度构造尺寸 90 mm 宽，即称为 90 系列铝合金推拉窗等。实际工程中，通常根据不同地区、不同性质的建筑物的使用要求选用相应的门窗框。

（四）铝合金门窗的安装

铝合金门窗是表面处理过的铝材经下料、打孔、铣槽、攻丝等加工，制作成门窗框料的构件，然后与连接件、密封件、开闭五金件一起组合装配成门窗（图 7-21）。

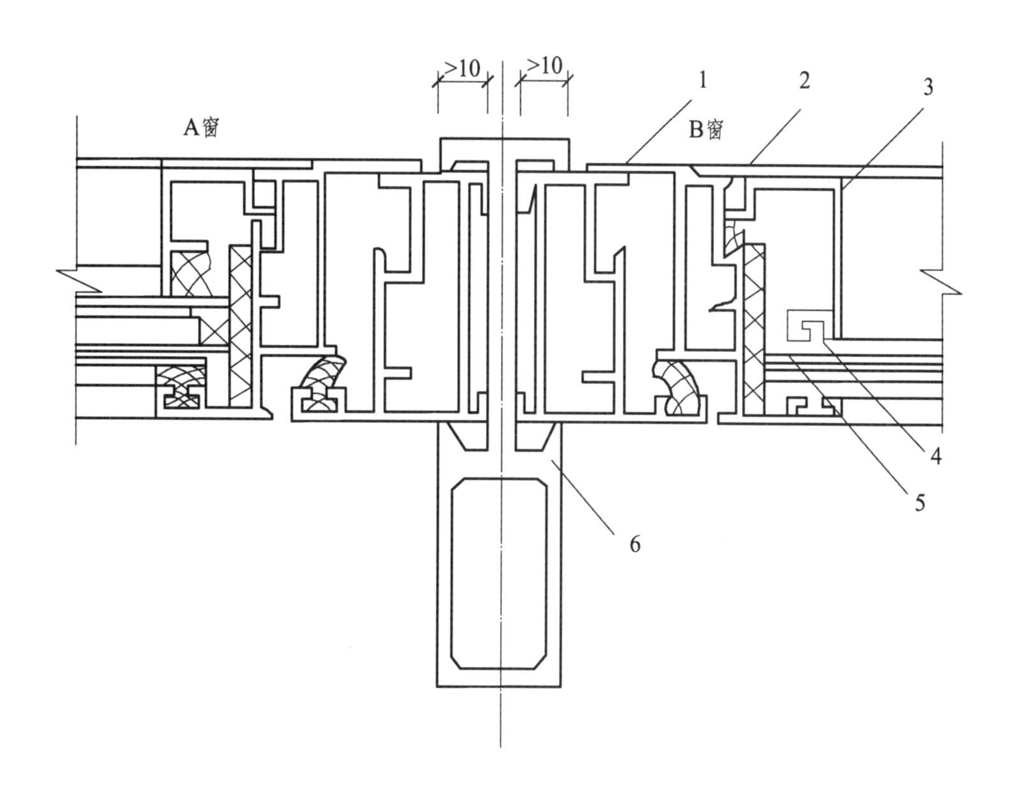

图 7-21　铝合金门窗组合方法

1—外框；2—内扇；3—压条；4—橡胶条；5—玻璃；6—组合杆件

门窗安装时，将门、窗框在抹灰前立于门窗洞处，与墙内预埋件对正，然后用木楔将三边固定。经检验确定门、窗框水平、垂直、无翘曲后，用连接件将铝合金框固定在墙（柱、梁）上，连接件固定可采用焊接、膨胀螺栓或射钉等方法。

门窗框固定好后与门窗洞四周的缝隙，一般采用软质保温材料填塞，如泡沫塑料条、泡沫聚氨酯条、矿棉毡条和玻璃丝毡条等，分层填实，外表留 5 ~ 8 mm 深的槽口用密封膏密封（图 7-22）。这种做法主要是为了防止门、窗框四周形成冷热交换区产生结露，影响防寒、防风的正常功能和墙体的寿命，影响建筑物的隔声、保温等功能。同时，避免了门窗框直接与混凝土、水泥砂浆接触，消除了碱对门窗框的腐蚀。

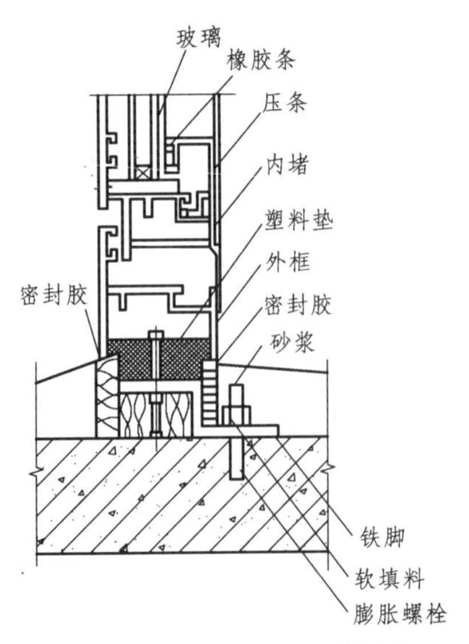

图 7-22　铝合金门窗安装节点

二、塑钢门窗构造

塑钢门窗是以改性硬质聚氯乙烯（简称 UPVC）为主要原料，加上一定比例的稳定剂、着色剂、填充剂、紫外线吸收剂等辅助剂，经挤出机挤出成型为各种断面的中空异型材。经切割后，在其内腔衬以型钢加强筋，用热熔焊接机焊接成型为门窗框扇，配装上橡胶密封条、压条、五金件等附件而制成的门窗即所谓的塑钢门窗。它具有如下优点：

（1）强度好、耐冲击。

（2）保温隔热、节约能源。

（3）隔音好。

（4）气密性、水密性好。

（5）耐腐蚀性强。

（6）防火。

（7）耐老化、使用寿命长。

（8）外观精美、清洗容易。

塑钢窗常采用固定窗、平开窗、推拉窗和上悬窗（图 7-23）。其中推拉窗的构造如图 7-24 所示。图 7-25 为塑钢窗框与墙体的连接方式。

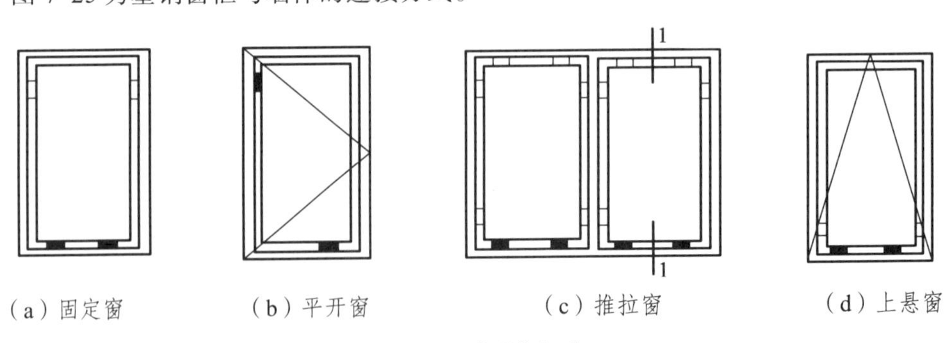

（a）固定窗　（b）平开窗　（c）推拉窗　（d）上悬窗

图 7-23　常用塑钢窗

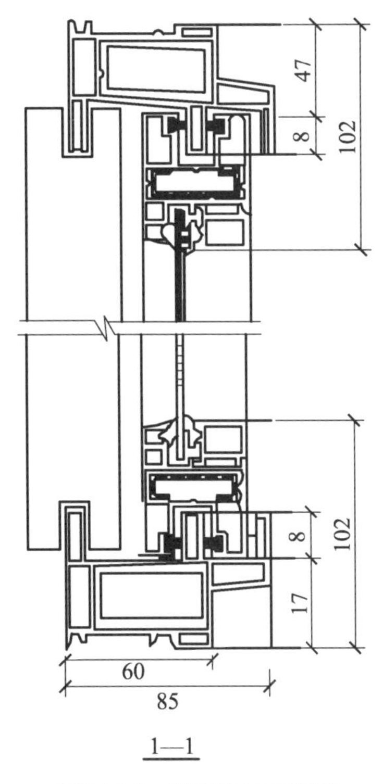

图 7-24　塑钢推拉窗构造

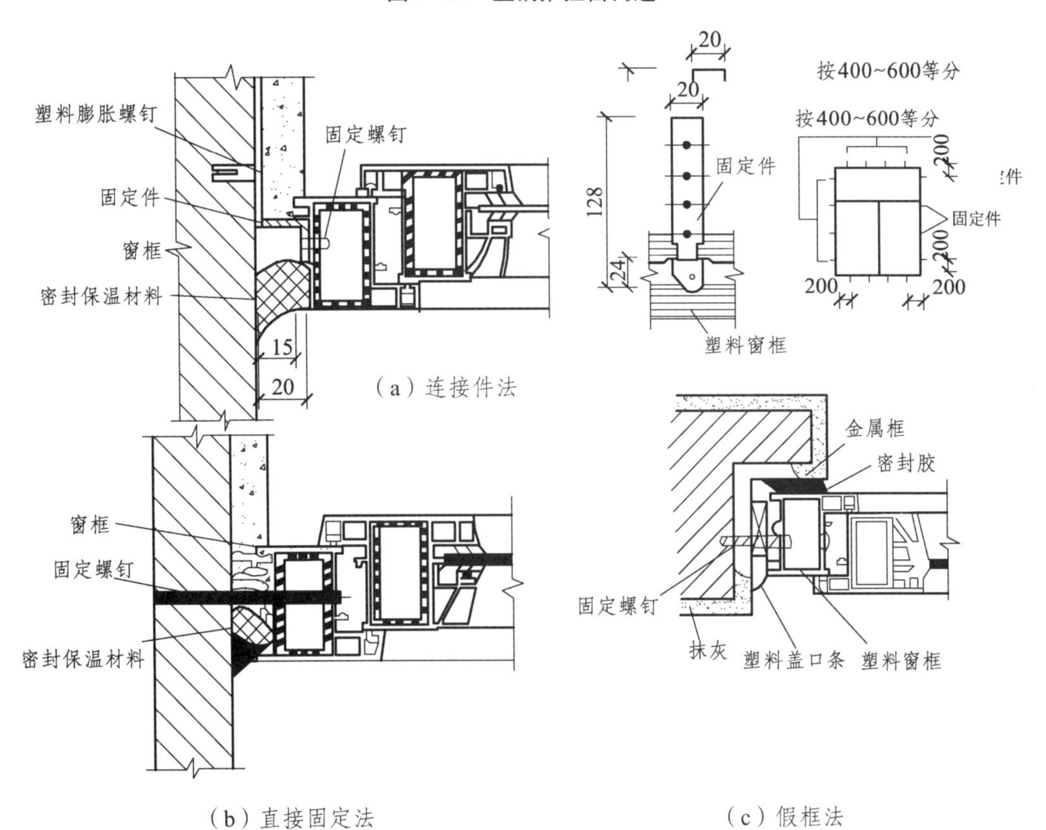

图 7-25　塑钢窗框与墙体的连接节点

项目八　变形缝认知

【知识目标】

（1）了解变形缝的概念。
（2）了解变形缝的构造。

【能力目标】

（1）能够判断变形缝的类型。
（2）能清楚变形缝的作用和分类。
（3）能找到建筑物的变形缝所在位置。

【项目任务】

序号	学习任务	任　务　驱　动
1	变形缝构造认知	（1）参观学校教学楼内的变形缝 （2）清楚变形缝的作用 （3）知道变形缝的构造做法

任务一　变形缝构造认知

【任务描述】

通过本任务的学习，学生应能知道变形缝的种类，能够区别其中的不同，能够清楚变形缝的设置位置，能够说出其构造做法。

【知识链接】

建筑物由于受气温变化、地基不均匀沉降以及地震等因素的影响，使结构内部产生附加应力和变形，如处理不当，将会造成建筑物的破坏，产生裂缝甚至倒塌，影响使用与安全。为了避免建筑物发生类似破坏，可预先在这些变形敏感部位将结构断开，留出一定的缝隙，以保证各部分建筑物在这些缝隙中有足够的变形宽度而不造成建筑物的破损，这种将建筑垂直分割开来的预留缝隙称为变形缝。

变形缝有三种，即伸缩缝、沉降缝和防震缝。

变形缝的材料及构造应根据其部位和需要分别采取防水、防火、保温、防护措施，并使其在产生位移或变形时不受阻、不被破坏（包括面层）。

一、变形缝设置

（一）伸缩缝的设置

建筑物因受温度变化的影响而产生热胀冷缩，在结构内部产生温度应力，当建筑物长度超过一定限度、建筑平面变化较多或结构类型变化较大时，建筑物会因热胀冷缩变形较大而产生开裂。为预防这种情况发生，常常沿建筑物长度方向每隔一定距离或结构变化较大处预留缝隙，将建筑物断开。这种因温度变化而设置的缝隙就称为伸缩缝或温度缝。

伸缩缝要求把建筑物的墙体、楼板层、屋顶等地面以上部分全部断开，基础部分受温度变化影响较小，无须断开。有时也采用附加应力钢筋，通过加强建筑物的整体性来抵抗可能产生的温度应力，使建筑物少设缝和不设缝，但需要经过计算确定。

伸缩缝的最大间距，应根据不同材料及结构而定。砌体结构伸缩缝的最大间距参见表 8.1；钢筋混凝土结构伸缩缝的最大间距的有关规定参见表 8.2。

表 8.1　砌体结构伸缩缝最大间距

房屋或楼盖类型	有无保温和隔热层	间距/m
整体式或装配整体式钢筋混凝土结构	有	60
	无	50
装配式无檩体系钢筋混凝土结构	有	60
	无	50
装配式有檩体系钢筋混凝土结构	有	75
	无	60
瓦屋盖、木屋盖或楼盖、轻钢屋盖	—	100

注：1. 对烧结普通砖、多孔砖、配筋砌块砌体房屋取表中数值，对石砌体、蒸压灰砂砖、蒸压粉煤灰砖和混凝土砌块房屋取表中数值乘以 0.8 的系数。

2. 在钢筋混凝土屋面上挂瓦的屋盖应按钢筋混凝土屋盖采用。

3. 层高大于 5 m 的烧结普通砖、多孔砖、配筋砌块砌体结构单层房屋，其伸缩缝间距应按表中数值乘以 1.3。

4. 温差较大且变化频繁地区和严寒地区不采暖的房屋及构筑物墙体的伸缩缝的最大间距应按表中数值予以适当减小。

表 8.2　钢筋混凝土结构伸缩缝最大间距　　m

结构类别	施工方法	室内或土中	露天
排架结构	装配式	100	70
框架结构	装配式	75	50
	现浇式	55	35
剪力墙结构	装配式	65	30
	现浇式	45	30
挡土墙、地下室墙壁等	装配式	40	30
	现浇式	30	20

注：1. 装配整体式结构房屋的伸缩缝间距宜按表中现浇式的数值取用。

2. 框-剪或框-筒结构房屋的伸缩缝间距可根据结构的具体布置情况，取表中框架结构与剪力墙结构之间的数值。

3. 当屋面无保温或隔热措施、混凝土的收缩较大或室内结构因施工外露时间较长时，伸缩缝间距宜按表中“露天”栏或适当减少。

4. 现浇挑檐、雨罩等外露结构的伸缩缝间距不宜大于 12 m。

（二）沉降缝的设置

沉降缝是为了预防建筑物各部分由于不均匀沉降引起的破坏而设置的变形缝。凡属下列情况时均应考虑设置沉降缝（图 8-1）：

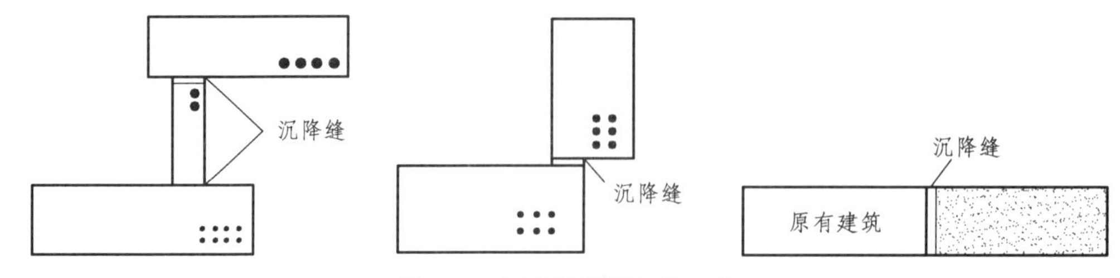

图 8-1　沉降缝设置部位示意

（1）建筑平面的转折部位。

（2）高度差异或荷载差异处。

（3）长高比过大的砌体承重结构或钢筋混凝土框架结构的适当部位。

（4）地基土的压缩性有显著差异处。

（5）建筑结构或基础类型不同处。

（6）分期建造房屋的交界处。

沉降缝与伸缩缝最大的区别在于伸缩缝只需保证建筑物在水平方向的自由伸缩变形，而沉降缝主要应满足建筑物各部分在垂直方向的自由沉降变形，故应将建筑物从基础到屋顶全部断开。同时，沉降缝也应兼顾伸缩缝的作用，故应在构造设计时满足伸缩和沉降双重要求。

沉降缝的宽度随地基情况和建筑物的高度不同而定，可参见表 8.3。

表 8.3　沉降缝的宽度

地基情况	建筑物高度	沉降缝宽度/mm
一般地基	H<5 m H=5 ~ 10 m H=10 ~ 15 m	30 50 70
软弱地基	2 ~ 3 层 4 ~ 5 层 5 层以上	50 ~ 80 80 ~ 120 >120
湿陷性黄土地基		≥30 ~ 70

沉降缝构造复杂，给建筑、结构设计和施工都带来一定的难度，因此，在工程设计时，应尽可能通过合理的选址、地基处理、建筑体型的优化、结构选型和计算方法的调整，以及施工程序上的配合（如高层建筑与裙房之间采用后浇带的办法）来避免或克服不均匀沉降，从而达到不设或尽量少设缝的目的（应根据不同情况区别对待）。

（三）防震缝的设置

在地震区建造房屋，必须充分考虑地震对建筑造成的影响。为此，我国制定了相应的建筑抗震设计规范。

（1）对多层砌体房屋，应优先采用横墙承重或纵横墙混合承重的结构体系。有下列情况之一时宜设防震缝：

①建筑立面高差在 6 m 以上；

②建筑有错层且错层楼板高差较大；

③建筑物相邻各部分结构刚度、质量截然不同。

此时防震缝宽度 B 可采用 50 ~ 100 mm，缝两侧均须设置墙体，以加强防震缝两侧房屋刚度。

（2）对多层和高层钢筋混凝土框、排架结构房屋，应尽量选用合理的建筑结构方案。有下列情况之一时宜设防震缝：

① 房屋贴建于框排架结构；

② 结构的平面布置不规则；

③ 质量和刚度沿纵向分布有突变。

（3）必须设置防震缝时，其最小宽度应符合下列要求：

① 当高度不超过 15 m 时，可采用 70 mm。

② 当高度超过 15 m 时，按不同设防烈度增加缝宽：

6 度地区，建筑每增高 5 m，缝宽增加 20 mm；

7 度地区，建筑每增高 4 m，缝宽增加 20 mm；

8 度地区，建筑每增高 3 m，缝宽增加 20 mm；

9 度地区，建筑每增高 2 m，缝宽增加 20 mm。

③ 贴建房屋与框排架结构间设防烈度为 6 度、7 度时，缝宽 60 mm；8 度时，缝宽 70 mm；9 度时，缝宽 80 mm。

防震缝应与伸缩缝、沉降缝统一布置，并满足防震缝的设计要求。一般情况下，防震缝基础可不分开，但在平面复杂的建筑中，或建筑相邻部分刚度差别很大时，也需将基础分开。按沉降缝要求的防震缝也应将基础分开。

二、设置变形缝建筑的结构布置

（一）伸缩缝的结构布置

砌体结构的墙和楼板及屋顶结构布置可采用单墙，也可采用双墙承重方案（图 8-2）。变形缝最好设置在平面图形有变化处，以利隐蔽处理。

（二）沉降缝的结构布置

沉降缝基础应断开并避免因不均匀沉降造成的相互干扰。常见的承重墙下条形基础处理方法有双墙偏心基础、挑梁基础和交叉式基础三种方案（图 8-3）。

双墙偏心基础整体刚度大，但基础偏心受力，并在沉降时产生一定的挤压力。采用双墙交叉式基础方案，地基受力将有所改进。挑梁基础方案能使沉降缝两侧基础分开较大距离，相互影响较少，当沉降缝两侧基础埋深相差较大或新建筑与原有建筑毗连时，宜采用挑梁方案。

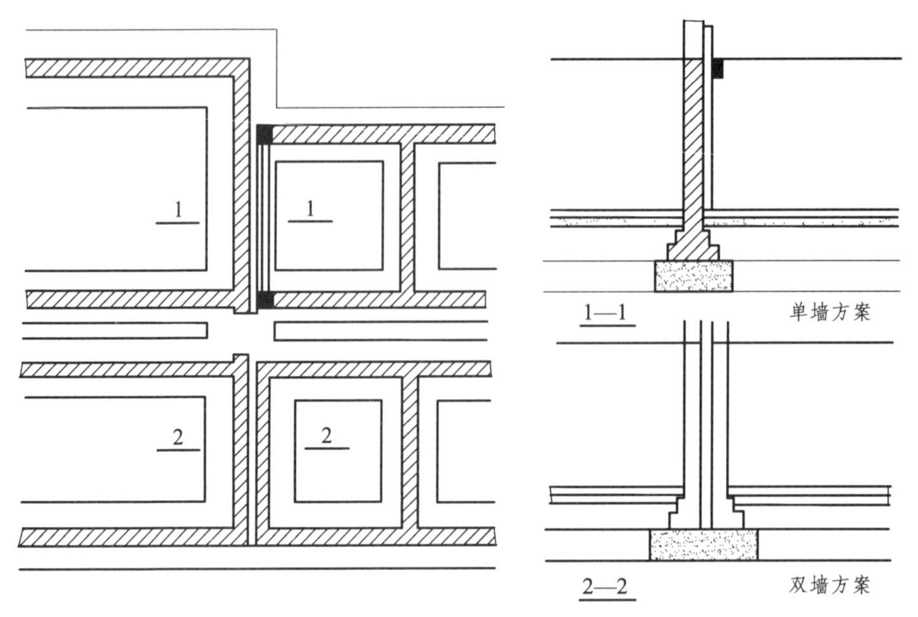

图 8-2　伸缩缝的结构设置

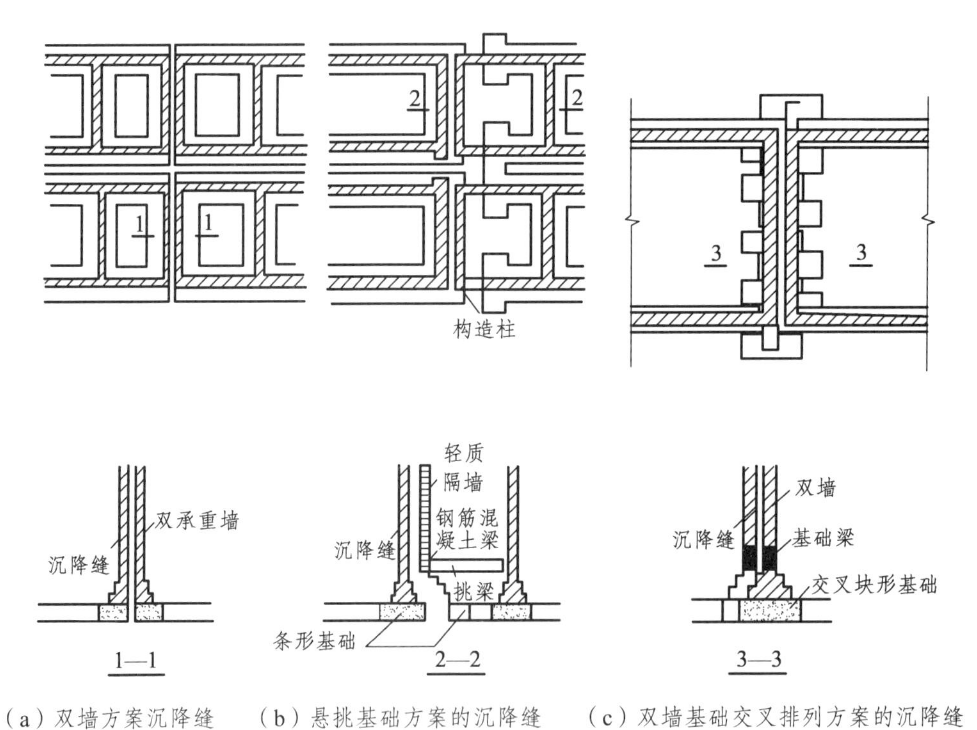

（a）双墙方案沉降缝　（b）悬挑基础方案的沉降缝　（c）双墙基础交叉排列方案的沉降缝

图 8-3　沉降缝基础设置

（三）防震缝的结构布置

防震缝应沿建筑物全高设置，缝的两侧应布置双墙或双柱，或一墙一柱，使各部分结构都有较好的刚度。

三、变形缝构造

在建筑物设变形缝部位必须全部做盖缝处理，其主要目的是满足使用的需要，如通行等。此外，位于外围护结构的变形缝还要防止渗漏，以及防止热桥的产生。当然，美观问题也相当重要。因此，做变形缝盖缝处理时要重视以下几点：

（1）所选择的盖缝板的形式必须能够符合变形缝所属类别的变形需要。如伸缩缝的盖缝板必须要允许左右的位移，不必适应上下的位移，而沉降缝的盖缝板则必须满足后者的要求。

（2）所选择的盖缝板的材料及构造方式必须能够符合变形缝所在部位的其他功能要求。例如用于外墙面和屋面的盖缝板应选择不易锈蚀的材料，例如镀锌铁皮、彩色薄钢板、铝皮等，并做到节点能够防水；而用于室内地面、楼面及内墙面的盖缝板则可以根据内部面层装饰需求来做。

不过应当注意，对于高层建筑及防火要求相对较高的建筑物，室内变形缝四周的基层应采取非燃烧材料，表面装饰层也应采用非燃或难燃材料。在变形缝内不应敷设电缆、可燃气体管道，如必须穿过变形缝时，应在穿过处加设不燃烧套管，并应采用不燃烧材料将套管两端空隙紧密填塞。

（3）在变形缝内部应当用具有自防水功能的柔性材料来填塞，例如挤塑性聚苯板、沥青麻丝、橡胶条等，以防止热桥的产生。

当地下室出现变形缝时，为使变形缝处能保持良好的防水性，必须做好地下室墙身及地板层的防水构造。其措施是在结构施工时，在变形缝处预埋止水带。止水带有橡胶止水带、塑料止水带及金属止水带等。其构造做法有内埋式和可卸式两种。无论采用哪种形式，止水带中间空心圆或弯曲部分须对准变形缝，以适应变形需要（图 8-4、图 8-5）。

图 8-6 为楼地面变形缝处的盖缝处理构造做法。图 8-7 为内墙及顶棚变形缝构造。图 8-8 为外墙变形缝构造，其中图 8-8（a）、（b）、（c）适用于防震缝和伸缩缝，图 8-8（d）、（e）、（f）适用于防震缝和沉降缝，盖缝板上下搭接一般不少于 50 mm。

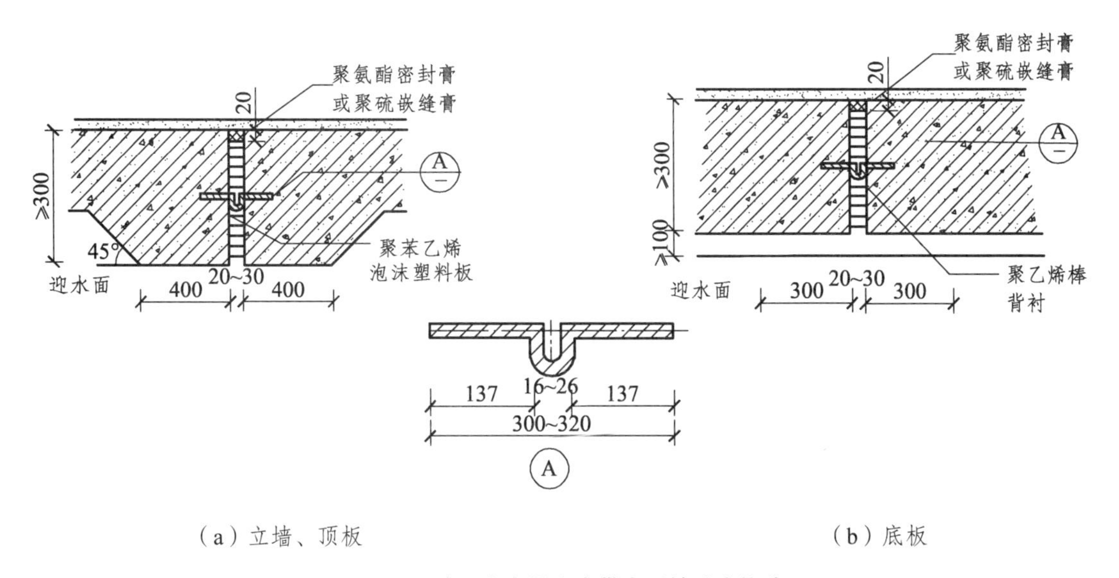

图 8-4　地下室金属止水带变形缝防水构造

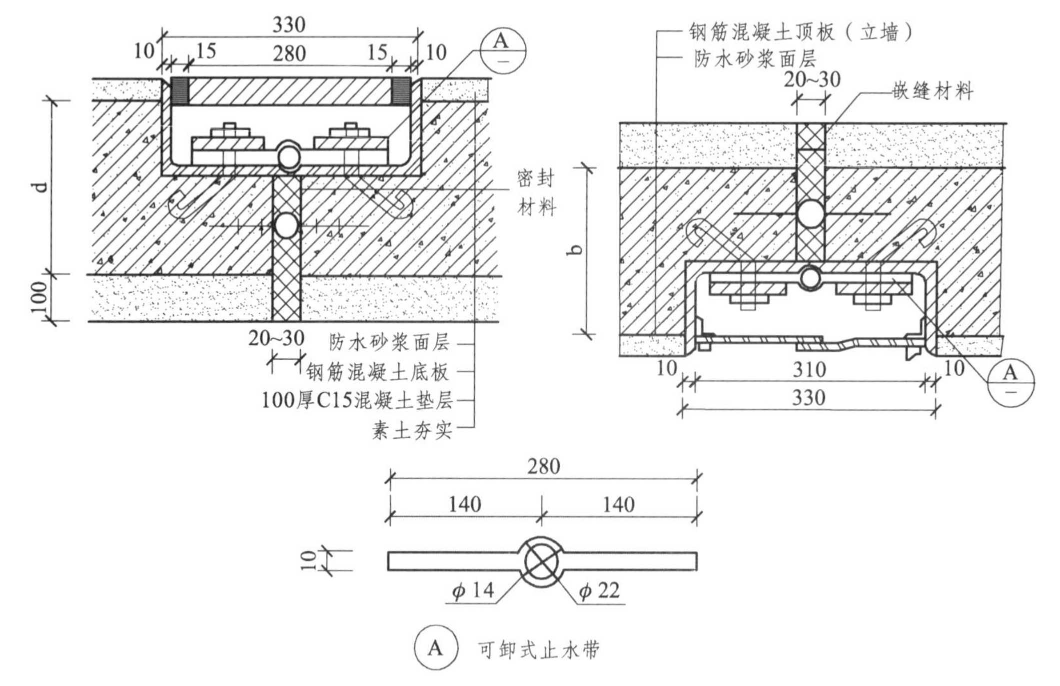

图 8-5 地下室可卸式止水带变形缝防水构造

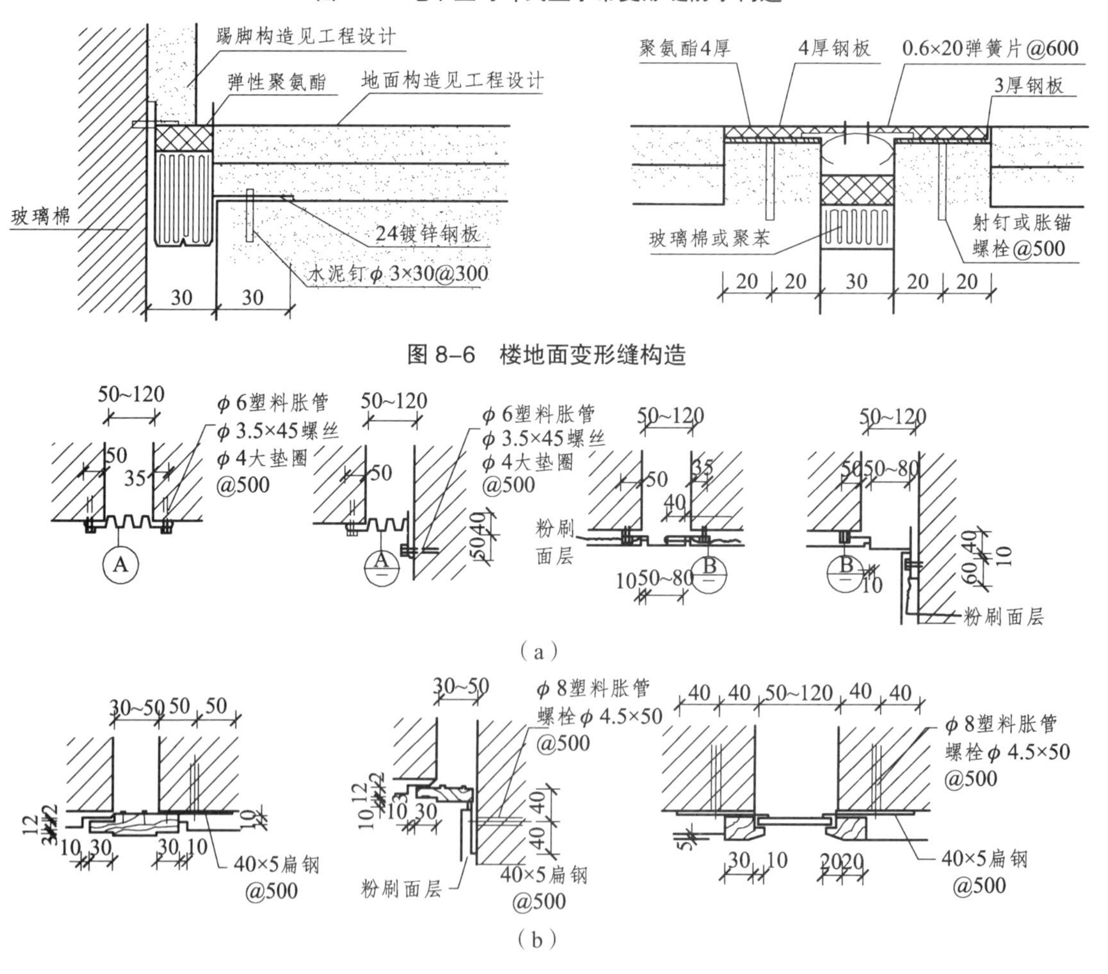

图 8-6 楼地面变形缝构造

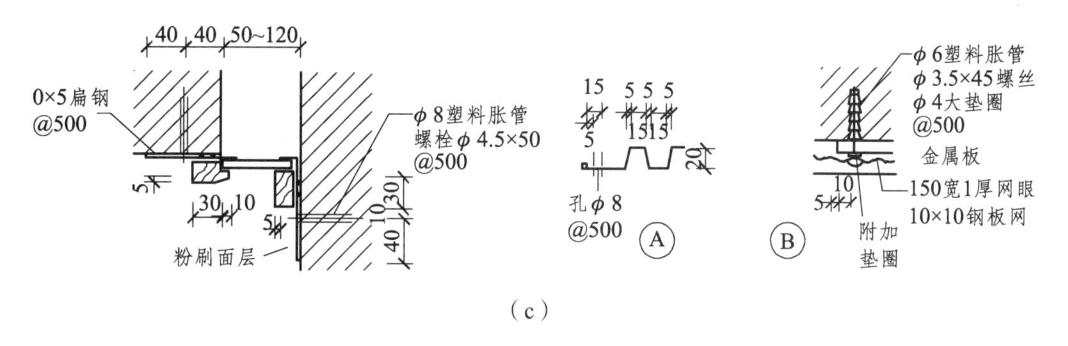

（c）

图 8-7　内墙及顶棚变形缝构造

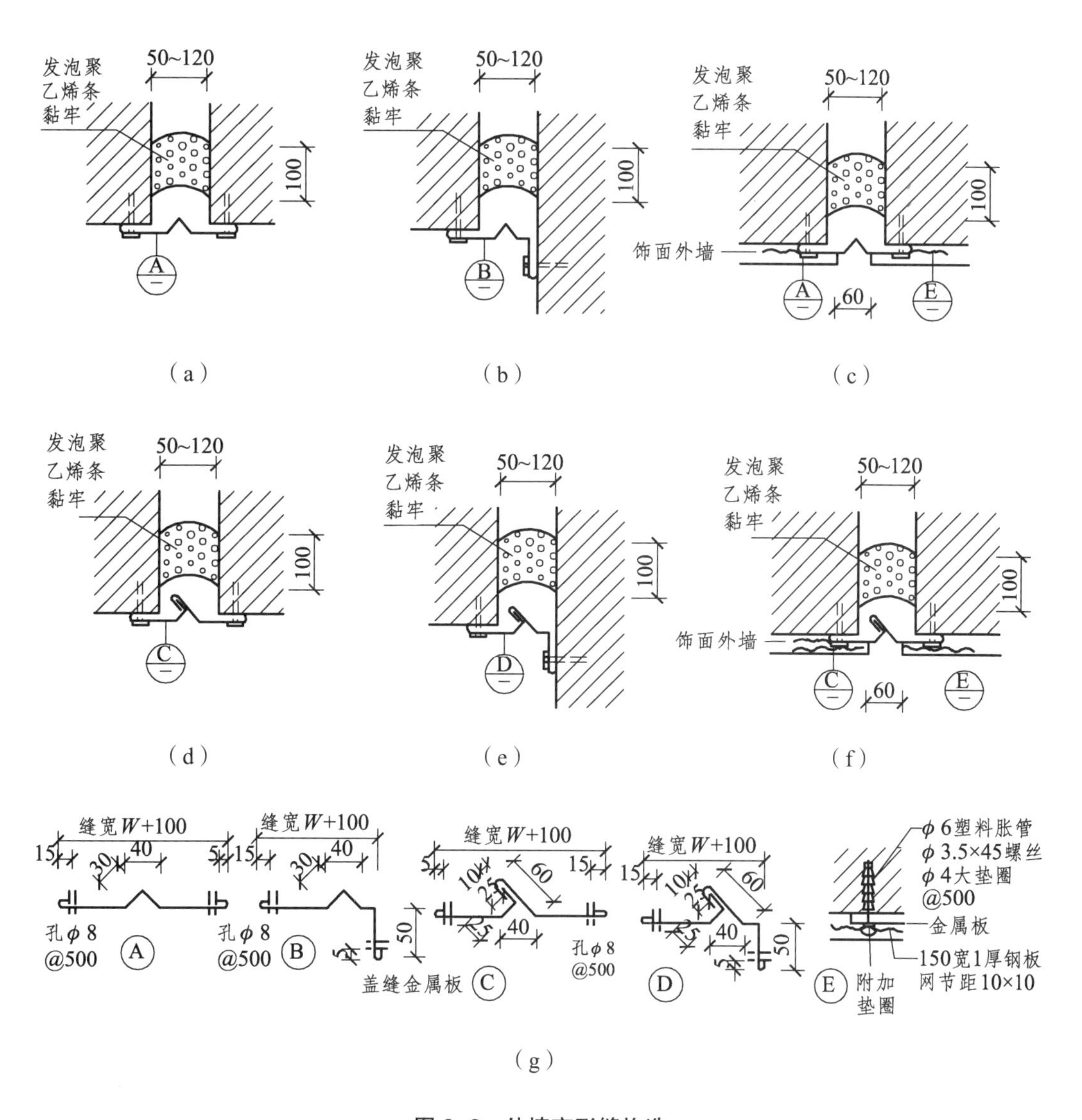

（a）　（b）　（c）

（d）　（e）　（f）

（g）

图 8-8　外墙变形缝构造

图 8-9、8-10 为屋面变形缝盖缝构造。其中盖缝和塞缝材料可以另行选择，但防水构造必须同时满足屋面防水规范的要求。

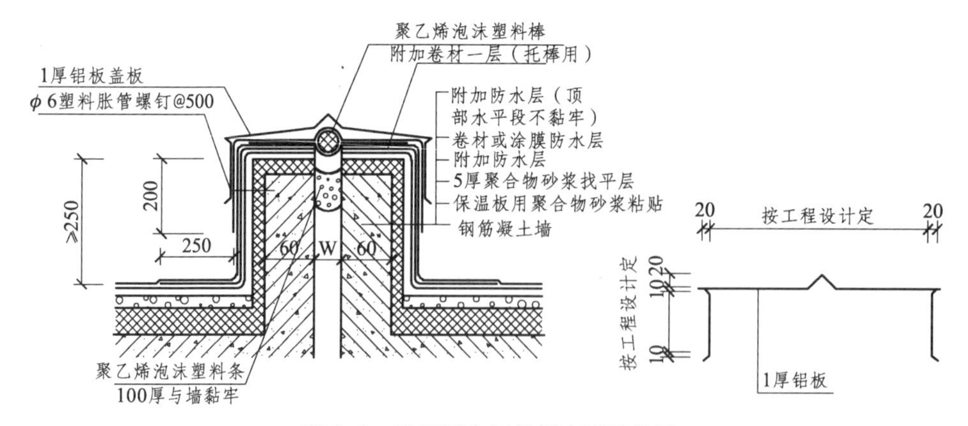

图 8-9 平屋面金属盖板变形缝构造

注：变形缝宽度按屋面工程设计，保温板材料厚度按工程设计定。

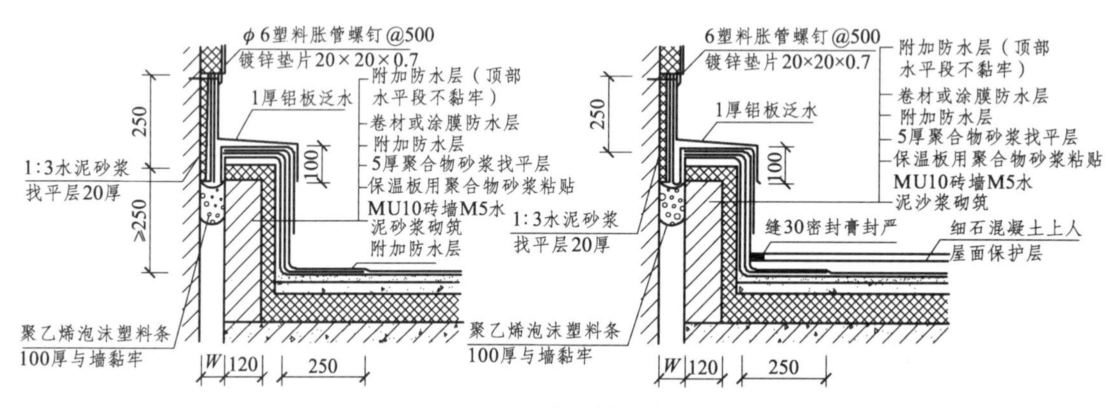

图 8-10 屋面变形缝盖缝构造

注：变形缝宽度按屋面工程设计，保温板材料厚度按工程设计定。

项目九　工业建筑认知

【知识目标】

（1）了解工业建筑的特点与分类。
（2）了解单层工业厂房的组成。
（3）了解单层厂房的结构构件。
（4）了解轻型门式刚架厂房的组成及特点。

【能力目标】

（1）能区分工业建筑的类型。
（2）能描述单层工业厂房的结构类型及主要组成部分。
（3）能了解厂房高度的确定方法。
（4）能了解轻型门式刚架厂房的组成及特点。
（5）能够识读简单工业厂房的图纸。

【项目任务】

序号	学习任务	任务驱动
1	判断工业建筑的类型	通过参观厂房，判断出该厂房的性质、特点以及结构类型，能知道厂房的组成，说出各部分的名称
2	认识轻型门式刚架厂房	（1）参观轻型门式刚架厂房，分组讨论其组成、特点 （2）识读简单轻型门式刚架图纸

任务一　判断工业建筑的类型

【任务描述】

通过本任务的学习，学生应能够区分工业建筑的类型，能够描述单层工业厂房的结构类型及主要组成部分。

【知识链接】

工业建筑是指从事各类工业生产及直接为生产服务的房屋，是工业建设必不可少的物质基础。从事工业生产的房屋主要包括生产厂房、辅助生产用厂房以及为生产提供动力的房屋，这些房屋往往称为“厂房”或“车间”。工业建筑与民用建筑一样，要体现适用、安全、经济、美观的方针，根据生产工艺的要求不同，来确定工业建筑的平面、立面、剖面和建筑体形，并进行细部构造设计，以保证有一个良好的工作环境。

一、工业建筑的分类及特点

（一）工业建筑的分类

工业建筑通常是按厂房的用途、生产状况和层数来进行分类的。

1. 按厂房的用途分类

（1）主要生产厂房：如机械制造厂的铸造车间、机械加工车间和装配车间等。

（2）辅助生产厂房：为主要生产车间服务的各类厂房，如机械厂的机修车间及工具车间等。

（3）动力用厂房：为全厂提供能源的各类厂房，如发电站、变电站、锅炉房、煤气站及压缩空气站等。

（4）储藏用建筑：储藏各种原材料、半成品或成品的仓库，如金属材料库、木料库、油料库、成品及半成品仓库等。

（5）运输用建筑：用于停放、检修各种运输工具的库房，如汽车库及电瓶车库等。

2. 按生产状况分类

（1）热加工车间：在高温状态下进行生产，生产过程中散发大量的热量、烟尘的车间，如炼钢、轧钢、铸造车间等。

（2）冷加工车间：在正常温度和湿度条件下生产的车间，如机械加工车间、装配车间等。

（3）恒温恒湿车间：为保证产品质量的要求，在稳定的温度和湿度状态下进行生产的车间，如纺织车间和精密仪器车间等。

（4）洁净车间：根据产品的要求须在无尘无菌、无污染的高洁净状态下进行生产的车间，如集成电路车间、药品生产车间等。

3. 按厂房层数分类

（1）单层厂房：这类厂房是工业建筑的主体，广泛应用于制造工业、冶金工业及纺织工业等（图 9-1）。

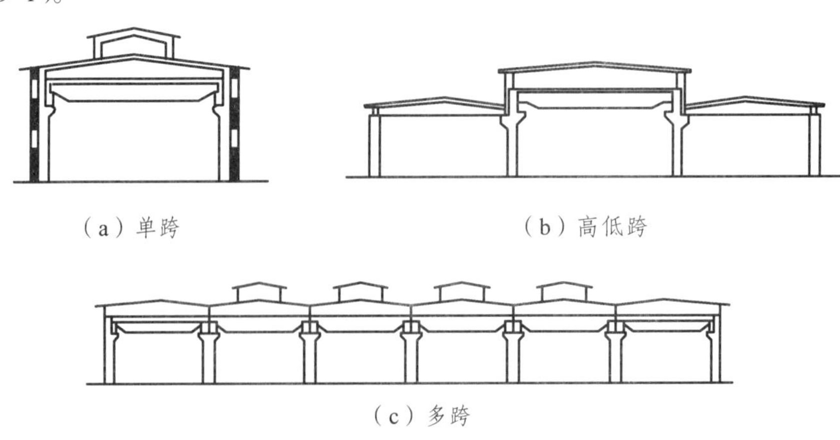

（a）单跨　　（b）高低跨

（c）多跨

图 9-1　单层厂房

（2）多层厂房：在食品、化学、电子、精密仪器工业以及服装加工业等应用较广（图 9-2）。

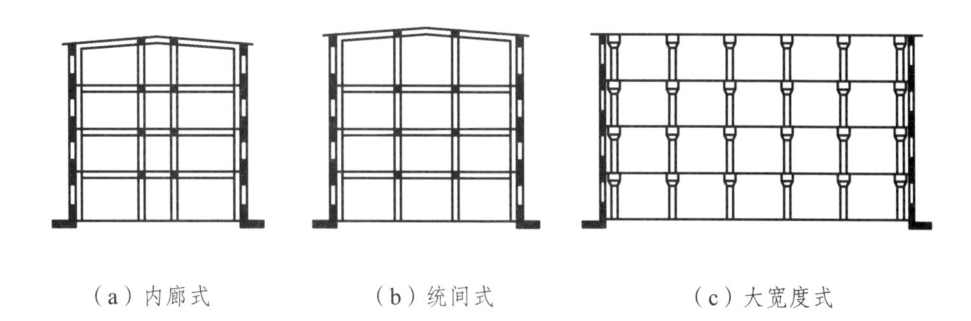

图 9-2　多层厂房

（3）混合层数厂房：在同一厂房内既有单层也有多层的厂房称为混合层数厂房，多用于化工工业和电力工业厂房（图 9-3）。

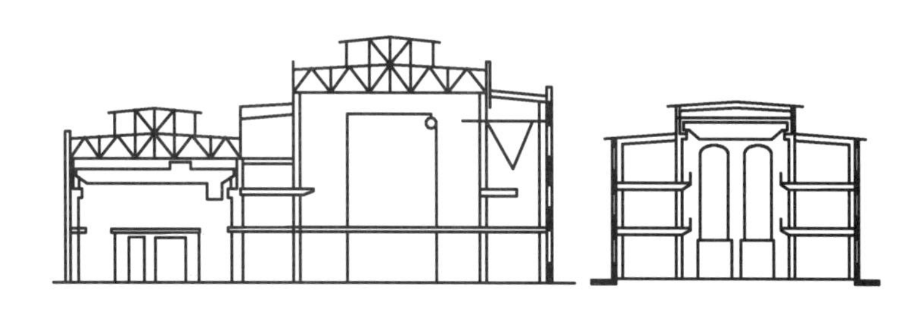

图 9-3　混合层数厂房

（二）工业建筑的特点

1. 满足生产工艺的要求

厂房的设计是以工艺设计为基础的，它必须满足不同工业生产的要求，并为工人创造良好的工作环境。

2. 内部有较大的空间

由于生产方面的要求，工业建筑往往配备大中型的生产设备，并有多种起重运输设备，有的加工巨型产品，通行各类交通运输工具，因而厂房内部大多具有较大的开敞空间。

3. 厂房骨架的承载力较大

工业建筑由于生产上的需要，所受楼面和屋面荷载较大，因此单层厂房经常采用装配式的大型承重构件，多层厂房则采用钢筋混凝土骨架结构或钢结构。

4. 厂房的建筑构造比较复杂

由于厂房的面积、体积大，有时采用多跨组合，工艺联系密切，不同的生产类型对厂房提出的功能要求不同。因此，在空间、采光、通风和防水、排水等建筑处理上及结构、构造上比较复杂，技术要求高。

二、单层厂房的起重运输设备

为了满足在生产过程中运送原料、成品和半成品，以及安装、检修设备的需要，在厂房内部一般需设置适当起重设备。不同类型的起重设备直接影响厂房的设计。常见的吊车有以下几种：

（一）单轨悬挂式起重机

单轨悬挂式起重机由电动葫芦（及滑轮组）和工字形钢轨组成（图 9-4），工字形钢轨悬挂在屋架下弦，电葫芦装在钢轨上，按钢轨线路运行及起吊重物。单轨悬挂吊车的起质量一般不超过 5 t，由于钢轨悬挂在屋架下弦，要求屋盖结构有较高的强度和刚度。

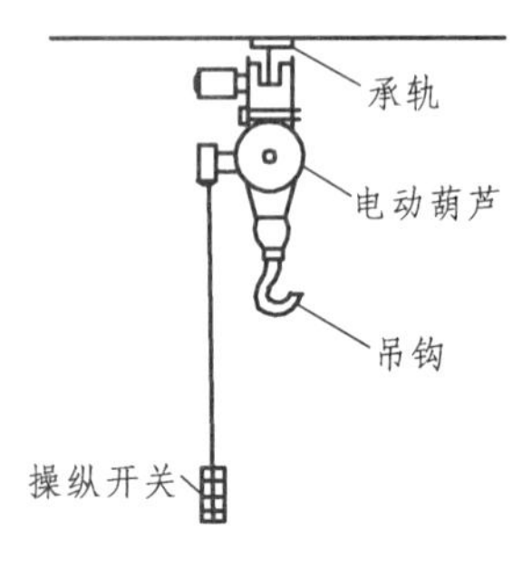

图 9-4 单轨悬挂吊车

（二）梁式吊车

梁式吊车由梁架和电葫芦组成，有悬挂式和支承式两种类型。悬挂式吊车是在屋架下弦悬挂双轨，在双轨上设置可滑行的单梁，在单梁上安装电动葫芦［图 9-5（a）］。支承式吊车是在排架柱的牛腿上安装吊车梁和钢轨，钢轨上设可滑行的单梁，单梁上安装滑轮组［图 9-5（b）］。两种吊车的单梁都可按轨道纵向运行，梁上滑轮组可横向运行和起吊重物，起吊质量不超过 5 t。

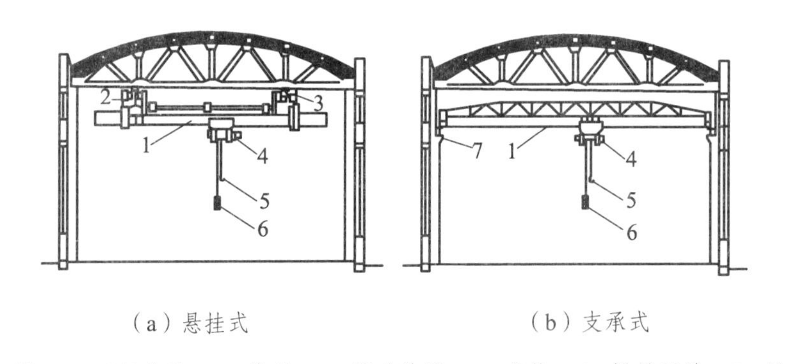

（a）悬挂式　　（b）支承式

1—钢梁；2—运行装置；3—轨道；4—提升装置；5—吊钩；6—操纵开关；7—吊车梁

图 9-5 梁式起重机

（三）桥式吊车

桥式吊车是由桥架和起重行车（或称小车）组成的。起重机的桥架支承在起重机梁的钢轨上，沿厂房纵向运行，起重小车安装在桥架上面的轨道上，横向运行（图 9-6），起吊质量为 5 ~ 400 t，甚至更大，适用于大跨度的厂房。起重机一般由专职人员在起重机一端的驾驶室内操纵，厂房内需设供驾驶人员上下的钢梯。

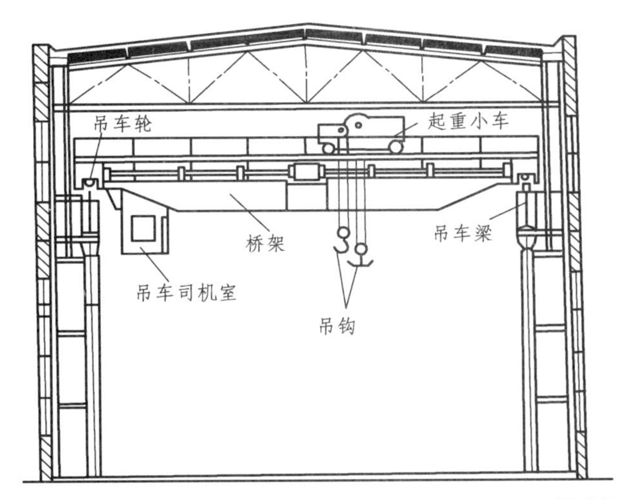

图 9-6 桥式起重机

三、单层工业厂房的结构类型和组成

（一）单层工业厂房的结构类型

1. 单层工业厂房结构按其承重结构的材料分类

单层工业厂房结构按其承重结构的材料不同，可分为砖墙承重结构、钢筋混凝土结构和钢结构等类型。

2. 单层工业厂房按其主要承重结构形式分类

单层工业厂房按其主要承重结构的形式不同可分为墙承重结构、骨架承重结构两种。

（1）墙承重结构。

由砖墙（或砖柱）和钢筋混凝土屋架（屋面梁）或钢屋架组成，一般适用于跨度、高度、起重机荷载较小时的工业建筑（图 9-7）。

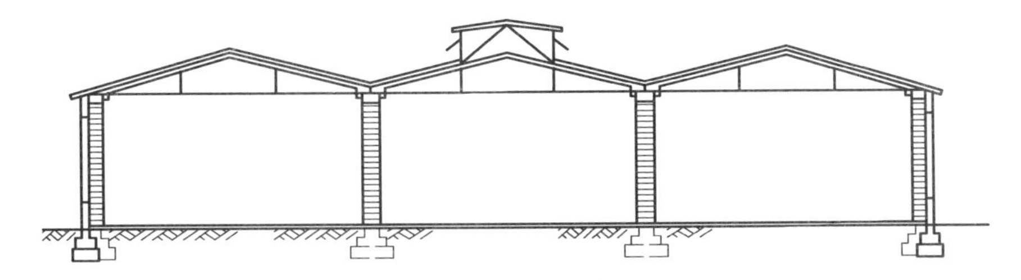

图 9-7 砖墙承重结构

（2）骨架承重结构。

骨架承重结构由柱子、屋架或屋面梁、柱基础等承重构件组成，可分为排架、刚架及空间结构。其中以排架结构最常见。

①装配式钢筋混凝土排架结构：结构由横向排架和纵向联系构件以及支撑构件组成（图 9-8）。该结构承载能力强，坚固耐久，施工速度快，适用于空间尺度较大，吊车荷载大和地震设防烈度较高的单层工业厂房。

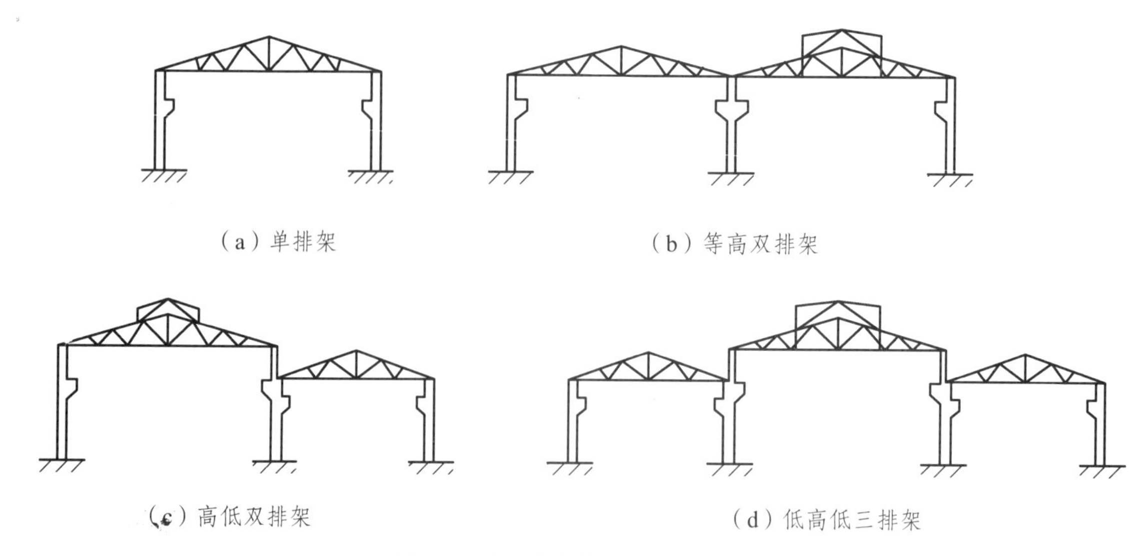

图 9-8　装配式钢筋混凝土排架结构

② 钢排架结构：对于大跨度结构及重工业厂房，因装配式钢筋混凝土结构的自重大，目前较多采用钢结构排架。这种结构自重轻、抗震性能好、施工速度快，但易锈蚀，耐久性、耐火性较差，维护费用高，使用时必须采取必要的防护措施（图 9-9）。钢结构多用于跨度大、空间高、载重大、高温或振动大的工业建筑。

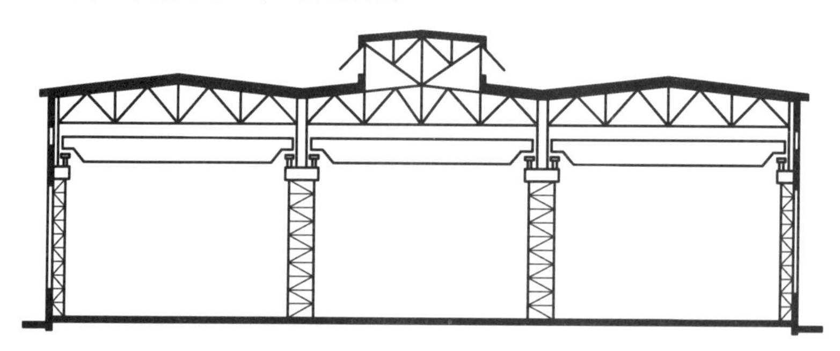

图 9-9　钢排架结构

③ 刚架结构：主要特点是屋架与柱子合并为同一构件，其连接处为整体刚接。单层厂房中的刚架结构主要是门式刚架。门式刚架如图 9-10（a）、（b）所示，分无吊车刚架和有吊车刚架两种形式。门式刚架构件类型少、制作简便、比较经济、室内空间宽敞、整洁，在高度不超过 10 m、跨度不超过 18 m 的纺织、印染等厂房中应用较普遍。

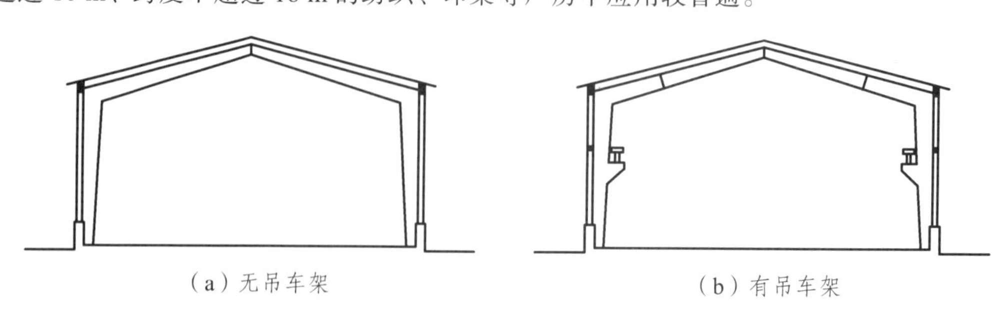

图 9-10　门式刚架

随着改革开放的深入，我国钢材供应逐步增加，特别是压型钢板等的推广应用，我国单层厂房越来越多地采用钢结构或轻型钢结构等，如图 9-10 所示；在实际过程中，钢筋混凝土结构、钢结构可以组合应用，也可以采用网架、折板、马鞍形、壳体等屋面结构。如图 9-11 所示为其他结构形式。

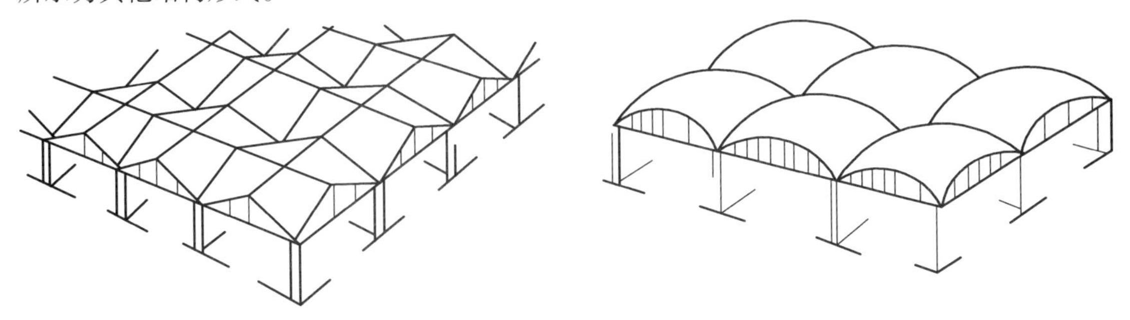

图 9-11　其他结构厂房形式

（二）单层工业厂房的结构组成

我国单层工业厂房一般采用的结构体系是装配式钢筋混凝土排架结构（图 9-12）。由图可知，厂房承重结构由横向骨架和纵向骨架组成。横向骨架包括屋面大梁（或屋架）、柱子及柱基础。它承受屋顶、天窗、外墙及吊车等荷载。纵向联系构件包括屋面结构、连系梁、吊车梁等。它们能保证横向骨架的稳定性，并将作用在山墙上的风力或吊车纵向制动力传给柱子。此外，为了保证厂房的整体性和稳定性，往往还要设置支撑系统。

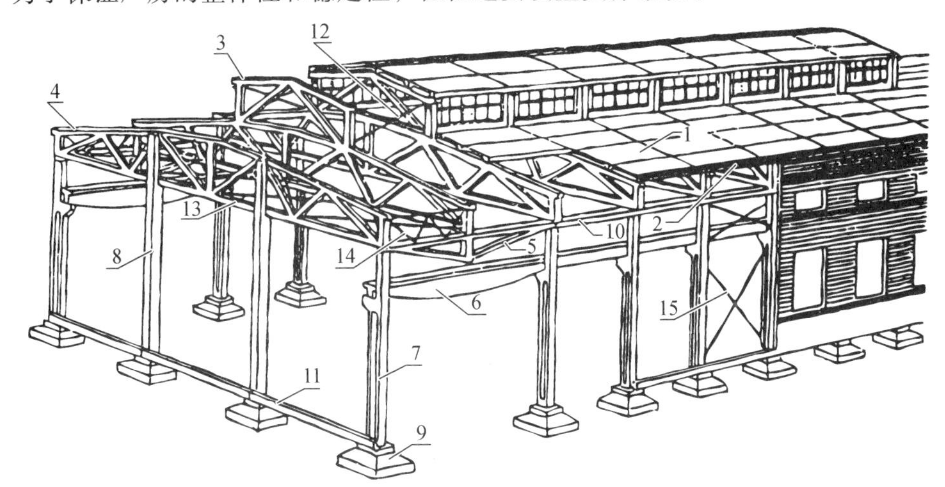

图 9-12　单层厂房装配式钢筋混凝土排架结构示意图

1—屋面板；2—天沟板；3—天窗架；4—屋架；5—托架；6—吊车梁；7—排架柱；
8—抗风柱；9—基础；10—连系梁；11—基础梁；12—天窗架垂直支撑；
13—屋架下弦横向水平支撑；14 —屋架端部垂直支撑；15—柱间支撑

1. 承重结构

（1）屋架（或屋面梁）。

屋架（或屋面梁）是厂房的主要承重构件，承受屋盖上的全部荷载，通过屋架（或屋面梁）将荷载传给柱子。

（2）柱子。

柱子是厂房的主要承重构件，它承受屋面、吊车梁、墙体上的荷载，以及山墙传来的风荷载，并把这些荷载传给基础。

（3）基础。

基础承担作用在柱子上的全部荷载，以及基础梁传来的荷载，并将这些荷载传给地基。单层装配式钢筋混凝土一般采用杯形基础。

（4）吊车梁。

吊车梁安装在柱子伸出的牛腿上，它承受吊车自重和吊车荷载，并把这些荷载传递给柱子。

（5）基础梁。

基础梁承受上部砖墙重力，并把它传给基础。装配式单层厂房的外墙一般为非承重墙，通常砌在柱基础顶面的基础梁上。

（6）支撑系统。

支撑系统包括柱间支撑和屋面支撑，分别设于纵向柱列之间和屋架之间，以加强厂房的空间整体刚度和稳定性。

（7）连系梁与圈梁。

连系梁与圈梁是厂房纵向柱列的水平联系构件，用以增加厂房的纵向刚度和稳定性，承受风荷载和上部墙体的荷载，并将荷载传给纵向柱列。

（8）屋面板。

屋面板铺设在屋架、檩条或天窗架上，直接承受板上的各类荷载（包括自重、屋面围护材料自重，雪、积灰、施工荷载的重力），并将荷载传给屋架。

（9）抗风柱。

单层厂房山墙面积大，受较大的风荷载作用，在山墙处设置抗风柱能增加墙体的刚度和稳定性，并将山墙荷载传给纵向柱列或基础。

2. 围护结构

围护构件由屋面、外墙、门窗、地面等基本构件组成，这些构件所承受的荷载主要是墙体和构件的自重，以及作用在墙上的风荷载，并起遮风、挡雨、改善劳动环境等作用。

四、单层工业厂房的柱网尺寸及剖面高度

（一）单层工业厂房的柱网尺寸

在单层工业厂房中，为支承屋盖和起重机荷载需设置柱子，为了确定柱位，在平面图上要布置纵横向定位轴线。一般在纵、横向定位轴线相交处设柱子。厂房柱子纵横向定位轴线在平面上形成的有规律的网格称为柱网。柱子纵向定位轴线间的距离称为跨度，横向定位轴线的距离称为柱距。柱网尺寸的确定，实际上就是确定厂房的跨度和柱距。

确定柱网尺寸时首先要满足生产工艺要求，尤其是工艺设备的布置；其次是根据建筑材料、结构形式、施工技术水平、经济效益以及提高建筑工业化程度、扩大生产、技术改造等

方面因素来考虑，并应符合《厂房建筑模数协调标准》的规定。当厂房跨度不超过 18 m 时，应采用扩大模数 30 M 数列（即 9 m、12 m、15 m、18 m），超过 18m 适应采用扩大模数 60 M 数列（即 24 m、30 m、36 m）；厂房的柱距应采用扩大模数 60 M（常用 6 m，也可采用 12 m）数列，山墙处抗风柱柱距应采用扩大模数 15 M 数列（即 4.5 m、6 m）（图 9-13）。

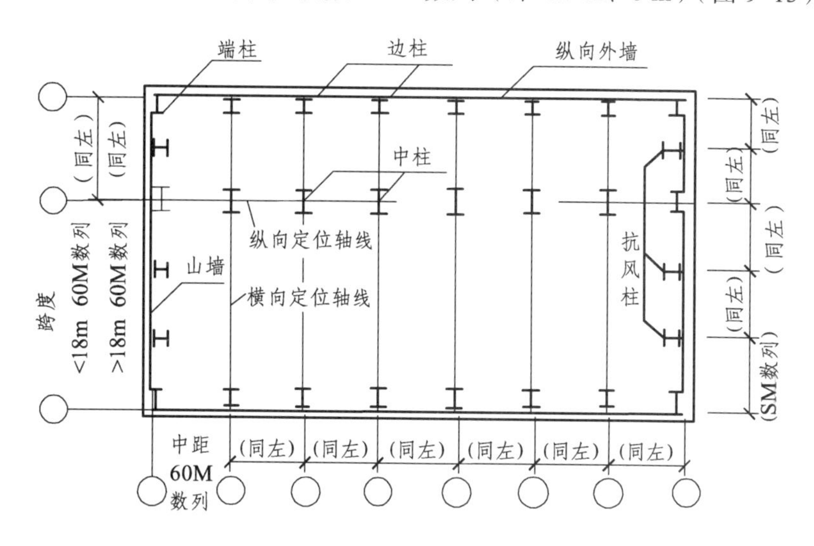

图 9-13　跨度和柱距示意图

（二）单层厂房的剖面高度

单层工业厂房的剖面设计是厂房设计中的重要环节，是在平面设计的基础上进行的。设计要求确定好合理的高度，解决好厂房的采光和通风，使其满足生产工艺的要求和有良好的工作环境。

厂房高度是指室内地面至柱顶（或倾斜屋盖最低点，或下沉式屋架下弦底面）的距离（图 9-14）。对于单层工业厂房的剖面高度，有以下几个规定：

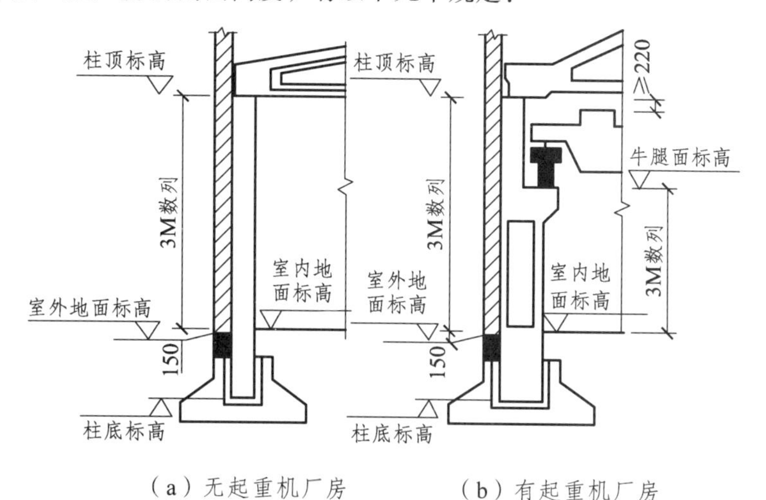

（a）无起重机厂房　　（b）有起重机厂房

图 9-14　单层厂房高度示意图

（1）厂房室内地面至柱顶的高度应为扩大模数 3 M 数列。

（2）厂房室内地面至支承吊车梁的牛腿面的高度，应为 3 M 数列，当超过 7.2 m 时，宜采用 6 M 数列。

（3）起重机的小车顶面距柱顶或屋架下弦底面之间应留有不少于 220 mm 的安全净空。

（4）厂房室内地面距室外地面应有不少于 100 mm 的高度，以防止雨水流入室内，但也不应超过 200 mm，为运输方便常采用 150 mm。

任务二　认识轻型门式刚架结构

【任务描述】

通过本任务的学习，学生应能够了解轻型门式刚架厂房的组成及特点，并对屋面及墙面的材料及构造能有所了解。

【知识链接】

（轻型）门式刚架是对轻型房屋钢结构门式刚架的简称，近年来，（轻型）门式刚架在我国快速发展，给钢结构注入了新的活力（图 9-15）。（轻型）门式刚架不仅在轻工业厂房中得到了非常广泛的应用，而且在一些城市公共建筑，如展览厅、超市、停车场等中也得到普遍应用。

图 9-15　门式刚架轻型钢结构

一、门式刚架的特点和适用范围

门式刚架与屋架结构相比，可减小梁、柱和基础截面尺寸，有效地利用建筑空间，从而降低房屋的高度，减小建筑体积，在建筑造型上也比较简洁美观。另外，刚架构件的刚度较好，为制造、运输、安装提供了便利，其工业化程度高，施工速度快，用于中、小跨度的工业房屋或较大跨度的公共建筑，都能达到较好的经济效果。

门式刚架通常用于跨度为 9 ~ 36 m、柱距为 6 m、柱高为 4.5 ~ 9 m，设有起吊质量较小的悬挂吊车的单层工业房屋或公共建筑。设置桥式吊车时，起吊质量不大于 20 t，属于 A1 ~ A5 中、轻级工作制吊车；设置悬挂吊车时，起吊质量不大于 3 t。

二、门式刚架的结构形式

刚架结构是梁柱单元构件的组合体，其形式种类多样，可分为单跨、双跨、多跨刚架以及带挑檐和带毗屋的刚架形式（图 9-16）。多跨刚架中间柱与斜梁的连接，可采用铰接。多跨刚架宜采用双坡或单坡屋盖，必要时也可采用有多个双坡单跨相连的多跨刚架形式。

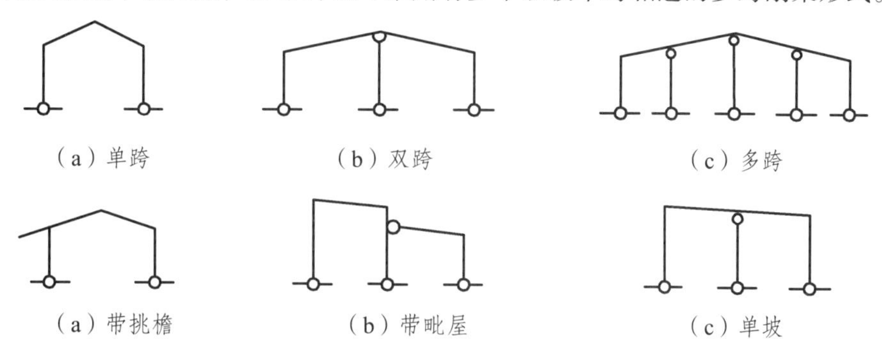

图 9-16 门式刚架的形式

三、门式刚架厂房组成

轻型门式刚架可分成四大部分（图 9-17）：

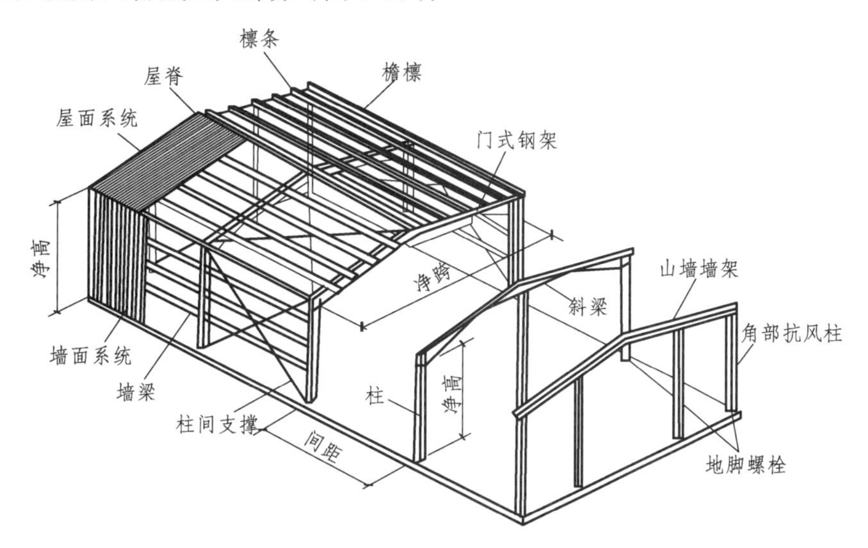

图 9-17 门式刚架轻型钢结构组成

主结构——刚架、吊车梁；

次结构——檩条、墙架柱（及抗风柱）、墙梁；

支撑结构——屋盖支撑、柱间支撑、隅撑；

围护结构——屋面（屋面板、采光板等）、墙面（墙板、门、窗）。

1. 刚 架

刚架是主要受力构件，由斜梁和柱组成。一般采用焊接实腹式工字形截面或轧制 H 型钢。

当设有桥式吊车时，柱宜采用等截面构件。变截面构件通常改变腹板高度，做成楔形，也可改变腹板厚度。门式刚架可由多个梁、柱单元构件组成，单元之间通过端板以高强度螺栓连接。

门式刚架的屋面坡度宜取 1/20 ~ 1/8，在雨水较多地区宜取大值。

2. 檩条、墙梁

檩条与墙梁主要的构件形式是采用 C 形或 Z 形薄壁型钢。

檩条与墙梁的间距，一般取决于压型钢板的板型和规格，并须经过计算确定。但从构造要求的角度上看，一般不超过 1.5 m。

门式刚架承重结构体系的刚架、檩条（或墙梁）以及压型钢板间通过可靠的连接和支撑相互依托，体系受力更趋向于空间化。

3. 支　撑

（1）屋盖水平支撑。

屋盖水平支撑一般由交叉杆和刚性系杆共同构成。

在门式刚架轻型钢结构房屋中，屋盖水平支撑的交叉杆可设计为角钢或带张紧装置的圆钢，交叉杆可以按拉杆设计，交叉杆与竖杆间的夹角应在 30°~60°。

刚性系杆可用钢管，也可采用双角钢。在建筑物跨度较小、高度较低的情况下，可由檩条兼任，但檩条需按压弯构件设计，并应保证檩条平面外的长细比和稳定性。

（2）柱间支撑。

柱间支撑在建筑物跨度、高度较低的情况下，可用带张紧装置的圆钢做成交叉形的拉杆，也可采用角钢或槽钢。

在高大的建筑中柱间支撑的交叉杆除用角钢外，也可采用钢管。

（3）隅撑。

隅撑是实腹式门式刚架轻型钢结构房屋中特有的。隅撑设置在刚架斜梁下翼缘与檩条之间或刚架边柱内翼缘与墙梁之间，对刚架斜梁和刚架边柱的稳定性起支撑作用，防止斜梁在下翼受压时出现侧向失稳（图 9-18）。隅撑是一种辅助杆件，不独立成为一个系统。

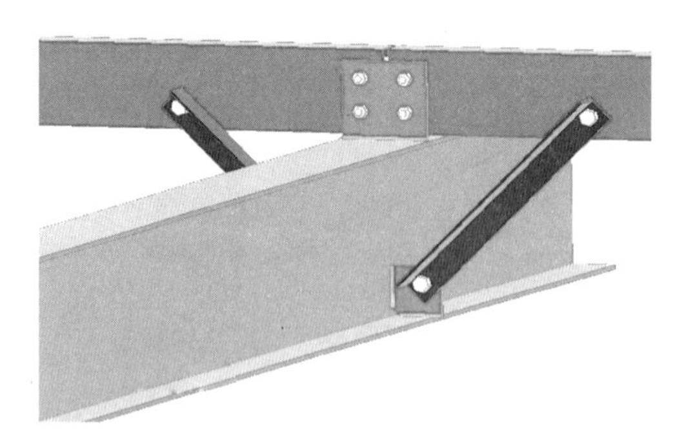

图 9-18　隅撑设置图

隅撑一般采用角钢，隅撑与檩条或墙梁的夹角不应小于 35°，最小可采用∟40×4 角钢。隅撑使用螺栓与横梁和边柱，或檩条，或斜梁相连。

一般情况下隅撑宜在刚架斜梁全跨度内设置，如只考虑横梁在风荷载作用下翼缘受压的可能时，可仅在支座附近横梁下翼缘受压的区域内设置。

四、压型钢板外墙

1. 外墙材料

门式刚架厂房外墙多采用压型钢板。压型钢板按材料的热工性能不同，可分为非保温的单层压型钢板和保温复合型钢板（表 9.1）。非保温的单层压型钢板目前使用较多的为彩色涂层镀锌钢板，一般为 0.4～1.6 mm 厚波形板。彩色涂层镀锌钢板具有较高的耐温性和耐腐蚀性，一般使用寿命可达 20 年。保温复合式压型钢板通常做法有两种：①施工时在内外两层钢板中填充板状保温材料，如聚苯乙烯泡沫板等；②利用成品材料（工厂生产的具有保温性能的墙板）直接施工安装，其材料是在两层压型钢板中填充发泡型材料，利用保温材料自身凝固使两层压型钢板结合在一起形成复合式保温外墙板。

表 9.1　压型钢板板型及部分连接件

板型				
	开花螺栓		自攻螺钉	
	拉铆钉		挂钩螺栓	
	墙头板			

2. 外墙构造

钢结构厂房外墙一般采用下部高不超过 1.2 m 的砌体，上部为压型钢板墙体，或全部采用压型钢板墙体的构造形式。当抗震烈度为 7 度、8 度时，不宜采用柱间嵌砌砖墙；9 度时，宜采用与柱子柔性连接的压型钢板墙体。

压型钢板外墙构造力求简单、施工方便、与墙梁连接可靠，转角等细部构造应有足够的搭接长度，以保证防水效果。图 9-19 为非保温型（单层板）外墙转角构造图；图 9-20 为保温型外墙转角构造图；图 9-21 为窗侧、窗顶、窗台包角构造；图 9-22 为山墙与屋面处泛水构造；图 9-23 为彩板与砖墙节点构造。

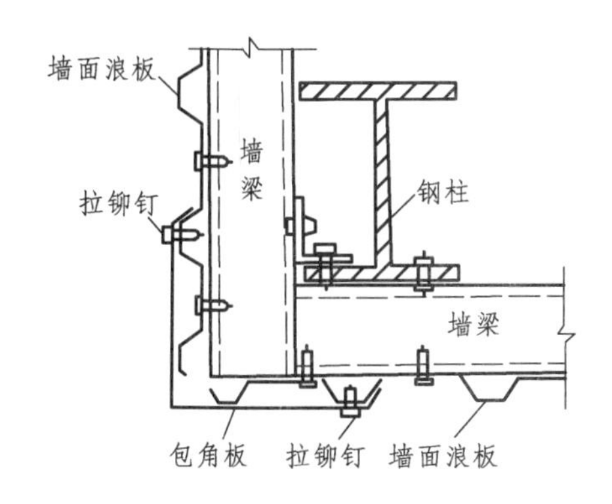

图 9-19　非保温外墙转角构造

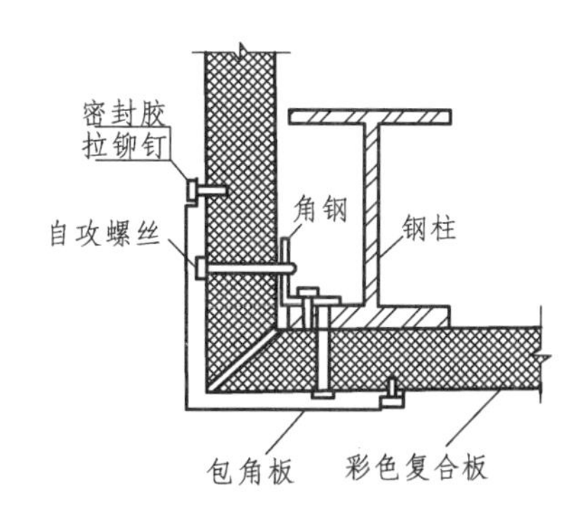

图 9-20　保温外墙转角构造

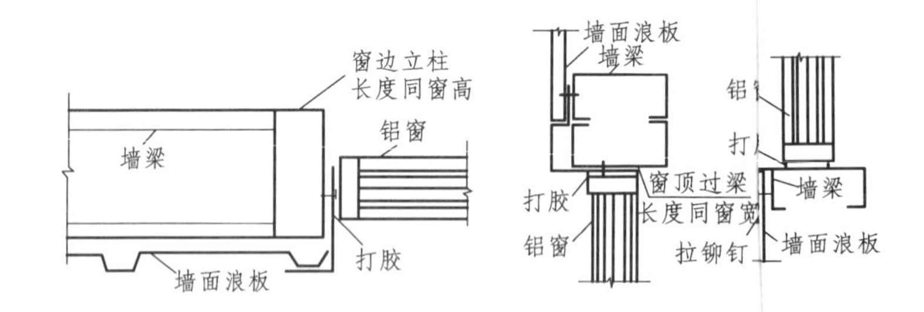

图 9-21　窗户包角构造

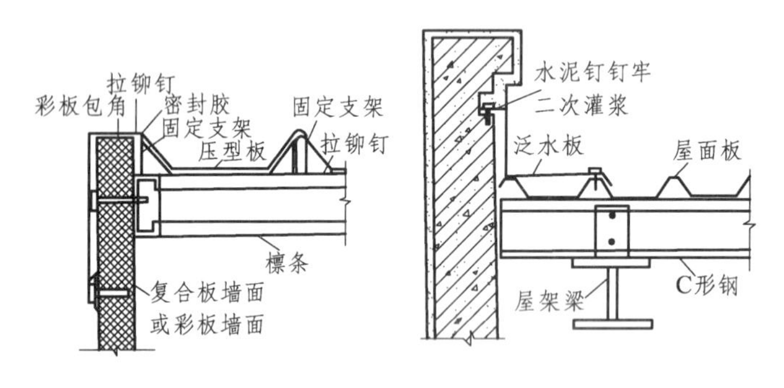

图 9-22　山墙与屋面处泛水构造

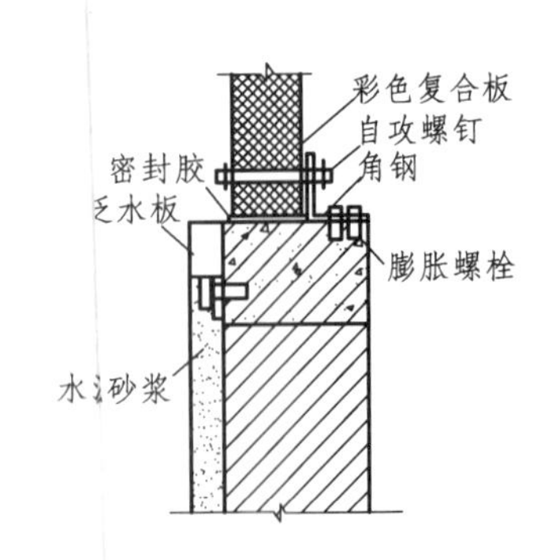

图 9-23　彩板与砖墙节点构造

五、压型钢板屋顶

厂房屋顶应满足防水、保温隔热等基本要求，同时，根据厂房需要设置天窗解决厂房采光问题。

门式刚架厂房采用压型钢板有檩体系屋面，即在刚架斜梁上设置C 形或 Z 形冷轧薄壁型钢檩条，再铺设压型钢板屋面。彩色压型钢板屋面施工速度快、质量轻，表面带有色彩涂层，防锈、耐腐、美观，并可根据需要设置保温、隔热、防结露涂层等，适应性较强。

压型钢板屋面构造做法与墙体做法有相似之处。图 9-24 为压型钢板屋面及檐沟构造；图 9-25 为屋脊节点构造；图 9-26 为檐沟构造；图 9-27 为内天沟构造；图 9-28 为双层板屋面构造。

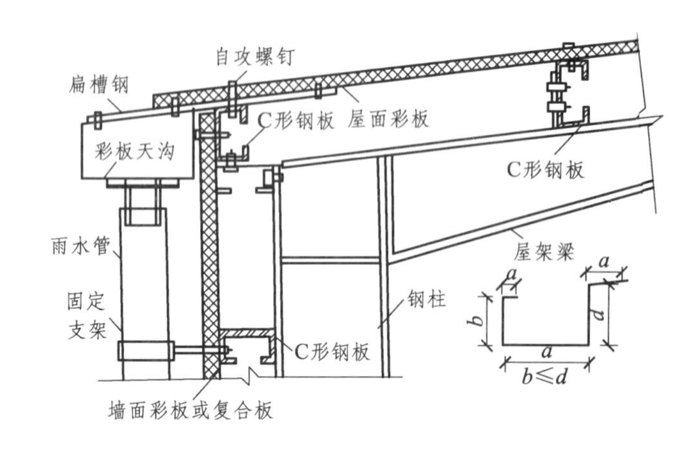

图 9-24　压型钢板屋面及檐沟构造

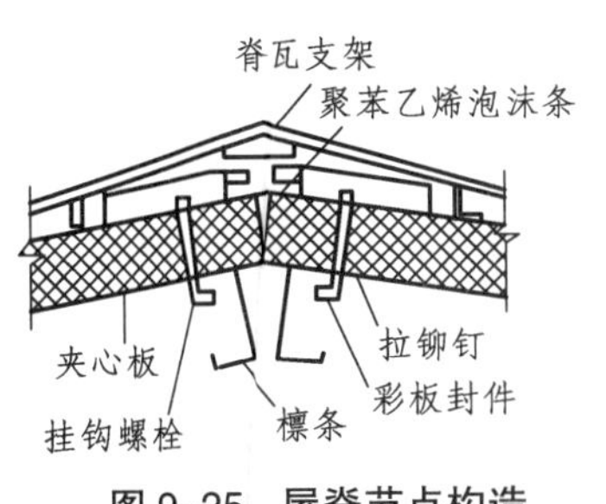

图 9-25 屋脊节点构造

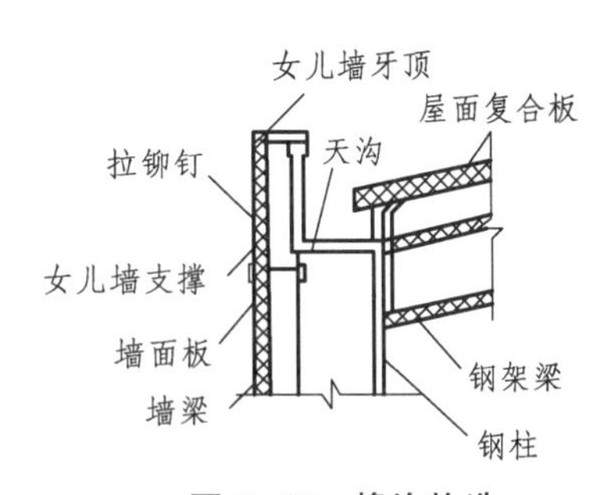

图 9-26 檐沟构造

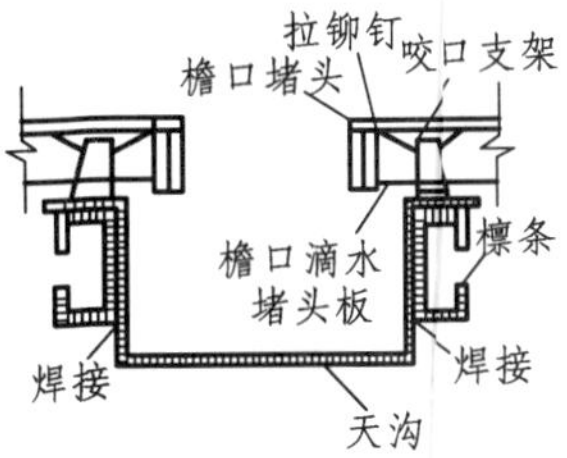

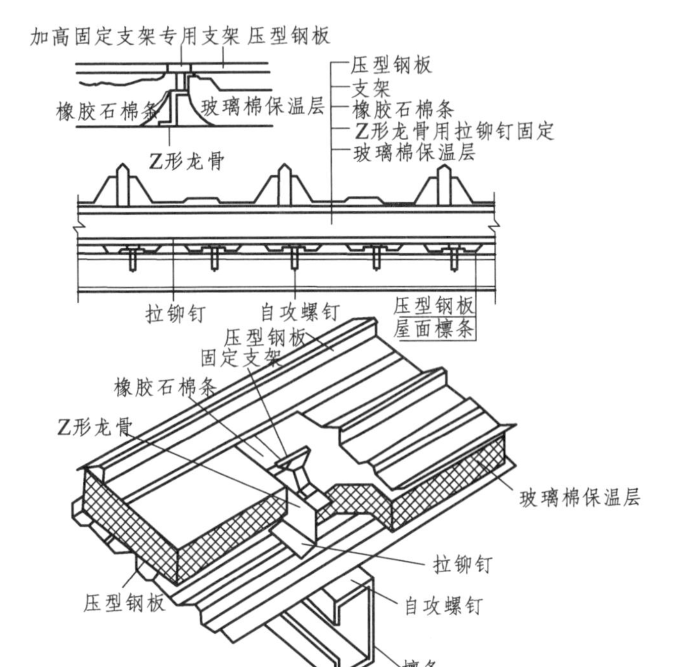

图 9-27 内天沟构造

图 9-28 双层板屋面构造

屋面采光一般采用平天窗，其构造简单，但要保证天窗采光板与屋面相接处防水处理可靠。图 9-29 为天窗采光构造，图 9-30 为屋面变形缝构造。

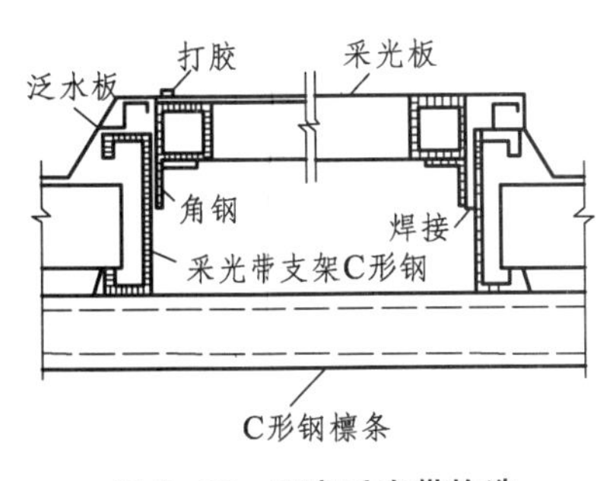

图 9-29 天窗采光带构造

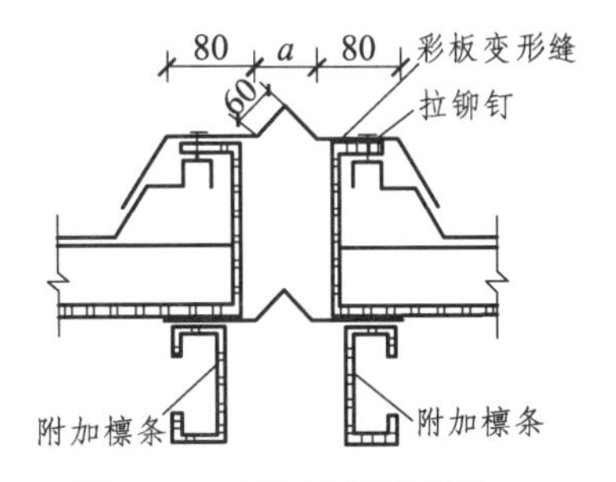

图 9-30 屋面变形缝构造

厂房屋面的保温隔热应视具体情况而定。一般厂房高度较大，屋面对工作区的冷热辐射影响随高度的增加而减小。因此，柱顶标高在 7 m 以上的一般性生产厂房屋面可不考虑保温隔热，而对恒温车间的保温隔热要求较高。

参考文献

[1] 钱坤，吴歌．房屋建筑学（下：工业建筑）．北京：北京大学出版社，2009.

[2] 尚久明．建筑识图与房屋构造．2 版．北京：电子工业出版社，2010.

[3] 吕淑珍．建筑识图与构造．北京：人民交通出版社，2011.

[4] 朱缨．建筑识图与构造．北京：人民交通出版社，2010.

[5] 程显风，郑朝灿．建筑构造与制图．北京：机械工业出版社，2011.

[6] 唐洁．建筑构造．北京：电子工业出版社，2013.

[7] 王丽红．建筑构造．北京：水利水电出版社，2011.

[8] 饶宜平．建筑构造．北京：机械工业出版社，2010.

[9] 程晓明．房屋建筑学．北京：中国科学技术大学出版社，2012.

[10] 邢燕雯，宿晓萍．民用建筑构造．北京：机械工业出版社，2011.

[11] 童霞，原筱丽．房屋建筑构造．武汉：武汉理工大学出版社，2012.

[12] 公安部．GB 50016—2006 建筑设计防火规范．北京：中国计划出版社，2006.

[13] 住房和城乡建设部．GB 50003—2011 砌体结构设计规范．北京：中国建筑工业出版社，2011.